全国高职高专印刷与包装类专业教学指导委员会规划统编教材

印刷原理与工艺

主　编　何晓辉
参　编　李金城　王　晋
主　审　魏先福

内容提要

本书着重讲述了印刷工艺中的基本原理与工艺处理要素。全书分为九章，前三章主要对印刷的分类及特点，印刷过程中的润湿原理及印刷压力进行了介绍，后面六章按照平、凸、凹、孔及数字印刷几大印刷方式，依据工艺原理、制版、印刷、常见故障及排除的线索进行了系统全面地讲解。本书每章后面附有复习思考题，便于读者加深对相关知识的理解和掌握。

本书适合作为高职高专印刷包装专业教材，同时也适合印刷行业的从业人员自学或进行技术培训使用。

图书在版编目（CIP）数据

印刷原理与工艺／何晓辉，李金城，王晋编著.—北京：文化发展出版社，2008.10（2023.10重印）
全国高职高专印刷与包装类专业教学指导委员会规划统编教材
ISBN 978-7-80000-737-8

I. 印… Ⅱ.①何…②李…③王… Ⅲ.①印刷－理论－高等学校：技术学校－教材②印刷－生产工艺－高等学校：技术学校－教材 Ⅳ.TS8

中国版本图书馆CIP数据核字（2008）第139772号

印刷原理与工艺

主　　编：何晓辉　　参　　编：李金城　王　晋　　主　　审：魏先福

责任编辑：魏　欣　　责任校对：岳智勇
责任印制：邓辉明　　责任设计：侯　铮
出版发行：文化发展出版社（北京市翠微路2号　邮编：100036）
网　　址：www.wenhuafazhan.com
经　　销：全国新华书店
印　　刷：北京建宏印刷有限公司

开　　本：787mm×1092mm　1/16
字　　数：280千字
印　　张：13.75
印　　数：18501～18800
版　　次：2008年10月第1版
印　　次：2023年10月第13次印刷
定　　价：39.00元
I S B N：978-7-80000-737-8

◆ 如有印装质量问题，请与我社印制部联系。电话：010-88275720

出版前言

20世纪80年代以来的20多年时间，在世界印刷技术日新月异的飞速发展浪潮中，中国印刷业无论在技术还是产业层面都取得了长足的进步。桌面出版系统、激光照排、CTP、数字印刷、数字化工作流程等新技术、新设备、新工艺在中国印刷业得到了普及或应用。

印刷产业技术的发展既离不开高等教育的支持，又给高等教育提出了新要求。近20多年时间，我国印刷高等教育与印刷产业一起得到了很大发展，开设印刷专业的院校不断增多，培养的印刷专业人才无论在数量还是质量上都有了很大提高。但印刷产业的发展急需印刷专业教育培养出更多、更优秀的应用型技术管理人才。

教材是教学工作的重要组成部分。印刷工业出版社自成立以来，一直致力于专业教材的出版，与国内主要印刷专业院校建立了长期友好的合作关系。但随着产业技术的发展，原有的印刷专业教材无论在体系上还是内容上都已经落后于产业和专业教育发展的要求。因此，为了更好地服务于印刷包装高等职业教育教学工作，遵照国家对高等职业教育的定位，突出高等职业教育的特点，我社组织了北京印刷学院、上海出版印刷高等专科学校、深圳职业技术学院、安徽新闻出版职业技术学院、天津职业大学、杭州电子科技大学、郑州牧业工程高等专科学校、湖北职业技术学院等主要印刷高职院校的骨干教师编写了“全国高职高专印刷包装专业教材”。

这套教材具有以下优点：

● 实用性、实践性强。该套教材依照高等职业教育的定位，突出高职教育重在强化学生实践能力培养的特点，教材内容在必备的专业基础知识理论和体系的基础上，突出职业岗位的技能要求，所含教材均为高职教育印刷包装专业的必修课，是国内最新的高职高专印刷包装专业教材，能解决当前高等职业教育印刷包装专业教材急需更新的迫切需求。

● 编者队伍实力雄厚。该套教材的编者来自全国主要印刷高职院校，均是各院校最有实力的教授、副教授以及从事教学工作多年的骨干教师，对高职教育的特点和要求十分了解，有丰富的教学、实践以及教材编写经验。

● 覆盖面广。该套教材覆盖面广，从工艺原理到设备操作维护，从印前到印刷、印后，均为高职教育印刷包装专业的必修课，迎合了当前的高职教学需求，为解决当前高等职业教育印刷包装类专业教材的不足而选定。

经过编者和出版社的共同努力，“全国高职高专印刷包装专业教材”的首批教材已经进入出版流程，希望本套教材的出版能为印刷专业人才的培养做出一份贡献。

印刷工业出版社

2008年9月

前　言

《印刷原理与工艺》是印刷与包装类专业的核心课程。高等职业教育肩负着培养面向生产第一线的高技能人才的任务，教材的内容必须与技术的发展及社会的需求相适应。《印刷原理与工艺》多年来一直作为全国各类高等本科、专科及各类职业教育的重要课程受到业界的重视，相关的书籍也很多。但是专门面向专科、高职类的课本却不足。为此，在全国高职高专印刷包装类专业教学指导委员会的指导下，我们编写了面向高职高专教学的这本教材。

本教材在编写过程中，力图突出高职高专教学的特点，主要讲解印刷工艺中的基本原理与工艺处理要素，省略了理论推导与论证内容。教材编写的结构分为两大部分——原理与工艺。第一部分即前三章，先讲解了印刷的基本原理；第二部分按照平、凸、凹、孔以及数字印刷的几种印刷方式，分成几个不同的章节，各章内容都是按照从原理、制版、印刷这样的线索进行编写的，各章可分别作为独立、完整的内容教学。

本教材由北京印刷学院的何晓辉副教授主编，浙江杭州电子科技大学的李金城老师、内蒙古包头职业技术学院的王晋老师参加编写。第一、二、三、四章由何晓辉副教授编写，第五、六、八章由王晋老师编写，第七、九章由李金城老师编写，全书由何晓辉副教授统稿。

本教材在编写过程中得到了北京印刷学院印刷与包装工程学院的大力支持，特别是许文才教授、魏先福教授、梁炯副教授给予了热情的帮助和建议，在此，表示衷心的感谢！

虽然付出了很多努力、倾注了不少心血，但文中的谬误与不妥之处在所难免，恳请各位专家、读者批评指正。

编　者

2008 年夏于北京大兴

目　录

第一章　绪　论

【内容提要】本章主要介绍各种印刷的特点，印刷的基本要素以及印刷工艺的基本问题。

【基本要求】

1. 掌握各种印刷的特点。
2. 了解本课程介绍的主要内容以及印刷工艺的发展。

第一节　印刷的定义

一、印刷的定义

印刷（Printing）是使用模拟或数字的图像载体将呈色剂/色料（如油墨）转移到承印物上的复制过程。而国家标准 GB9851.1—1990 中对印刷的定义是“印刷是使用印版或其他方式将原稿上的图文信息转移到承印物上的工艺技术”。使用印版完成图文转移的工艺技术称为有版印刷；不适用印版完成图文转移的工艺技术称为无版印刷。从印刷定义的变化，我们可以看出印刷技术的发展和变化——从传统的依靠印版和压力实现图文复制逐渐转向无版和无压的数字技术，因此工艺的变化比较大。

从印刷的定义可以看出，印刷是一种对原稿图文信息的复制技术，它的最大特点是能够把原稿上的图文信息大量、经济地再现在各种各样的承印物上，可以说，除了空气和水之外，都能印刷，而其成品还可以广泛地流传和永久地保存，这是电影、电视、照相等其他复制技术所无法与之相比的。

有版印刷是针对大众化需求的最佳方法，也是印刷媒体几个世纪经久不衰的关键所在，而计算机直接制版技术（CTP）和计算机整合生产技术（CIP）是有版印刷技术发展的必然归宿，同时也是数字时代印刷产业技术的重要标志。CTP 技术实现了数字页面（数字胶片）向印版的直接转换，省去了计算机直接制胶片（CTF）技术中必须使用胶片以及配套环节的麻烦，在效率、质量、成本等方面明显优于 CTF 技术。因此，CTP 取代 CTF，成为下一代印刷技术的主流是印刷产业技术发展的一个必然。

数字印刷是提供个性化需求纸媒体产品的最佳方法，是印刷产业发展的另一个崭新空间，也是实现按需印刷生产和服务的关键。“0 和 1”时代给印刷产业技术带来的变化是全面和彻底的，触及了印刷产业技术的基础，涉及印刷产业的方方面面。变化已经是正在发生的一个客观事实，而且在不断深化和扩大。

传统的印刷品的生产一般要经过原稿的选择或设计、原版制作、印版晒制、印刷、印后加工五个工艺过程。也就是说，首先选择或设计适合印刷的原稿，然后对原稿的图文信息进行处理，制作出供晒版或雕刻印版的原版（一般叫阳图或阴图底片），再用原版制出供印刷用的印版，最后把印版安装在印刷机上，利用输墨系统将油墨涂敷在印版表面，由压力机械加压，油墨便从印版转移到承印物上，如此复制的大量印张，经印后加工，便成了适应各种使用目的的成品。现在，人们常常把原稿的设计、图文信息处理、制版统称为印前处理，而把印版上的油墨向承印物上转移的过程叫做印刷，这样，一件印刷品的完成需要经过印前处理、印刷、印后加工等过程。

二、印刷的要素

传统的模拟印刷必须具有原稿、印版、承印物、油墨、印刷机械五大要素，才能生产印刷成品。

1. 原稿

使用任意印刷方式完成复制所依据的原始图文信息。

原稿是制版、印刷的基础，原稿质量的优劣，直接影响印刷成品的质量。因此，必须选择和设计适合印刷的原稿，在整个印刷复制过程中，应尽量保持原稿的格调。原稿有反射原稿、透射原稿和电子原稿等。每类原稿按照制作方式和图像特点又有照相、绘制、线条、连续调之分。每种原稿的定义、实例如表 1－1 所示。

表 1－1　原稿的种类及特点

名　　称	定义（或说明）	实　　例
反射原稿	以不透明材料为图文信息载体的原稿	
反射线条原稿	以不透明材料为载体，由黑白或彩色线条组成图文的原稿	照片、线条图案画稿、文字原稿等
照相反射线条原稿	以不透明感光材料为载体的线条原稿	照片等
绘制反射线条原稿	以不透明的可绘画材料为载体，由手工或机械绘（印）制的线条原稿	手稿、图案画稿、图纸、印刷品、打印稿等
反射连续调原稿	以不透明材料为载体，色调值呈连续渐变的原稿	照片、画稿等
照相反射连续调原稿	以不透明感光材料为载体的连续调原稿	照片等
绘制反射连续调原稿	以不透明的可绘画材料为载体，由手工或机械绘（印）制的连续调原稿	画稿、印刷品、喷绘画稿、打印稿等
实物原稿	复制技术中以实物作为复制对象的原稿	画稿、织物、实物等
透射原稿	以透明材料为图文信息载体的原稿	

续表

名　　称	定义（或说明）	实　　例
透射线条原稿	以透明材料为载体，由黑白或彩色线条组成图文的原稿	照相底片等
照相透射线条负片原稿	以透明感光材料为载体，被复制图文部位透明或为其补色的线条原稿	黑白或彩色负片、拷贝片等
照相透射线条正片原稿	以透明感光材料为载体，非图文部分透明的线条原稿	黑白或彩色反转片、拷贝片等
绘制透射线条原稿	以透明材料为载体，由手工或机械绘（印）制的线条原稿	胶片画稿等
透射连续调原稿	以透明材料为载体，色调值呈连续渐变的原稿	照相底片等
照相透射连续调负片原稿	以透明感光材料为载体，被复制图文部分透明或为其补色的连续调原稿	彩色、黑白照相负片等
照相透射连续调正片原稿	以透明感光材料为载体，非图文部分透明或为其补色的连续调原稿	彩色、黑白照相反转片等
绘制透射连续调原稿	以透明材料为载体，由手工或机械绘（印）制的连续调原稿	胶片画稿等
电子原稿	以电子媒体为图文信息载体的原稿	光盘图库等

2. 印版

用于传递呈色剂/色料（如油墨）至承印物上的印刷图文载体。

原稿上的图文信息传递到印版上，印版的表面就被分成着墨的图文部分和非着墨的空白部分。印刷时，图文部分黏附的油墨在压力的作用下，便转移到承印物上。

印版按照图文部分和空白部分的相对位置、高度差别或传递油墨的方式，被分为凸版、平版、凹版和孔版等，如图 1－1 所示。用于制版的材料有金属和非金属两大类。

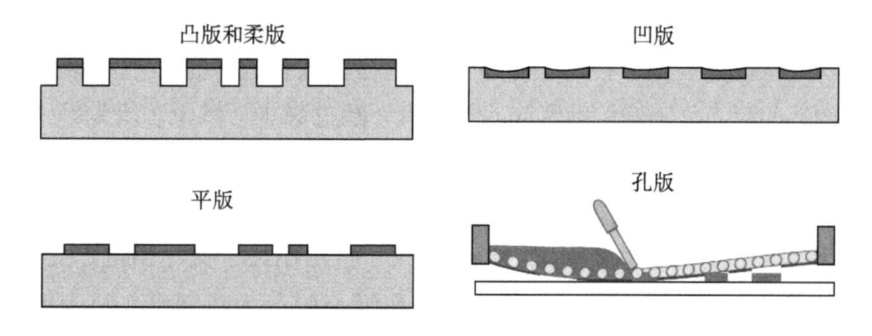

图 1－1　印版的种类

（1）凸版。印版上的空白部分凹下，图文部分凸起，并且在同一平面或同一半径的弧面上，图文部分和空白部分高低差别悬殊。常用的印版有：铅活字版、铅版、锌版以及橡胶凸版和感光树脂版等。

（2）平版。印版上的图文部分和空白部分没有明显的高低之差，几乎处于同一平面上。图文部分亲油疏水，空白部分亲水疏油。常用的印版有用金属为版基的 PS 版、平凹版、多层金属版和蛋白版以及用纸张和聚酯薄膜为版基的平版。

（3）凹版。印版上图文部分凹下，空白部分凸起，并在同一平面或同一半径的弧面上，版面的结构形式和凸版相反。版面图文部分凹陷的深度和原稿图像的层次相对应，图像越暗，凹陷的深度越大。常用的印版有：手工或机械雕刻凹版、照相凹版、电子雕版凹版。

（4）孔版。印版上的图文部分由可以将油墨漏印至承印物上的孔洞组成，而空白部分则不能透过油墨。常用的印版有：誊写版、镂空版、丝网版等。

3. 承印物

接受呈色剂/色料（如油墨）影像的最终载体。主要包括纸张、纸板、各类塑料薄膜、铝箔等平面材料以及各种成型物。目前，用量最大的是纸张和塑料薄膜。

（1）纸张的组成

纸张是由纤维、填料、胶料和色料等组成的。

①纤维。是纸张的基本成分，以植物纤维为主。常用的植物纤维有棉、麻、木材、芦苇、稻草、麦草等。

②填料。可以填充纤维间的空隙，使纸张平滑，同时提高纸张的不透明度和白度。常用的填料有：滑石粉、硫酸钡、碳酸钙、钛白等。

③胶料。胶料使纸张获得抗拒流体渗透及流体在纸面扩散的能力。常用的胶料有松香、聚乙烯醇、淀粉等。

④色料。加入色料能够校正或改变纸张的颜色。如加入群青、品蓝，可以获得更加洁白的纸张。

纸张的制造分为制浆和抄造两大步骤。制浆的方法主要有两种：一种是机械制浆，这种方法一般用木材作原料，用机器把木材磨碎。另一种是化学制浆，多用棉、麻、稻草或其他原料制作。即把棉、麻、稻草等纤维切成小段，放入蒸煮器中，加入酸或碱溶液，然后通入蒸汽进行蒸煮，再用清水冲洗，筛选后放入打浆机，把纤维打成扫帚状，以增加纸张内部的拉力。制好的纸浆放入抄纸机，经过脱水、烘干、压光等一系列处理，便成为纸张，卷曲或裁切后便可出厂。有些高级的纸张，可以进行再加工。

（2）纸张的分类

纸张的用途很广泛，有工业用纸、包装用纸、生活用纸、文化用纸。文化用纸中又有书写用纸、艺术绘画用纸和印刷用纸。印刷用纸一般分为新闻纸、凸版纸、胶版纸、铜版纸和特种纸五种。

①新闻纸。又称白报纸。质地松软、吸墨性强、有一定的抗张强度，但抗水性差，易发黄、变脆。主要印刷报纸、期刊。

②凸版纸。是凸版印刷的专用纸张。质地均匀，颜色较白，稍有抗水性，不易发黄、变脆。主要印刷书籍、杂志。

③胶版纸。是一种较高级的印刷纸张。质地紧密、纸面平滑、不透明度和白度较高、抗水性较强，适用于平版印刷。主要印刷书刊及封面、杂志插页、画报、商标以及地图等。

④铜版纸。又名涂料纸，是在原纸表面涂布一层白色涂料，然后再进行压光或超级

压光而成的高级印刷纸张（原纸为胶版纸、凸版纸等非涂料纸张）。表面平滑度高，色泽洁白，抗水性强。适合印刷较高级的画册、书刊插页、年历、贺卡等。近几年，无光铜版纸在印刷中应用较为广泛。无光铜版纸指降低了光泽度，加工成表面平滑的铜版纸，用它印刷的画册、杂志往往给人以典雅的感觉，长久的阅读，因无高光的刺激，眼睛不会感到疲劳，最适合印刷具有观赏价值的印刷品。

⑤特种纸。指具有某些特殊功能，适合特殊用途的纸张。它们有的是通过向浆料中施加化学试剂后经过处理制成的，有的则是对原纸进行二次加工制成的。

特种纸张的外观与常用的铜版纸、胶版纸的外观有显著的差异，多数纸张表面有条纹或花纹，有的纸张光滑度很高，有的纸张透明性极好，还有的纸张表面呈絮状颜色的变化。通常用来印刷名片、请柬、精美贺卡、饭店的菜单等，其印刷品具有庄重、华贵、精良的特点。

近年来，随着化学工业的飞速发展，合成纸在印刷中的用量不断增加。所谓合成纸，是指以合成的高分子物质为主要原料，通过加工，赋予其纸张的印刷性能，并且用以印刷的纸张。它具有质轻、耐折、耐磨、耐潮湿的特点。合成纸的制造，不需要天然纤维，有利于环境保护，是一种有着很好发展前途的印刷用纸。

（3）纸张的规格

纸张的规格包括纸张的尺寸和纸张的重量。

①尺寸。印刷纸张的尺寸规格分为平板纸和卷筒纸两种。

平板纸张的幅面尺寸有：880mm×1230mm、850mm×1168mm、787mm×1092mm。纸张幅面允许的偏差为±3mm。符合上述尺寸规格的纸张均为全张纸或全开纸。其中880mm×1230mm是A系列的国际标准尺寸。

卷筒纸的长度一般6000m为一卷，宽度尺寸有1575mm、1562mm、880mm、850mm、1092mm、787mm等。卷筒纸宽度允许的偏差为±3mm。

②重量。纸张的重量用定量和令重来表示。

定量是单位面积纸张的重量，单位为g/m^2，即每平方米的克重。常用的纸张定量有$50g/m^2$、$60g/m^2$、$70g/m^2$、$80g/m^2$、$100g/m^2$、$120g/m^2$、$150g/m^2$等。定量越大，纸张越厚。定量在$250g/m^2$以下的为纸张，超过$250g/m^2$的则为纸板。

令重是每令纸张的总重量，单位是kg。1令纸为500张，每张的大小为标准规定的尺寸，即全张纸或全开纸。

根据纸张的定量和幅面尺寸，可以用下面的公式计算令重。

$$令重（kg）=纸张的幅面（m^2）\times 500\times 定量（g/m^2）\div 1000$$

4．油墨

用于印刷过程中在承印物上着色的物质。

（1）油墨的组成

油墨的主要成分如图1－2所示。

颜料是油墨中的固体成分，为油墨的显色物质，一般是不溶于水的色素。油墨颜色的饱和度、着色力、透明度等性能和颜料的性能有着密切的关系。

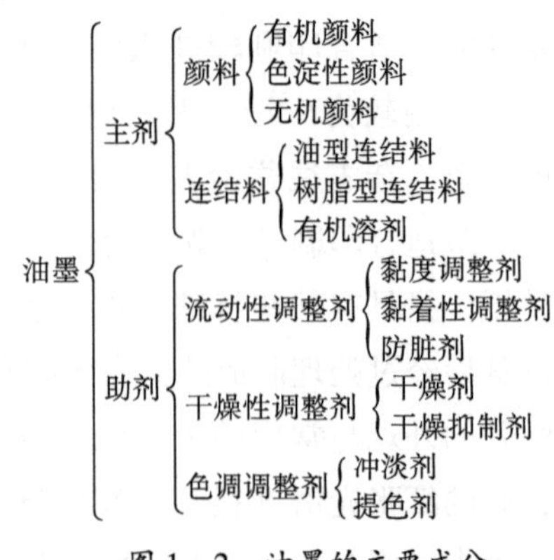

图 1－2　油墨的主要成分

连结料是油墨的液体成分，颜料是载体。在印刷过程中，连结料携带着颜料的粒子，从印刷机的墨斗经墨辊、印版、辗转至承印物上形成墨膜，固着、干燥并黏附在承印物上。墨膜的光泽、干燥性、机械强度等性能和连结料的性能有关。

油墨中添加的助剂是为了改善油墨的印刷适性，如：黏度、黏着性、干燥性等。

油墨的配置工艺比较复杂，一般是将颜料、连结料以及各种添加剂，按照一定的比例，先在调墨机中混合成油状膏剂，再在辊式研磨机中反复辗磨，使颜料以微细的粒子，均匀地分散在连结料中而制成的。

（2）油墨的分类

随着印刷技术的发展，油墨的品种不断增加，分类的方法也很多。例如按照印刷方式来分类，则可分为以下五种。

①凸版印刷油墨。如：书刊黑墨、轮转黑墨、彩色凸版油墨等。

②平版印刷油墨。如：胶印亮光树脂油墨、胶印轮转油墨等。

③凹版印刷油墨。如：照相凹版油墨、雕刻凹版油墨等。

④孔版印刷油墨。如：誊写版油墨、丝网版油墨等。

⑤特种印刷油墨。如：发泡油墨、磁性油墨、荧光油墨、导电性油墨等。

5. 印刷机械

印刷机械是用于生产印刷品的机器、设备的总称，它的功能是使印版图文部分的油墨转移到承印物的表面。

印刷机一般由输纸、输墨、印刷、收纸等装置组成。平版印刷机还有输水装置。

印刷机的种类很多，可以按以下几个方面来分类。

①按照版面型式分为：凸版印刷机、平版印刷机、凹版印刷机、孔版印刷机。

②按照纸张的尺寸规格分为：平板纸或单张纸印刷机、卷筒纸印刷机。

③按照印刷色数分为：单色印刷机、双色印刷机、多色印刷机。

④按照印刷幅面分为：八开印刷机、四开印刷机、对开印刷机、全张印刷机、超全张印刷机等。

印刷机的分类方法虽然很多，但是，印刷机的核心部分是印刷装置的压印机构，因此，依据施加压力的方式，一般将印刷机分为平压平型、圆压平型、圆压圆型三种。

三、印刷工艺课程研究的对象与内容

广义的印刷，其内容包括印前（Pre－Press）、印刷（On－Press）以及印后（Post－Press）；狭义的印刷，是指将图文信息由印版或数字文件转移到承印物表面的工艺技术，即发生在印刷机（On－Press）上的过程。我们通常所说的印刷工艺，主要是指狭义的印刷过程的技术。

掌握印刷的基本原理，熟悉印刷的工艺过程，合理选择印刷方式和材料，对提高印刷质量，扩大印刷的应用范围等都有重要意义。

印刷工艺与原理主要研究印刷过程中的客观规律，并应用这些客观规律和原理解释实际印刷生产中的现象，指导生产实践。

第二节 印刷的分类及特点

一、按照印版形式分类

1．凸版印刷

凸版印刷是使用铅合金的活字版、铅版、铜锌版、塑料版、感光树脂版、橡皮凸版、柔性版等印版的印刷方式。一般采用直接印刷。

凸版印刷是历史最悠久的一种印刷方法。20世纪70年代以前，主要使用铅合金字版、铅版印刷，不仅劳动强度大，而且环境污染严重。80年代以后，一直沿用的铅活字排版工艺逐渐被激光照排和感光树脂版制版工艺取代，凸版印刷又得到了新的发展。

凸版印刷的印刷原理如图1－3所示，墨辊首先滚过印版表面，使油墨黏附在凸起的图文部分，然后承印物和印版上的油墨相接触，在压力的作用下，图文部分的油墨便转移到承印物表面。由于印版上的图文部分凸起，空白部分凹下，印刷时图文部分受压较

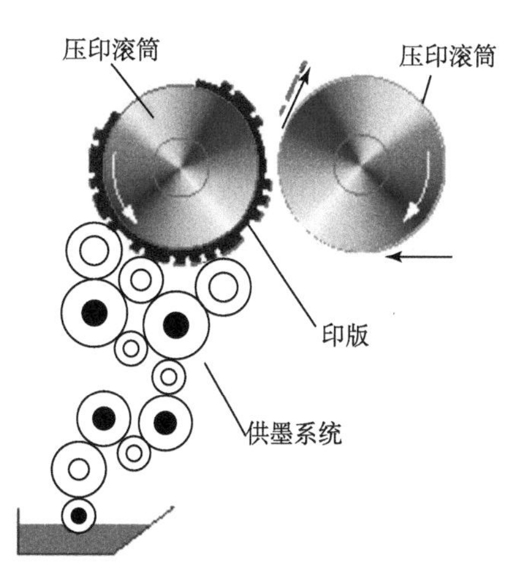

图1－3 凸版印刷原理示意图

重，油墨被压挤到边缘，用放大镜观察时，图文边缘有下凹的痕迹，墨色比中心部位浓重，用手抚摩印刷品的背面有轻微凸起的感觉。

凸版印刷，使用的印刷机械有平压平型、圆压平型、圆压圆型。

凸版印刷的产品有商标及包装装潢材料等。

2. 平版印刷

平版印刷起源于石版印刷，它是一种间接印刷，现在一般所说的平版印刷大多指间接印刷的胶印。

胶印的印刷原理如图 1 -4 所示。

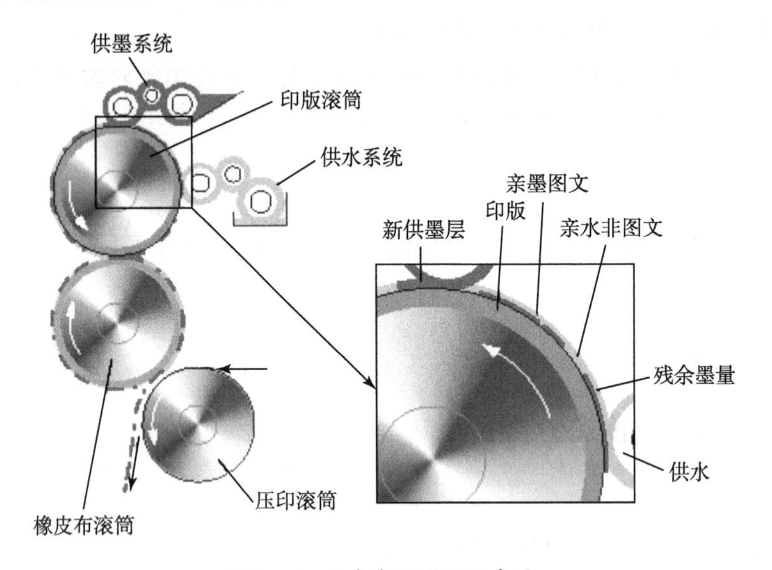

图 1 -4　胶印印刷原理示意图

印刷时，先由水辊向印版供给润版液（主要成分是水），使空白的部分吸附水分，形成抗拒油墨浸润的水膜，然后由墨辊向印版供给油墨，使图文部分黏附油墨，再施加压力，图文部分的油墨经橡皮布滚筒转移到承印物表面。因为印版和弹性良好的橡皮布相接触，所以提高了印版的耐印力。用放大镜观察平版印刷品，会发现图文的边缘较中心部分的墨色略显浅淡，笔道不够整齐。其原因是，平版的图文部分和空白部分几乎没有高低差别，印刷过程中，水对图文边缘的油墨略有浸润。

平版印刷幅面大、印刷速度快。许多平版印刷机安装有自动输墨、自动套准系统，有的印刷机还配备了自动上版、卸版装置，印刷质量好，印刷效率高。

平版印刷的产品有报纸、书刊、精美画报、商业广告、挂历、招贴画等。

3. 凹版印刷

凹版印刷是使用手工或机械雕刻凹版、照相凹版、电子雕刻凹版等印版的印刷方式，为直接印刷。

凹版印刷的印刷原理如图 1 -5 所示。

印刷时，先使整个印版表面涂满油墨，然后用特制的刮墨机构，把空白部分去除，使油墨存留在图文部分的“孔穴”之中。再在较大的压力作用下，将油墨转移到承印物表面。由于印版图文部分凹陷的深浅不同，填入孔穴的油墨量有多有少，这样转移到承印物上的墨层有厚也有薄，墨层厚的地方，颜色深；墨色薄的地方，颜色浅，原稿上的浓淡层次，在印刷品上得到了再现。

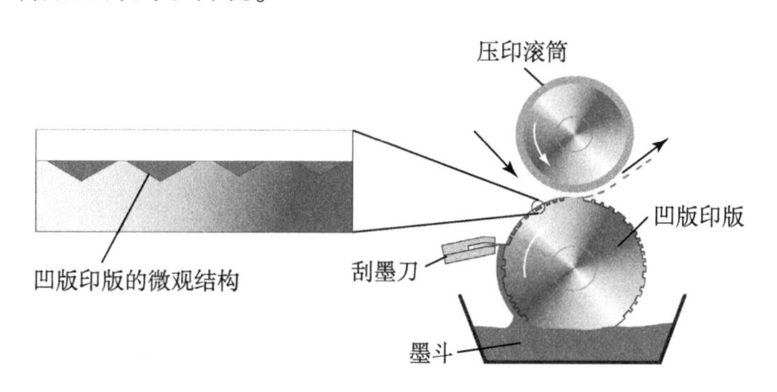

图 1－5　凹版印刷原理示意图

用放大镜观察凹版印刷品时，若图像部分布满隐约可见的白线网格（菱形或方形），线条露白、油墨覆盖不完整，一般是用照相凹版印刷的成品。若图像是有规律排列的大小不同的点子（多为菱形），文字、线条由不连续的曲线或点子组成，一般是用电子雕刻凹版印刷的成品。

凹版印刷使用的印刷机主要是圆压圆型轮转印刷机，平压平型凹印机和圆压平型的凹印机很少。

凹版印刷的主要产品有：有价证券、钞票、精美画册、烟盒、纸制品、塑料制品、包装装潢材料等，这些产品墨色浓重，阶调、颜色再现性好。

4. 孔版印刷

孔版印刷是使用誊写版、镂空版、丝网版等印版的印刷方式。大多采用直接印刷。

孔版印刷的印刷原理如图 1－6 所示。

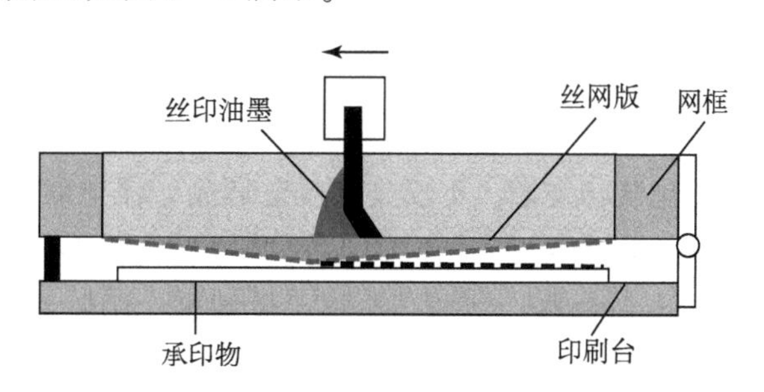

图 1－6　孔版印刷原理示意图

印刷时，先把油墨堆积在印版的一侧，然后用刮板或压辊，边移动边刮压或滚压，使油墨透过印版的孔洞或网眼，漏印到承印物表面。

孔版印刷的成品墨层厚实，有隆起的效果，用放大镜观察时，隐约可见有规律的网纹。这是因为印刷图文被制作在经纬织的丝绢、尼龙、金属网上所造成的。

孔版印刷，可以用手工进行，也可以机器印刷。孔版印刷机分为平面和曲面两种。能够在平面、曲面、厚、薄、粗糙、光滑的多种承印物上进行印刷。

孔版印刷的主要产品有：包装装潢材料、印刷线路板以及棉、丝织品等。

二、按照印刷品用途分类

按照印刷品的用途，一般分为书刊印刷、报纸印刷、广告印刷、钞券印刷、地图印刷、包装装潢印刷以及特种印刷等。

1．书刊印刷

以书籍、期刊等为主要产品的印刷，是印刷量及产值最大的一种印刷。20 世纪 70 年代以前，主要采用铅字排版的凸版印刷。目前主要利用计算机排版和平版印刷。

2．报纸印刷

以报纸等信息媒介为产品的印刷，是仅次于书刊印刷发行量的一种印刷。报纸是传播新闻的重要媒介，具有时间性。20 世纪 70 年代以前，主要使用铅排的凸版印刷，劳动强度大、环境污染严重。80 年代以后，大多使用平版印刷。也有些欧美国家采用柔性版印刷报纸。

3．广告印刷

印刷的范围较广，有商品样本、海报、画报、彩色图片、招贴画、广告牌等。要求印刷时间短，印刷质量好，一般采用平版印刷。大幅面的广告牌，多采用丝网印刷。

4．钞券印刷

成品主要是钞票、支票、股票、债券以及其他的有价证券。这类印刷品的印刷，要求有严密的防伪技术，以凹版印刷为主，平版、凸版或其他印刷方法为辅。

5．地图印刷

成品有地形图、地矿图、航测图、交通图以及军事用图等。图面复杂，幅面大小不一，精度要求较高，大多采用多块印版套印的平版印刷。

6．包装装潢印刷

成品主要用于商品的包装与装潢，不仅具有装载商品、保护商品、美化商品的作用，而且还起到了宣传商品和推销商品的作用，印刷的产品种类很多，有纸盒、塑料袋、金属盒、商标、软管以及各类包装纸、玻璃、陶瓷、皮革等。印刷方法有：凸版印刷、平版印刷、凹版印刷、孔版印刷以及特种印刷等。

7．特种印刷

采用不同于一般制版、印刷、印后加工的方法和材料，供特殊用途的印刷。如：静电植绒、全息照相印刷、喷墨印刷、表格印刷等。许多包装印刷品，是要用特种印刷完成的。随着新材料、高科技的发展，特种印刷的产品更加丰富多彩。

三、按照印刷色数分类

1. 单色印刷

一个印刷过程中，只在承印物上印刷一种墨色，叫做单色印刷。一个印刷过程指在印刷机上一次输纸和收纸。

2. 双色印刷

一个印刷过程中，在承印物上印刷两种墨色的印刷叫做双色印刷。

3. 多色印刷

一个印刷过程中，在承印物上印刷两种或两种以上的墨色，叫做多色印刷。一般指利用黄（Y）、品红（M）、青（C）和黑（BK）油墨叠印再现原稿颜色的印刷。对于一些专色的印刷品，例如，线条图表、票据、地图等，则需要使用调配出特定的颜色或由油墨制造厂供给专色油墨进行印刷。

复习思考题一

1. 平、凸、凹、孔四大传统印刷方式各有什么特点？分别适合印刷哪些产品？如何鉴别这些产品？

2. 印刷工艺主要研究的内容是什么？

第二章　印刷过程中的润湿

【内容提要】 本章主要介绍润湿的基本原理、表面张力与表面过剩自由能的概念，各种印版表面的润湿原理、墨辊表面的润湿原理、橡皮布的润湿性及变化、水辊表面的润湿性与变化以及油墨在承印物表面的附着原理。

【基本要求】 掌握润湿的基本原理，能够分析在印刷过程中，印版、墨辊、橡皮布的润湿性以及油墨在承印材料上的附着等问题。并掌握提高和保护印版、墨辊、橡皮布的润湿性以及油墨在承印材料上能很好附着的方法。

四大传统印刷基本的问题就是油墨转移的问题，所有这些印刷的油墨转移都是以润湿作用为基础的：凸版印刷——利用与印章相同的原理，使油墨从凸起的图像版面转移到承印物上；凹版印刷——使油墨从刻在光滑金属版面上的着墨孔或凹槽中转移到承印物上；平版印刷——使油墨从只接受油墨的平滑版面区域转移到承印物上；丝网印刷——利用孔状模版来控制油墨，使油墨漏印到承印物上。其中存在很多润湿问题，例如，油墨如何从印刷机的墨斗传出，经过墨辊、印版、橡皮布等印刷面转移到承印物表面；具备什么样的条件，油墨可以取代各个印刷面上的空气，将固体表面转变为稳定的“液—固”界面，使油墨传递均匀；怎样改变油墨和印刷面的润湿性能，提高油墨传输、转移效率；如何增强润版液对平版空白部分的润湿性，防止版面起脏等问题都和润湿有关，可以说润湿作用是油墨传输和转移的基础。

第一节　润湿的基本条件

表面上的一种流体被另一种流体取代的过程即是润湿。在一般的生产实践中，润湿是指固体表面上的气体被液体取代（有时一种液体被另一种液体所取代）的过程。固体的表面被液体润湿后，便形成了“气—液”、“气—固”、“液—固”三个界面，通常把有气相组成的界面叫做表面，即把“气—液”界面叫做液体表面，“气—固”界面叫做固体表面。

润湿是有条件的，润湿能否进行，取决于界面性质及界面能的变化。

一、表面张力与表面过剩自由能

1. 定义

表面张力与表面过剩自由能是描述物体表面状态的物理量。

液体表面或固体表面的分子与其内部分子的受力情况是不相同的，因而所具有的能量也是不同的。处在液体内部的分子，受到周围分子的引力是对称的，合力为零；处在液体表面的分子情况就不同了，由于液相分子引力远大于气相的分子引力，致使合力不再为零，而是具有一定的量值指向液相的内部。由于这个拉力的存在，液体表面的分子相对于液体内部分子处于较高能量态势，随时有向液体内部迁移的可能，处于一种不稳定的状态。液体表面分子受到的拉力形成了液体的表面张力，相对于液体内部所多余的能量，就是液体的表面过剩自由能。

表面张力常用的单位是 N/m（牛顿/米）。对于某一种液体，在一定的温度和压力下，有一定的表面张力。随着温度的升高，液体分子间的引力减少，共存的气相蒸汽密度加大，所以表面张力总是随着温度的升高而降低。所以，测定表面张力时，必须固定温度，否则会造成较大的测量误差。

在恒温恒湿条件下，增加单位表面积表面所引起的体系自由能的增量，也就是单位表面积上的分子比相同数量的内部分子过剩的自由能，因此，也称为比表面过剩自由能，常简称为比表面能，单位是 J/m^2（焦尔/平方米）。因为 $1J = 1N \cdot m$，所以，一种物质的比表面能与表面张力数值上完全一样，量纲也一样，但物理意义有所不同，所用的单位也不同。

固体表面与其内部分子之间的关系和液体的完全相似，只是固体表面的形状是一定的，其表面不能收缩，因此固体没有表面张力而只有表面自由能。

常用液体的表面张力和固体的表面自由能如表 2－1 和表 2－2 所示。

表 2－1 常用液体的表面张力

液体名称	表面张力 $10^{-3}N/m$	液体名称	表面张力 $10^{-3}N/m$
乙醚	16.9	聚醋酸乙烯乳液	38
乙醇	22.8	蓖麻油	39
硝化纤维素胶	26	乙二醇	48.2
甲苯	28.4	甘油	64.5
液体石蜡	30.7	水	72.8
油酸	32.5	酸固化酚醛胶	78
棉子油	35.4		

表2-2　固体的表面自由能

商品中文名称	表面自由能 $10^{-3}J/m^2$	商品中文名称	表面自由能 $10^{-3}J/m^2$
聚四氟乙烯	18.4	聚苯乙烯	42
聚丙烯	31.4	玻璃纸	45
聚乙烯	33.1	聚酯	46
聚甲基丙烯酸甲酯	39	印刷用纸	72
聚氯乙烯	41.1	石蜡	

当油墨的表面张力小于承印物的表面能时，油墨能够润湿承印物，为印刷创造了必要的条件；反之，在低表面能的表面印刷，例如塑料，油墨不容易润湿承印物，这时需要对承印物表面进行处理或改性后才能够正常印刷。

2. 水、墨的表面张力

水的表面张力是范德华力和氢键力之和，纯水的表面张力在20℃时，约为7.2×10^{-2} N/m。油的表面张力比水的表面张力小。油墨的表面张力，由于受到颜料和添加剂的极性基的影响，介于水和油的表面张力之间，一般在$3.0\times10^{-2}\sim3.6\times10^{-2}$N/m。

二、液体在固体表面的润湿条件

当“液—固”两相接触后，体系自由能的降低即为润湿，也就是指液体分子被吸引向固体表面的现象。液体完全润湿是固体必须满足一定的热力学条件，如果在一个水平的固体表面上放一滴液体，除了重力之外，还有表面张力的作用。

1805年，T. Young提出了润湿方程：

$$\gamma_S - \gamma_{SL} = \gamma_L \cdot \cos\theta$$

式中，γ_S、γ_{SL}、γ_L分别表示固体表面、“固—液”界面、液体表面的表面张力。在液滴接触物体表面处画出液滴表面的切线，这条线和物体表面所成的角叫做接触角，用θ表示，如图2-1所示。

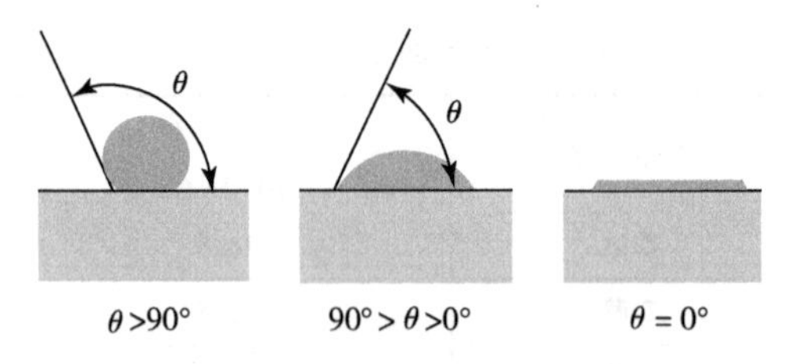

图2-1　液体在固体表面的润湿

任何物体表面对于液体的润湿情况都可以用接触角进行衡量。由上式导出式

$$\cos\theta = (\gamma_S - \gamma_{SL})/\gamma_L$$

若$\theta=0°$，即$\cos\theta=1$，则$\gamma_S+\gamma_L=\gamma_{SL}$，则液体能在固体表面铺展。通常我们将$\theta=90°$作为润湿与否的界限，当$\theta>90°$时，叫做不润湿；当$\theta<90°$时，叫做润湿，$\theta$角越小，润湿性能越好；当$\theta=0°$时，固体被完全润湿。

第二节　印版表面的润湿

印版表面的润湿，指各类印版的图文部分上的空气被油墨取代的过程，以及胶印印版的空白部分上的空气被润版液取代的过程。

一、凸版的表面结构和润湿性

凸版表面结构的特点是：图文部分凸起，非图文的空白部分凹下，且和图文部分有一定的高度差。为了使油墨更均匀地涂布在印版表面，对于平面形的印版，凸起的图文部分应处于同一水平面上；对于弧面形的印版，凸起的图文部分应处于同一半径的柱面上，如图2－2所示。

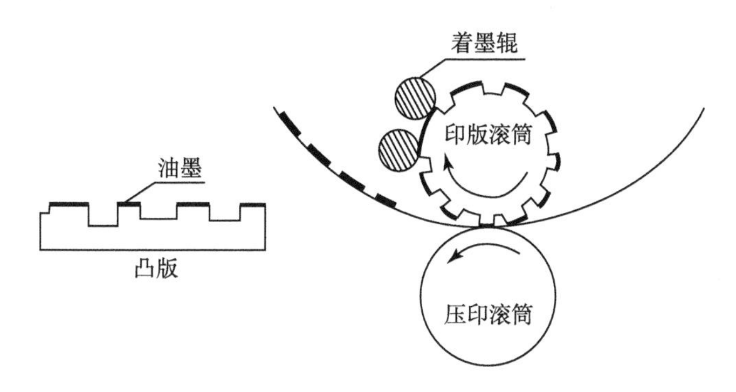

图2－2　凸版与凸版印刷示意图

凸版所用的版材有铜、铁、锌等金属，还有高分子聚合材料，如氯酯共聚塑料、聚酚氧塑料、合成橡胶、硬化的感光树脂等。铜、铁、锌等金属表面为高能表面，与表面张力较低的油墨相接触时，整个体系的自由能下降。高分子聚合物的表面虽然为低能表面，但因其化学结构与油墨的化学结构有相似性，和油墨相接触时，能产生较强的亲和力。因此，印刷时，只要油墨与印版之间的黏附张力 A 大于油墨的表面张力 γ_{LG}，油墨在着墨辊的辊压作用下，图文部分很容易被润湿。

二、凹版的表面结构和润湿性

凹版表面的结构特点是：印版上的图文部分凹下，形成深浅不同的着墨孔，非图文部分凸起，并在同一平面或同一半径的柱面上，如图2－3所示。印刷时，印版滚筒的一部分浸渍在墨槽里，油墨润湿印版表面，并填充在着墨孔内，再用刮墨刀除去印版表面的油墨，着墨孔内的油墨在印刷压力的作用下，转移到承印物表面。要使油墨浸湿并充满着墨孔，必须满足 $W_i=\gamma_{SG}-\gamma_{SL}\geqslant 0$ 的条件，故应采用表面自由能高的金属版材制作凹版，以增大浸湿功。

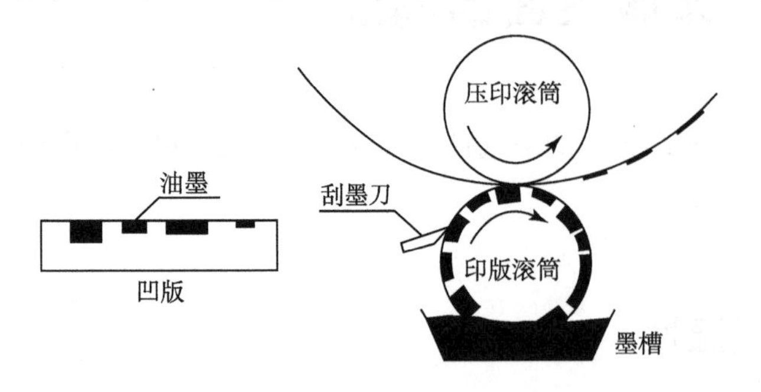

图 2－3　凹版与凹版印刷示意图

图 2－4　凹版网墙

凹版的表面一般均匀地分布着承托刮墨刀的支撑架，叫做网墙，如图 2－4 所示。网墙的作用，是防止刮墨刀在除去印版空白部分的油墨时，挖去着墨孔内的部分油墨，破坏了印刷品的阶调再现性。由于网墙间分布着凹下的着墨孔，印版表面被细线分割，断面呈锯齿形，如图 2－5 所示。若图中的倾斜角为 φ′，当接触角 $\theta>180^\circ-\varphi'$时，油墨就很难浸入凹版的着墨孔内，形成固体和气体同时和油墨接触的复合面。因此，凹版的润湿还受到倾斜角 φ'的影响。

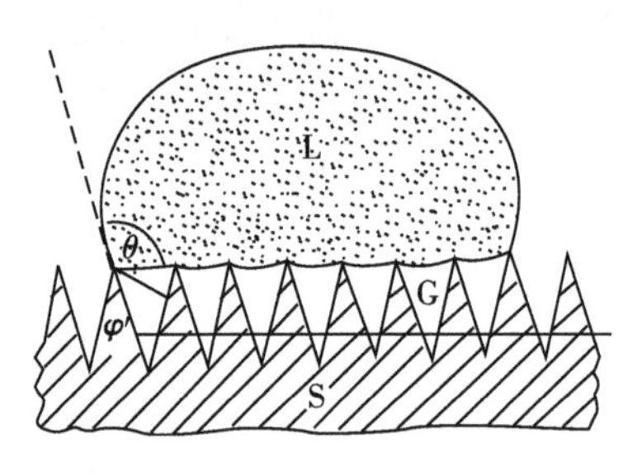

图 2－5　凹版网墙的断面

三、孔版的表面结构和润湿性

孔版（主要是丝网印版）是以丝网为支撑体，先在网上涂布一层感光胶，再将阳图底片密合在感光胶层上，经过曝光、显影制成的。印版空白部分的感光胶层受光发生光化学反应，形成固化的版膜将网孔封住；印版图文部分的感光胶层显影时被除去，网孔通透。印刷时，油墨透过网孔漏印到承印物上形成印刷品，如图 2－6 所示。

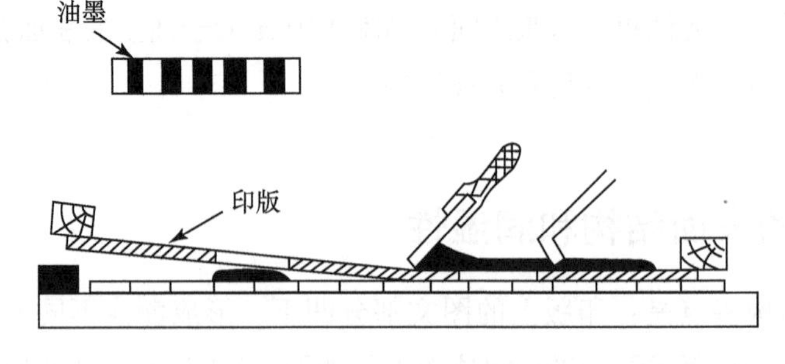

图 2－6　孔版与孔版印刷示意图

常用的丝网有不锈钢丝网、尼龙丝网、聚酯丝网等。不锈钢的比表面能最高，聚酯的比表面能最低（临界表面张力约为 4.3×10^{-6}N/m），尼龙的比表面能（临界表面张力约为 4.6×10^{-2}N/m），介于不锈钢和聚酯之间。因此，和感光胶的结合性以及透墨性最好的是不锈钢丝网，其次是尼龙丝网，最差的是聚酯丝网。用不锈钢丝网制成的孔版，常用来印刷质量要求高的精细产品。为了提高丝网的印刷性能及降低成本，常常使用复合材料制成的丝网印刷。例如，镀镍聚酯丝网，是在聚酯丝网上镀一层厚度约为 2～5μm 的镍金属，这种网的编织结点经镀镍而固定，避免了金属网因金属疲劳而造成的松弛和聚酯网与感光胶版膜结合力低、透墨性差的弊病，成为具有高张力、低伸长率的适印性较广的丝网。用镀镍聚酯丝网制成的孔版，印刷时网孔变形小，墨流通畅，承印物上获得的墨层厚薄均匀。

四、平版的表面结构和润湿性

平版印刷目前使用的印版主要是 PS 版和 CTP 版。这些印版表面结构的特点是：印版上的图文部分和非图文的空白部分几乎同处在一个平面上。印刷时，要先用润版液润湿印版的非图文部分，形成有一定厚度的均匀的水膜，然后再用油墨润湿印版的图文部分，形成有一定厚度的均匀的墨膜，利用油、水不相溶的原理，非图文部分和图文部分分别依赖于水膜和墨膜来抗拒彼此的浸润，如图 2－7 所示。平版印版的表面必须形成亲水疏油和亲油疏水两类表面区域。这可以用两种方法来实现，一是采用同一种金属构成印版，但通过物理、化学处理，改变印版对水和油墨的润湿性，形成性能不同的两类表面区域，例如 PS 版、平凹版等是以铝板或锌板为版材；二是采用两种对水和油墨润湿性不同的金属构成这两类表面区域，例如多层金属版。

金属氧化物、无机盐大多是亲水疏油离子型晶体结构的物质，和水能产生很强的亲和力。在既有一定的亲水性又有一定的亲油性的铝板或锌板上，形成不溶于水的金属氧化物或无机盐层，便大大提高了这部分的亲水性。

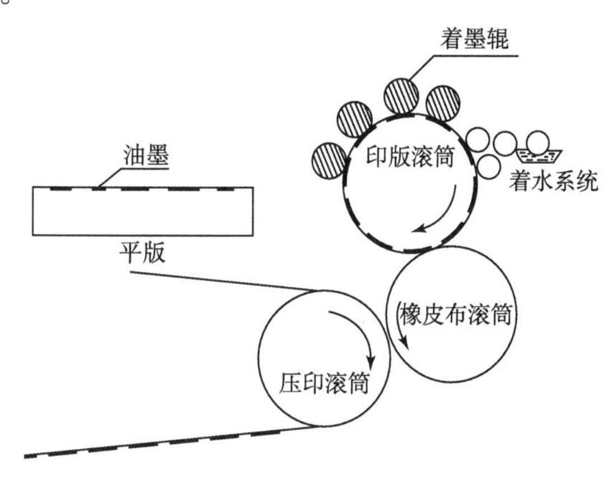

图 2－7　平版与平版印刷示意图

PS 版是目前平版印刷中使用的主要的印版。阳图型 PS 版以铝板做版材，亲水的非图文部分是氧化铝（Al_2O_3），亲油的图文部分是硬化的重氮感光树脂。印版的非图文部分和图文部分要选择性地吸附润版液和油墨，这种选择性地吸附，首先取决于印版的非图文部分和图文部分版面的化学结构。但在实际印刷过程中，这种选择性地吸附能否实现，还要看是否具备一定的条件。

平版的非图文部分是由比表面能较高的金属、金属氧化物、无机盐等构成的，属于高能表面。例如，磷酸锌的固体比表面能高达 $9.0\times10^{-1}J/m^2$，氧化铝的固体比表面能高达 $7.0\times10^{-1}J/m^2$，都为润版液的表面张力的 10 倍以上。因此，从润版液和非图文部分的化学结构相似性和表面能数据看，润版液能够润湿印版的非图文部分。这是因为，润版液的润湿，会导致非图文空白部分的体系自由能的下降，而使 $\gamma_W-\gamma_I\leqslant0$（$\gamma_W$ 是润版液的表面张力，γ_I 是非图文部分的表面过剩自由能)，因而是个自发的过程。另一方面，油墨的表面张力很低，仅仅约为非图文部分表面过剩自由能的 1/20，所以尽管在化学结构上，油墨和非图文部分的物质并不相似，油墨还是能够在非图文部分铺展。这是因为，油墨的铺展同样导致体系自由能的下降，而使 $\gamma_0-\gamma_I\leqslant0$（$\gamma_0$ 是油墨的表面张力)，因而同样是自发的过程。总之，印版的非图文部分，既能被润版液所润湿，也能被油墨所润湿。可见，印版的非图文部分对于润版液和油墨在润湿上并无选择性。

平版的图文部分是表面能较低的非极性有机化合物，属于低能表面，其比表面能一般与油墨的表面张力值相近，例如，腊克和硬化的重氮感光树脂，比表面能都在 $3.0\times10^{-2}\sim4.0\times10^{-2}J/m^2$ 之间，而普通的润版液因加某些电解质，表面张力略高于 $7.2\times10^{-2}N/m$。因此，油墨便能够在印版的图文部分铺展，而润版液则不能铺展。这是因为，油墨的铺展会导致体系自由能的下降，使 $\gamma_0-\gamma'_I\leqslant0$（$\gamma'_I$ 是图文部分的表面自由能)，这是个自发的过程；而润版液若铺展则要导致体系自由能的上升，使 $\gamma_W-\gamma'_I\geqslant0$，这是个非自发的过程。总之，印版的图文部分，只能被油墨所润湿，却不能被润版液所润湿。可见，印版的图文部分对于润版液和油墨在润湿方面是有选择性的。

为使平版的非图文部分只被润版液所润湿，印刷中要先给印版供给润版液，待润版液铺满非图文部分之后再给印版供墨，由于油水不相溶，油墨因非图文部分有润版液而不能附着，便只润湿了印版的图文部分。这样，平版印版的非图文部分和图文部分，对润版液和油墨就都有选择性了。

第三节　墨辊的润湿

墨辊在印刷机上主要是传输油墨的。为了使油墨在墨辊间迅速地展布均匀，印刷机一般采用软质和硬质墨辊交替的方式配置，使相邻的墨辊产生良好的接触。

一、油墨润湿墨辊的条件

具有良好亲油性的每一根墨辊都是从前一根墨辊接受油墨，然后把接受的油墨传递给下一根墨辊。在这个过程中，油墨先润湿墨辊表面，而后附着在墨辊上。若墨辊表面的比表面能为 γ_{SG}，油墨的表面张力为 γ_{LG}，墨辊和油墨之间的表面张力为 γ_{SL}，则墨辊对油墨的黏附功 W_a 为：

$$W_a = \gamma_{SG} + \gamma_{LG} - \gamma_{SL} \tag{2-1}$$

油墨本身的内聚功 W_c 为

$$W_c = 2\gamma_{LG} \tag{2-2}$$

当油墨的内聚功 W_c 小于墨辊对油墨的黏附功 W_a，即 $W_c < W_a$ 时，油墨润湿墨辊表面并附着在墨辊上；当油墨的内聚功大于墨辊对油墨的黏附功，即 $W_c > W_a$ 时，油墨不能润湿墨辊表面而从墨辊上脱落下来。考虑到式（2－1）和（2－2），得到油墨在墨辊表面附着和脱落的条件分别为

$$\gamma_{SG} > \gamma_{LG} + \gamma_{SL}(\text{油墨附着})$$

$$\gamma_{SG} < \gamma_{LG} + \gamma_{SL}(\text{油墨脱落})$$

印刷机上使用的软质墨辊一般是用经过硫化处理的天然橡胶、合成橡胶、明胶以及聚氨酯等高聚物材料制作的。软质墨辊的辊面虽然是低能表面，但墨辊材料均具有良好的亲油性，所以油墨能很好地润湿辊面并附着在上面。

印刷机上使用的硬质墨辊一般用铁、铜等金属材料制作。金属墨辊的辊面为高能表面，$\gamma_{SG} > \gamma_{LG} + \gamma_{SL}$，显然油墨能很好地润湿辊面并附着在上面。

二、墨辊润湿性的变化

软质墨辊大多是由橡胶材料制作的，润湿性以及其他的性能基本上和橡皮布相同。但是，墨辊的直径比印版滚筒的直径小数倍，因此，墨辊的角速度约比印版滚筒的角速度大数倍，所以在频度很高的滚压摩擦状况下，发热升温的现象十分显著，热老化首先在墨辊表面发生，造成表面硬化、龟裂，甚至小块小块地脱落。只有磨掉已经形成的热老化层，才能恢复墨辊原来的亲油传墨性能。为了减缓橡胶的热老化速度，印刷机输墨装置中的串墨辊，配备有冷却降温的设施。印刷过程中，还要防止油墨在墨辊表面干结成膜和油墨在墨辊上的早期干燥，及时清除墨辊上残留的墨皮，印刷结束时，必须把墨辊清洗干净。

硬质墨辊由于制作材料的不同，在印刷过程中润湿性能的变化也不相同。

某些胶印机的串墨辊是用金属铁制作的，铁本身的亲油性较差，当润版液的供应量较大，油墨乳化严重时，润版液中的电解质或亲水性的胶体，随同润版液以细小的微珠分散在油墨中被铁吸附，串墨辊上生成亲水薄膜，亲油能力下降，油墨难以附着在墨辊表面，常常出现“脱墨”现象，只有采用物理或化学方法去除亲水膜层，墨辊才能恢复原来吸附油墨、传递油墨的性能。

在铁质墨辊表面镀上一层金属铜，制作成金属铜辊，代替铁质的串墨辊，显然传墨的性能优于铁质串墨辊。但是，铜是容易被氧化的金属，特别是在被乳化的油墨中，润版液的微滴中含有氧化剂，铜辊面会被氧化生成 CuO（氧化铜）。另一方面，印刷机输墨系统中的软质橡胶在传墨中会慢慢地脱硫，铜质墨辊与它长期接触，会在接触的部分生

成黑色的条痕，这是铜与硫发生化学反应生成了 Cu_2S（硫化亚铜）和 CuS（硫化铜）的缘故。被 CuO、Cu_2S、CuS 覆盖的铜表面，亲油吸墨性下降，导致“脱墨”现象的发生，通常用 10% 的稀硝酸来清除铜墨辊表面上的这一膜层。

合成树脂和塑料等高分子聚合物是非极性物质，具有良好的亲油性能。若将坚固、耐磨的高分子聚合物，浇铸到金属墨辊的辊芯上，制成硬质胶辊，不仅传墨性能增强，而且辊面上不会沉积亲水的无机盐层或吸附亲水胶体，墨辊很少发生脱墨现象。现在一些印刷机竞相采用高聚物材料制成串墨辊。但是，这类墨辊的机械强度不如金属，使用中应避免敲击碰撞、墨刀铲刮。

高聚物硬质墨辊和橡胶软质墨辊、橡皮布一样，耐溶剂性差，清洗墨辊时，一定要选择合适的溶剂配制成清洗剂，否则墨辊表面将溶胀和溶解，胶层受损而无法使用。

第四节　橡皮布的润湿性及其变化

橡皮布是胶印机油墨转移的中间体。印刷时，橡皮布与印版图文部分油墨接触的同时，也与印版空白部分的水相接触。因此，橡皮布主要由非极性材料橡胶构成，以保证橡皮布最大限度地吸附油墨并转移油墨，最小限度地吸附水分；还要求橡皮布具有最佳的耐油、耐酸、耐氧化和抗老化等性能。为使橡皮布具有良好的印刷性能，除选择适宜的橡胶材料制作橡皮布以外，印刷过程中，在工艺操作上还必须尽量维护橡皮布的润湿性。

一、橡皮布的润湿性

橡皮布由胶层和底布组成。胶层包括黏结底布的内胶层和用于转移油墨的表面胶层。胶层的主要组分是天然橡胶和合成橡胶。

由于天然橡胶具有较大的黏结力，能把橡皮布的底布牢固地黏合在一起，一般作为橡皮布的内胶层使用。但在印刷过程中或清洗橡皮布时，要严防煤油等有机溶剂的渗入，以避免天然橡胶溶胀而使橡皮布“起泡”或“脱壳”。

制作橡皮布表面层的合成橡胶有氯丁橡胶、丁腈橡胶等，其分子仍然以非极性为主，能够被油墨很好地润湿。为了进一步增强橡皮布表面胶层亲油疏水的性能，有的橡皮布表面胶层原料中加入一定量的醋酸乙烯 - 氯乙烯共聚体。尽管如此，橡皮布在使用过程中，润湿性还是要发生变化的。

目前，平版印刷普遍使用树脂型油墨，其树脂型连结料中含有一定量的高沸点煤油，这就要求橡皮布的表面胶层耐油性相当好，故橡皮布的表面胶层一般采用耐油性能好的合成橡胶作原料。

二、橡皮布表面润湿性的变化

橡皮布包覆在胶印机的橡皮布滚筒上，在滚筒相互滚压的过程中，橡皮布每一微小单元体要周期性地和印版、承印物相接触。印版上的油墨、润版液、承印物（主要是由纸张上脱落下来的纸粉）和橡皮布将发生物理、化学作用，其结果会改变原来橡皮布的润湿性。

1. 橡皮布表面润湿性的变化

印刷过程中，由于物理吸附，在橡皮布的表面胶层上会形成掩盖层，这层掩盖层主要是由纸粉涂料粒子、植物纤维、油墨中的颜料颗粒等物质堆积而形成的。掩盖层中的物质大部分是极性的，故使橡皮布的非极性减弱、极性增加，亲油性下降、亲水性上升。这样，印版图文部分上的油墨，尤其是微小网点上的油墨，在高速压印时，不能正常地通过橡皮布转移到承印物上，造成印刷品的印迹发虚、网点丢失。另一方面，因为橡皮布的亲水性增加，它将从印版表面吸附较多的润版液传递给纸张，使纸张的含水量增加，尺寸伸长，套印不准，与此同时，纸张的表面强度下降，纸粉、纸毛堆积橡皮布的程度加剧，致使生产无法进行，这就需要清洗橡皮布，恢复其原有的润湿性。

2. 橡皮布表面润湿性的化学变化

（1）光老化。橡皮布是在有光线照射的情况下工作的，日久天长橡胶发生老化，表面生成玻璃状的光老化膜。由于这层膜非常光滑，不仅掩盖了橡皮布原来的表面性质，而且使表面的毛细管作用完全消失，亲油传墨性能降低。

（2）热老化。橡皮布受热以后，产生热老化，使表面胶层变硬、发黏，甚至出现裂纹，不能再使用。此外，橡皮布在转移油墨的过程中，受到印版滚筒和压印滚筒周期性的应力作用，这种交变应力的频度很高（尤其是高速胶印机），因而橡胶的内耗较大，放出的热量使橡皮布胶层的温度上升，又加剧了橡皮布胶层的热老化。为了减缓橡皮布热老化的程度，印刷车间应严格地控制温湿度的变化，实现恒温恒湿的作业环境。印刷中提倡采用适宜的印刷压力转移油墨，在超高速的胶印机上，采用水、墨辊冷却散热的方法，维持橡皮布表面的润湿性。

第五节　水辊的润湿性及其变化

胶印中传递润版液的水辊，表面必须具有良好的亲水性能。

一、硬质水辊的润湿性与变化

由于水辊必须长期接触具有腐蚀性的润版液，因此硬质水辊一般采用化学性质稳定的金属辊，以免被腐蚀。用镀铬的硬质水辊作为水斗辊和串水辊，不仅亲水性好，而且铬的表面会形成细密的氧化膜而变为钝态，因此具有良好的抗腐蚀性。为了增强输水性能，镀铬之前，水辊应该先适当粗化，扩大其比表面，然后再镀铬，以利用毛细吸附作用，增强其吸附润版液的能力。

在印刷生产过程中，清洁的铬层表面，能够良好地吸附润版液，使其充分铺展，足以抵御油墨的再吸附。但是，如果镀铬水辊停止运转较长的时间，由于润版液的蒸发或流失，使铬层表面失去水膜的遮盖，车间空气中的尘埃、油污就会在铬层表面积聚成膜；或者通过软质水辊把油墨传递给铬层表面，都会使铬层表面原有的良好的亲水性能失去或者削弱。只有把这些油垢、墨迹清除干净，才能恢复镀铬水辊原有的润湿性质。

同样，串水辊清洁无墨迹是正常输水的必要条件，因此，串水辊的周向速度与印版滚筒的线速度一致，才能使辊面承受尽可能少的摩擦力，否则辊面容易粘脏。

二、软质水辊的润湿性与变化

软质水辊包括两类：一类是指表面包有水辊绒布的水辊，利用绒布丰富的毛细孔来积聚大量的润版液。尽管水辊绒布是经过脱脂处理过的棉纤维织物，以削弱其原先的输水性质，但是在使用过程中，如果水辊绒布先接触油墨，或者水量不足，则水膜的阻隔作用不强，都会使绒布粘积油墨，必须及时清洗水辊绒布，恢复其原有的润湿性质。

另一类软质水辊在与其他水辊接触时有明显的压缩变形存在，但不需要套水辊绒布，尽管由它传递的润版液量较少，但是由于这类水辊是和酒精润版液或者非离子表面活性剂润版液配合使用，即能满足正常的印刷要求。

第六节　油墨的附着

油墨在纸张或其他承印材料上的附着，主要依靠所谓“机械投锚效应”和分子间的二次结合力。印刷方式不同，使用油墨不同，油墨附着的效果也有很大的差别。

一、“机械投锚效应”和分子间的二次结合力

1. “机械投锚效应”

纸张、高聚物、金属等承印材料的表面，都不同程度地存在着凸起和凹陷部分，有些承印材料，如纸张，表面还有明显的孔隙。转移到承印材料表面的油墨，有一部分填入凹陷或孔隙当中，犹如投锚作用一样，使油墨附着在承印物表面，这就是所谓的“机械投锚效应”。

2. 分子间的二次结合力

原子或离子间的相互作用力叫化学键，也叫一次结合力；分子间的相互作用力叫分子的二次结合力，二次结合力要比一次结合力弱。分子间的二次结合力包括色散力、诱导力和取向力。

不同的分子间存在不同的二次结合力。在非极性分子间，只存在色散力；在非极性分子与极性分子间，存在色散力和诱导力；在极性分子间，存在色散力、诱导力和取向力。色散力存在于各类分子之间，是最重要的分子二次结合力。

二、油墨在纸张上的附着

纸张、油墨的主要成分均为非对称型分子，当它们的分子相互靠近时，固有偶极之间因同性相斥、异性相吸使分子在空间按异极毗邻的状态取向，结果首先产生取向力，随后产生诱导力和色散力。分子间的二次结合力使油墨附着在纸张上，二次结合力越大，附着效果越好。

另一方面，纸张由纤维交织而成，表面凹凸不平且有孔隙，油墨又具有较好的流动性能，所以，当油墨转移到纸张上以后，有明显的机械投锚效应，促使油墨在纸张上附着。

油墨在纸张上的附着，既靠分子间的二次结合力，也靠油墨在纸张上的机械投锚效应。对于平滑度较高的纸张，油墨的附着主要依赖于分子间的二次结合力；较为粗糙的纸张，油墨的附着则更多地借助于机械投锚效应。

此外，纸张中所含的填料（氧化钙、氧化钛等）、涂料（白土、碳酸钙等），大部分是无机化合物。这些无机化合物，大大地提高了纸张的比表面能，因而纸张为高能表面。当低表面张力的油墨覆盖在纸张表面时，使纸张的表面自由能降低，形成稳定的体系，故油墨能牢固地附着在纸张表面。

三、油墨在金属箔和高聚物薄膜上的附着

金属是平滑度很高的承印材料，油墨的附着只能靠分子间的二次结合力，没有机械投锚效应。但是，金属表面是高能表面，比表面能比油墨的表面张力高得多，油墨附着时能大大降低金属的表面自由能，因而有较大的黏附力，使油墨的附着效果较好。

和金属箔一样，表面平滑度很高的聚合物薄膜材料，油墨的附着也只能靠分子间的二次结合力。但是，高聚物的表面却是低能表面。油墨能否很好地附着，很大程度上取决于高聚物表面的能量。几种高聚物的临界表面张力如表 2－3 所示。

表 2 – 3　几种高聚物的临界表面张力

高聚物表面	表面张力 γ_c 10^{-2}N/m	高聚物表面	表面张力 γ_c 10^{-2}N/m
聚四氟乙烯	1.8	聚乙烯醇	3.7
聚三氟乙烯	2.2	聚甲基丙烯酸甲酯	3.9
聚二氟乙烯	2.5	聚氯乙烯	3.9
聚乙烯	3.1	聚酯	4.3
聚苯乙烯	3.3	尼龙66	4.6

聚四氟乙烯、聚三氟乙烯、聚二氟乙烯、聚乙烯等的临界表面张力 γ_c 都小于油墨的表面张力，油墨不能润湿这些高聚物的表面。即使在印刷压力的作用下，油墨分子和高聚物分子间的距离减小了，分子间的二次结合力有所增加，但高聚物均属非极性物质，分子二次结合力很弱，油墨的附着仍很困难。为了提高油墨在高聚物表面的附着效果，要对高聚物表面进行处理。一般是采用电晕放电产生的游离基反应使高聚物发生交联，提高表面自由能，增加表面粗糙度，改善其对油墨的润湿性。表 2 – 3 中聚苯乙烯前的高聚物，不经处理是无法用来印刷的。

复习思考题二

1. 表面张力与表面能的基本含义是什么？水与油墨的表面张力分别是多少？

2. 从接触角的角度出发，说明液体在固体表面润湿的基本条件。

3. 试以平版为例，说明印版表面的润湿性是如何改变的？

4. 以表面自由能与热力学的基本理论为基础，分析平版印刷中，为什么要先给印版供水，然后再给印版供墨，印刷才能正常进行？

5. 采取哪些措施，可以保护平版空白部分的润湿性？说明理由。

6. 试分析油墨在墨辊上附着的条件？

7. 举例说明如何保护橡皮布和墨辊的润湿性？你认为橡皮布和墨辊的清洗剂应该具备哪些条件？到生产现场考察清洗剂的使用情况，举出一种分析其优缺点。

8. 油墨依靠哪些作用附着在承印物表面？在表 2 – 3 中，哪几种高聚物材料不经过处理，使用普通油墨就能印刷？

第三章　印刷压力

【内容提要】 本章主要介绍印刷压力的基本概念、印刷压力的测量方法、印刷包衬的选用原则与方法。

【基本要求】 了解印刷压力的作用与表示方法，掌握印刷压力的基本概念、各种印刷方式中常用的印刷压力的测量方法，选择印刷包衬的条件。

第一节　基本概念

印刷压力是油墨向承印物表面转移的基础。印刷压力不仅是实现印刷过程的根本保证，而且在很大程度上决定着印刷的质量。

一、印刷压力的作用

印刷压力是指在印刷过程中通过机械手段在印版、转印体及压印体之间实施的相互作用的力。对于直接印刷，指在压印过程中印版对承印物相互之间挤压的力；对于间接印刷，指印版对转印物（例如橡皮布滚筒）、转印物再对承印物相互之间挤压的力。在凸版印刷、平版胶印中，印版滚筒的表面与压印滚筒上承印物表面，或者橡皮布滚筒表面与压印滚筒上承印物表面之间相互挤压的力称为压印压力。在胶印过程中，印版滚筒表面与橡皮布滚筒表面相互挤压的力称为印版压力。

印刷压力直接影响着油墨转移。要保证油墨的顺利转移，必须要有足够的印刷压力。而承印物表面、印版表面、橡皮布表面不可能是绝对平滑的，例如纸张表面都有不同的孔隙与凹陷不平，机器制造、装配中不可避免有误差，因此，只有在印刷压力的作用下，压印体表面才可能充分接触，进行油墨转移。所以，从根本上说，印刷压力的功能，就是强制地使压印体充分接触，以利于油墨的转移。但印刷压力并非越大越好，而是要适中。印刷压力过大，会加剧印版的磨损、增加印刷机的负荷，若用网线版印刷，还会因油墨的过分铺展而影响印刷品的阶调和颜色的再现；若用凸版印刷，则会造成印刷品背面出现凸痕甚至破损。印刷压力过小，会引起承印材料与油墨接触不良，转移墨量不足，印刷品墨迹浅淡不清，若用网线版印刷，甚至会造成印刷品高光部位的网点因着墨不良而丢失。

正确地确定印刷压力对传统的印刷工艺是非常重要的，它是决定印刷品质量、印版耐印力以及印刷及使用寿命的重要因素。

二、印刷压力的表示方法

由于印刷方式不同，对印刷压力考虑的角度和测试方法不同，因此，对于印刷压力的表示有不同的方法、符号和单位。

1. 总压力

在压印过程中，施加于版面上的力或者承印物表面垂直方向上承受的力之合力，称为总压力，单位为牛顿（N）。

凸版印刷过程中，总压力是指压印滚筒施加于印版表面的力。在凸版印刷过程中，只存在压印压力。在平版胶印过程中，包括印版压力和压印压力。

2. 线压力

将两滚筒之间接触或者压印滚筒与平面印版之间的接触仅看作线接触，用总压力除以滚筒的有效长度，即得到单位长度上的压力，称为线压力，单位为牛顿/米（N/m）。

3. 面压力（平均压强）

假设总压力是平均分布在压印区域的各个部位，因此形成了平均压强的概念，即压强的平均值，其单位是牛顿/平方米，即帕斯卡（Pa）。

4. 压缩量

在压印过程中两个滚筒接触时或者压印滚筒与印版滚筒接触时，所产生的最大压缩变形量，简称 λ，单位是毫米（mm）。

由于压力与压缩变形量之间存在一定的关系，压缩变形量的大小能间接反映出印刷压力的大小，而且这种表示方法很直观、简便，测量也很方便，因此，在印刷厂都广泛采用压缩量 λ 来控制和描述印刷压力。

5. 压印宽度

圆压平印刷机和圆压圆印刷机滚筒表面的接触是细长的矩形平面或曲面，其轴向有效接触长度不随印刷压力的变化而变化，接触宽度却随印刷压力的增大而加宽，因此，接触宽度的变化能够间接地反映印刷压力的大小，此接触宽度称为压印宽度，单位为毫米（mm）。

第二节　印刷压力的测量

印刷压力的测定包括：压缩量的测定、总压力的测定和接触宽度内压强分布状况的测定三类。用压缩量表示印刷压力的大小是目前印刷行业最为普遍采用的方法。而总压力的测定和接触宽度内压强分布状况的测定，目前在某些国家仅处于试验阶段。本章主要介绍压缩量的测定方法。

一、压缩量的测定方法

用压缩量 λ 来表示印刷压力虽然不能直接反映实际的印刷压力，但是用这个数值在调整印刷机的印刷压力时比较直观，易于掌握，因此被许多印刷厂和车间作为衡量印刷压力的依据。由于压缩量 λ 还与许多因素有关，如包衬性质、纸张平滑度、印刷机类型、产品质量要求、印刷速度、制造精度等，因此必须掌握在各种条件下的压缩量数值，这需要在实践中作大量的试验，寻求在各种条件下的压缩量数据，这样在印刷工艺操作时就可以根据具体条件找到相应的压缩量。

1. 凸版印刷机上压缩量的测定

（1）圆压平凸版印刷机

使用千分尺（螺旋测微器）测出印版、包衬和承印物厚度，然后通过式（3-1）计算出压缩量 λ 的值。

$$\lambda = \delta - H \qquad (3-1)$$

式中　λ——印版、包衬、承印物的总厚度；

H——压印时滚筒的筒体与版台之间的距离。

（2）圆压圆凸版印刷机

使用千分尺（螺旋测微器）测出印版、包衬和承印物厚度，然后通过式（3-2）计算出压缩量 λ 值。以这样测得的结果，试印 0.5～1 小时后，再对包衬测量一次，并做相应的调节，就能满足凸版印刷的工艺要求。

$$\lambda = R_P + R_I - A_{PI} \qquad (3-2)$$

式中　R_P、R_I——分别为印版滚筒和压印滚筒包衬后的自由半径；

A_{PI}——圆压圆凸版印刷机合压后印版滚筒与压印滚筒的中心距。

2. 平版胶印机上压缩量的测定

对于平版胶印机来说，压缩量 λ 值实际上是两滚筒自由半径总和与中心距之差值。所以，平版胶印机压缩量 λ 值的测定可以归结为测定两个滚筒的自由半径和中心距两个部分。

（1）测定滚筒自由半径（即测定包衬总厚度 h）

用螺旋测微器测平版胶印机上的橡皮布滚筒的包衬总厚度 h_B、印版滚筒包衬总厚度 h_P 以及压印滚筒上承印物的厚度 h_I 数值。

（2）测量两滚筒的中心距

有肩铁的胶印机的合压中心距 A_{PB} 是一个常数 $A_{PB} = R_P + R_B$。但是如果设备使用时间长了，肩铁磨损会有变化，$A_{BI} = R_B + R_I + J_{BI}$。因此，在已知三滚筒的肩铁半径（设备的技术资料中提供相关信息）和相应的压印时的肩铁间隙——通过测量得到，就可以求出两滚筒间的合压中心距 A_{PB} 和 A_{BI}，即由下式计算所得：

$$A_{PB} = R_P + R_B + J_{PB} \tag{3-3}$$

$$A_{BI} = R_B + R_I + J_{BI} \tag{3-4}$$

肩铁间隙的测量方法通常有如下三种。

①塞尺测量法。两滚筒合压后在两肩铁之间插入塞尺薄片，测得两滚筒肩铁的间隙，但是所测得的数值不太精确。

②轧熔断丝法。在两肩铁纸浆放入粗细合适的熔断丝（略大于肩铁间隙 1mm 即可），点动机器，使其被肩铁压轧，经千分尺测量轧扁后的熔断丝厚度获得两滚筒合压时的肩铁间隙。

③筒径仪测量法。目前进口的多色胶印机大多数配备有筒径仪来测量压缩量 λ 值，测量方便，数据精确度高。测量方法如图 3－1 所示，先把筒径仪的座脚空间平行地放置在绷紧的橡皮布表面，安装在筒径仪座上的百分表或千分表均与橡皮布表面接触，调节表盘刻度圈，使指针对准零位，然后平移筒径仪，使无脚端上的百分表或千分表的测量杆锥体与肩铁接触，指针前后所指的两个读数的差值即为橡皮布滚筒包衬后的超出肩铁的量 ΔR_B。使用同样的方法可由筒径仪测得印版滚筒包衬后的超出肩铁的量 ΔR_P，以及肩铁高度 J_P、J_B、J_I。通过以下公式可以计算出走肩铁与不走肩铁的平版胶印机的压缩量 λ。

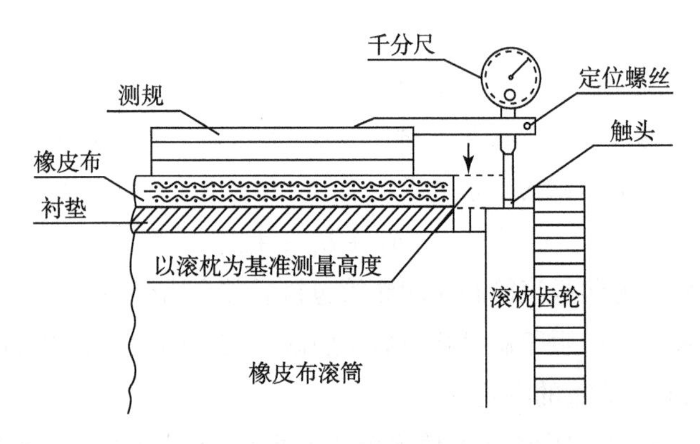

图 3－1　用筒径仪测量滚筒包衬厚度

对于不走肩铁的平版胶印机来说：

$$\lambda_{PB} = \Delta R_P + \Delta R_B - J_{PB} \tag{3-5}$$

$$\lambda_{PI} = \Delta R_P + \Delta R_I - J_{BI} \tag{3-6}$$

对于走肩铁的平版胶印机来说：

$$\lambda_{PB} = \Delta R_P + \Delta R_B \tag{3-7}$$

$$\lambda_{PI} = \Delta R_P + \Delta R_I - J_{BI} \tag{3-8}$$

式中，ΔR_P、ΔR_B 和 ΔR_I 分别为由筒径仪测得的印版、橡皮布和承印物的超肩铁量。

二、通过接触宽度来检测压力

压印面宽度 b 的测定常用所谓“压杠法”，做法如下：

（1）对于平版胶印印刷，检测的方法是先将着水辊不接触印版，只是着墨辊与印版接触，机器低速运行数圈后，三滚筒合压（不输纸），三滚筒表面全有了均匀的墨层，停机数秒后，三滚筒停机处出现的墨杠宽度与压缩量 λ 值有关。测量此宽度 b 即可判断印刷压力的大小。

表 3－1 说明了常用的滚筒包衬后的自由半径为 150mm 的系列机型，其压缩量 λ 值与接触宽度 b 之间的关系。

表 3－1　压缩量 λ 值与接触宽度 b 之间的关系

自由半径/mm	压缩量 λ 值/mm	压印面宽度 b/mm
150	0.10	7.76
150	0.15	9.50
150	0.20	10.96
150	0.25	12.26
150	0.30	13.42

（2）对于凸版印刷，使滚满油墨的印版滚筒与压印滚筒合压，点动机器便会在压印滚筒上留下带状的压痕，测量其宽度即是相应压印面宽度 b。

第三节　包衬材料的选择

在印刷压力作用下，压印体的变形主要是包衬或橡皮布产生的压缩变形。包衬的作用是通过弹性变形使印版、橡皮布以及承印物之间紧密贴合，弥补印版、橡皮布、承印物的微观不平度和印刷机制造上的微量误差，同时富有弹性的衬垫还将减轻印版滚筒、橡皮布滚筒、压印滚筒相互作用时所产生的振动和冲击。此外，还可以通过改变衬垫厚度、变形值和性质来调节印刷压力。由于包衬的这些作用，提高了印刷产品的质量。如果包衬材料选择不当，将会影响印刷品的质量，出现文字笔迹变粗或者变细、网点花糊以及印版耐印力下降等弊病。有时，还会出现由于选择弹性不好的衬垫材料作为包衬，刚开始印刷时产品质量还可以，但是经过一段时间之后，衬垫材料失去弹性，印刷质量明显下降。

包衬材料在平版胶印印刷中是指包括橡皮布本身的各种衬垫材料；在凸版印刷中是指组成包衬的所有衬垫材料。

一、衬垫材料的必要条件

选择印刷机的衬垫材料时，应该根据其相应的印刷工艺特点和要求，考虑以下几个方面。

1. 弹性

弹性是包衬材料的主要指标，它直接影响印刷品的质量。所谓弹性是指物体在除去引起其变形的外力之后，能迅速恢复原状的能力。物体弹性的好坏，可以根据其在一定外力作用下，撤除外力后的厚度和原始厚度之比衡量，即：

$$T = A/A_0 \times 100\% \qquad (3-9)$$

式中 A_0——衬垫材料的原始厚度，mm；

A——撤除外力后的厚度，mm。

如果 A 与 A_0 相等，说明该材料是理想的弹性材料，弹性为100%。实际上，材料受压后都会产生不同程度的塑性变形，但从印刷工艺的角度出发，要求衬垫材料的塑性变形尽可能的小，弹性尽可能的高，这样在印刷过程中，压力的变化就小，有利于印刷质量的稳定。

2. 可压缩性

可压缩性是包衬材料的一个重要指标，它涉及网点的变形程度和图像尺寸。所谓可压缩性，是指衬垫材料在压力作用下体积改变的程度。对于密实型结构的材料，例如橡皮布衬垫以及橡皮布等，在压力作用下，其材料内部密度不会发生变化，即体积不发生变化。左翼接触压印时，被压缩部分就向四周扩展，产生如图3-2（a）所示的凸包现象。对于微孔型结构的材料，例如纸张、呢绒、软木衬垫等材料的可压缩性较好，在压力的作用下，其材料内部的密度发生改变，不存在向四周扩展产生凸包的现象，如图3-2（b）所示。目前所使用的包衬材料，一般是介于理想弹性材料——不可压缩的，和理想可压缩性材料——完全压缩之间的。

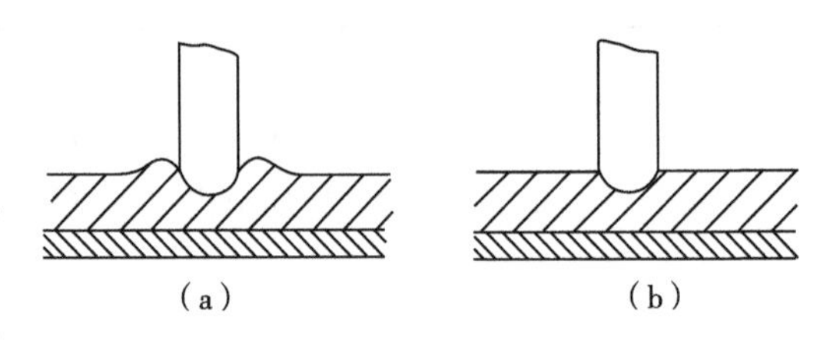

图3-2　衬垫材料可压缩性试验

3. 耐磨、耐压性能

在印刷过程中，滚筒上的包衬表面之间、或与印版之间、与承印物之间不可避免地存在着微量的滑移和摩擦，因此，不但要求包衬材料在经过上万次压印后仍能保持其足够的厚度、强度和弹性外，还必须具备足够的耐磨、耐压性能。否则，无法继续使用而需要更换包衬材料，费时、费力、又费钱。

4. 材料的均匀性

包衬材料的均匀性是指材料各部分厚度的均匀程度，平版胶印时压缩量在0.05～

0.3mm 之间，凸版印刷时在 0.15～0.5mm 之间，如果各层材料组成的包衬总厚度误差超过 0.05mm（硬性包衬），小网点就会丢失或印迹变浅，墨色不均匀，增加了包衬垫平的难度。因此，包衬材料的均匀性是十分重要的质量指标之一。

二、滚筒包衬的性质

在印刷机设计和印刷工艺中，常把包衬按软硬性质进行划分，包衬的软硬性质，实质是对包衬压缩变形特性的一个综合性的概括。“软硬”概念的界定，很难给出严格的定义，划分“软硬”的标准，也不是公认的一个。习惯上，把材料在同样外力作用下，绝对变形大的叫“软”，绝对变形小的叫“硬”；如果用相对变形的大小作为材料软硬的衡量标准，则弹性模量大的材料硬，弹性模量小的材料软。如果把包衬材料近似地看作是理想的弹性材料，在压缩变形过程中，压力（比压）p_d、包衬的弹性模量 E、厚度 δ 和（绝对）压缩变形量 λ，应服从虎克定律：$p_d = E\ (\lambda/\delta)$。如保持 p_d 值不变，则 E、δ、λ 均为变量。从印刷工艺的角度，关注的是以适当的压力 p_d 需要的压缩量 λ（或压印宽度 d）。如果使 p_d 和 λ 基本保持恒定，则包衬的 δ 值大时，必须采用 E 值小的包衬材料。包衬的软硬与 δ 和 E 都有关系。

包衬性质主要取决于以下因素：

①弹性滚筒的肩铁高度；

②包衬总厚度；

③包衬构成（包衬材料的性质）；

④压缩量；

⑤印刷速度；

⑥印刷品的要求。

包衬的厚度一般是指印刷机包衬的设计厚度，凸版印刷机中即是肩铁的厚度，胶印机中则取决于滚筒缩径量的大小。不同型号的凸版印刷机，肩铁厚度相差不大，大都在 1.2～1.5mm 之间，包衬的厚度对包衬软硬性质的影响不大，包衬软硬的划分主要取决于材料，特别是材料的弹性模量 E。胶印机的情况则不然，不同型号的胶印机，滚筒缩径量相差很大，小的不足 2mm，大的甚至超过 4mm。有的机器，缩径量在 2mm 左右，包衬只能由一张（薄型）橡皮布中一张或两张衬垫纸组成，只能获得很小的压缩量 λ，因而属于硬性包衬；有的机器缩径量在 3.0～3.5mm 的范围内，滚筒上包上一张 1.85mm 厚的橡皮布，背面还允许另垫一张橡皮衬垫和适当厚度的衬纸，或者加垫一张毡呢和适当厚度的衬纸，获得的压缩量 λ 稍大，因而属于中性包衬；还有的机器，缩径量在 4mm 以上，在橡皮布的背面可以包上一张橡皮衬垫、一张毡呢，也可以包上两张橡皮衬垫，获得的压缩量 λ 较大，因而属于软性包衬。

图 3－3（a）是软硬不同包衬的 $p-\lambda$ 关系的实验曲线，可以看到，对应同样的增量

$\Delta\lambda$，软包衬的 $\Delta P_{软}$ 比硬包衬的 $\Delta P_{软}$ 小。图 3－3（b）是软硬不同包衬的 p 在 b 上分布的实验曲线，可以看到，在压力 p 大致相同的情况下，软包衬的 $b_{软}$ 比硬包衬的 $b_{硬}$ 大。因此，在使用软性包衬时，印版、橡皮布网点上的油墨稍被挤压，就会扩展，使网点周围变得不那么清晰，网点再现性差。与此相反，使用硬性包衬的网点再现性就比较好。

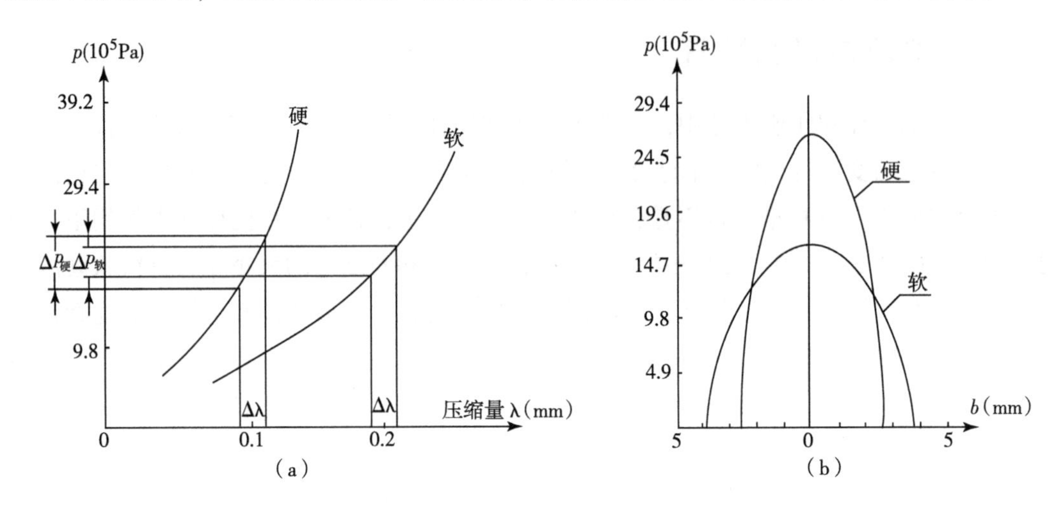

图 3－3　不同包衬的特性曲线

从包衬的性能分析，也可以得出硬性包衬网点再现性比软性包衬网点再现性好的结论。硬性包衬弹性模量大，压缩变形量和压力作用面宽度都比较小，刚好弥补软性包衬的不足，网点再现性好。但是，如果机器陈旧、精度低，尤其是遇到容易出现杠子、条子的机器时，使用软性包衬能缓和出杠子的情况。目前，印刷机的精度已有提高，作为标准包衬，普遍使用硬性包衬和中性包衬。

印刷过程中，包衬经过数千次反复受压，使得塑性变形量趋于稳定，滞弹性变形趋于消失，敏弹性变形也在有所下降后趋于稳定。由于敏弹下降带来的印刷压力的降低，软性包衬可达最大压力的 20%～30%，硬性包衬可达最大压力的 10%～15%。敏弹性变形达到稳定的印刷数量，用橡皮布加毛毡的软性包衬时需 4000 张左右；用橡皮布纸张的硬性包衬时需 1000 张左右。

包衬变形的稳定是相对而言的，极其微小的塑性变形，在极大数量印刷后积累起来，或者，极微小的弹性变形的降低，在极大数量印刷后总合起来，都可以使包衬的弹性消失，包衬变形的稳定性便不复存在了。所以说，包衬的稳定性只能保持在印刷过程中的某一阶段。进入这个阶段，包衬变形是稳定的，印刷压力是稳定的，印刷品的质量也是稳定的。超出这个阶段，包衬因失去弹性而报废，印刷也不能正常进行了。

三、常用的衬垫材料

所谓衬垫材料，在平版胶印中是指在橡皮布或印版背面的各种衬垫材料。例如，绝缘纸、牛皮纸、橡皮衬垫、毛毡、涤纶片等。在凸版印刷中，是指绝缘纸、卡纸、薄型或厚型橡皮衬垫、凸版纸、牛皮纸、细布等。

衬垫材料，包括橡皮布，按照结构进行分类，可分为：密实型机构的衬垫材料，如橡皮布、橡皮衬垫等；微孔型结构材料，如各类纸张、细布、软木垫、毛毡等。

1. 密实型结构衬垫材料

包衬中的密实型结构衬垫材料主要有普通橡皮布、薄型或厚型橡皮衬垫等。薄型或厚型橡皮衬垫的结构和平版胶印橡皮布的布胶层相同，由数层平纹布胶层互相黏结而成，层数的多少决定了橡皮衬垫的厚薄程度，由于它无须转移印迹墨层，因此，其表面没有表面胶层，这是与转印橡皮布的不同之所在。

2. 微孔型结构衬垫材料

这类衬垫材料包括绝缘纸、卡纸、凸版纸、牛皮纸、毛毡、细布、软木垫等，其结构特点是内部都具有无数微小气孔，受压时，微小气孔被压缩，材料内部的密度迅速增大，使受压区域材料的体积变小，因此这类材料具有可压缩性大的特点。常用的微孔型的衬垫材料包括以下几种。

（1）毛毡衬垫材料。毛毡衬垫材料有纯毛交织而成的专用作平版胶印衬垫的白毡呢，厚度大约为1.05～1.10mm。还有选用全羊毛麦尔登呢，厚度为0.70～0.80mm。毡呢衬垫放置在平版胶印机橡皮布的背面，作为软性或者中性偏软的包衬，采用这类衬垫材料。对于质量要求高的印刷品以及高速多色胶印机来说，不采用这类衬垫材料。

（2）软木垫。软木垫是用粉碎成细小颗粒的软木经胶黏剂黏结模压而成的片状衬垫材料，其弹性好，可压缩性高，可作为平版胶印中的中性包衬材料，是较好的衬垫材料，但此类材料目前在国内较少见。

（3）绝缘纸。绝缘纸纸质结构紧密，硬度比其他衬垫材料要高，表面平整度好，因此可作为平版胶印机和凸版印刷机的衬垫材料。在平版胶印中，绝缘纸衬垫在橡皮布背面，作为硬性包衬或者中性包衬的首选。

（4）牛皮纸。用作包衬的牛皮纸，要求质地细而紧密、坚韧性强、表面平整度好。凸版印刷机中常用作包衬最表面一层，并通过牛皮纸将包衬卷紧，因此，牛皮纸不仅受到包衬紧绷时的预应力，同时还要承受多次压印时的挤压力，所以选用的牛皮纸要坚韧、耐拉和耐折。凸版印刷机中选用的牛皮纸厚度在0.12mm左右。在平版胶印机上，常用牛皮纸作为橡皮布滚筒和印版滚筒的衬垫厚度的调节之用。

（5）卡纸。作为包衬使用的卡纸，定量一般在250g/m^{2}左右，由于卡纸的纤维组织较均匀，纸的韧性较强，耐折度较高，因此常作为平版胶印和凸版印刷的包衬材料。要选用纸质细腻，经压光处理，结实、均匀、无浆块的卡纸。

（6）凸版纸。选用纸质较紧、耐拉、可压缩性和平整度较好的作为凸版印刷机的包衬材料，用于衬垫厚度调节和刻挖剪贴。平版胶印机上不使用此类纸作为包衬材料。

复习思考题三

1. 印刷压力有哪几种表示方法？印刷机的印刷压力是怎样获得的？

2. 包衬的软、硬性质是如何划分的？如何合理地选用包衬？

3. 在同一台印刷机上，用 $120g/m^2$ 的铜版纸和胶版纸印刷，试问哪一种纸张需要的印刷压力大？为什么？

4. 高速印刷机和低速印刷机选用的包衬有何不同？试说明理由。

5. 用网线印版、线条印版、实地印版印刷，哪种印版需要的印刷压力大？细网线印版和粗网线印版，哪种印版需要的印刷压力大？为什么？

6. 确定印刷压力应考虑哪些因素？

第四章　平版印刷

【内容提要】 本章主要介绍平版印刷的原理；平版印刷的基本工艺；平版印刷水墨平衡的控制；平版印刷的工艺规程，包括印版的准备、纸张的准备、油墨的准备、润版液的使用、印刷色序以及平版印刷作业操作规范；平版印刷常见故障及排除；无水胶印的原理、特点与发展。

【基本要求】

1. 熟悉润版液的种类及其特性，掌握润版液的几个重要性能指标。
2. 掌握水墨平衡的控制。
3. 了解 PS 版与 CTP 版的特点，掌握制版工艺。
4. 掌握包衬厚度的计算方法。
5. 掌握印刷色序安排的基本原则。
6. 掌握印刷过程中的印刷压力控制、正确的作业方法、印刷机各部分的监控方法、印刷后的结束工作。
7. 能分析平版印刷常见故障产生的原因，了解故障的排除方法。
8. 了解印刷操作规范。
9. 了解无水胶印的印刷原理与特点。

第一节　概　述

平版印刷是由石版印刷演变而来的。1796 年，德国发明了石版印刷原理，并于 1798 年制造出第一台木制石印机，将石版版面先着水、后着墨，然后，放上印刷纸张加压进行印刷，把印版图文上的油墨直接印在纸张上，这就是所说的直接平印法。1817 年，用金属薄版代替了石版，并采用圆压圆型印刷机的结构形式进行印刷。

1905 年，美国的鲁贝尔（W. Rubel）发明了间接印刷方法，先将油墨转移到橡皮布上，即为第一次转移（off），然后再转印到承印物上（set），故一般将平版印刷称为胶印（offset）。由于橡皮布具有弹性，通过它的传递，不但能提高印刷速度，减少印版磨损，从而延长印版的使用寿命，而且可以在较粗糙的纸张上印出细小的网点和线条，比直接印刷更为清晰，所以，从直接印刷的石版印刷发展到胶印是印刷史上的一大进步。本书所讨论的平版印刷主要是胶印。

一、平版胶印的特点

平版印刷的成品阶调丰富，色彩柔和。胶印是按照间接印刷的原理，将印版上的图文，通过橡皮布滚筒转印到承印物上进行印刷的一种平版印刷（亦称平版胶印）。它区别于其他印刷方式就是设有润湿装置和橡皮布滚筒。传统胶印印刷时，先在印版上涂上润版液（水），然后再涂上油墨，利用油水相斥原理，图文部分附着上油黑，而空白部分不附着油墨，再将图文印到包覆在橡皮布滚筒的橡皮布上，经过压印，转印到承印物上。

二、胶印技术的发展

现代印刷机的特征是“三高四化”，即高速平稳、高质灵活、高效多色、自动控制化、数字网络化、操作与管理一体化、安全环保化。

1. 高速平稳

现代单张纸胶印机的印刷速度都已达到15000张/小时，如海德堡CD103、曼罗兰700、高宝利必达105，国内北人集团的BEIREN104等机型，它们均代表着国内外胶印机的发展水平。随着先进技术的应用和结构的优化设计，胶印机的印速还会不断提高。采用模块式的机组设计方案是现代胶印机发展的特点。它们可以根据用户的需求任意安排机组的个数和上光、干燥及冷却装置。使机器形成多功能的需求，因而扩大了机器的使用范围。

2. 高质灵活

现代印刷机在高速运转的情况下，要保持良好的印刷质量和灵活性。因此印刷机在设计理念上敢于创新，采用了共轴或无轴传动技术、空气导纸传输技术、超窄缝与无缝技术、输纸真空吸气带传动技术、全新的集中输墨技术、气压传动的离合压技术、联机的上光技术、双面印刷技术、自动控制技术、无水平版印刷技术等。

3. 高效多色

现代印刷机在保证印刷质量的情况下，进一步提高了效率和印刷色数。现代印刷机采用了自动清洗墨辊、橡皮布滚筒和压印滚筒机构、不停机地输纸与收纸机构、全新的集中输墨技术、自动控制技术，再加上印前技术的应用，印件开印前的预调准备时间也大大缩短，由原来2h左右的时间变为目前只需10min左右的时间，同时印刷色数达十色或十二色也已经不足为奇了。

4. 自动控制化

现代印刷机均有自动化控制系统，如曼罗兰700型的PECOM，高宝利必达104型的可乐奇 MC，三菱 F 型的 COMRAC、小森 PRESSSTATION 等，它们均具备了水墨平衡自动控制、印刷质量自动控制、纸张尺寸预置控制、自动或半自动上版自动控制，并实现自动清洗墨辊、橡皮布和压印滚筒的功能，以及不停机输纸和收纸的功能，具有对机器随时进行控制、监测和诊断的全数字化电子显示系统。

5. 数字网络化

用来自印前系统的数字化文件直接在印刷机的版面上成像的技术，对印刷机的发展具有重要意义。最现代的激光技术构成了这种“直接成像技术”的基础，已经出现海德堡 74DI 型机等。同时网络技术的应用和发展，还可以在整个印刷车间、印前系统、管理信息系统、生产管理部门、业务部门等部门相互之间构建一个完整的数字网络环境，真正实现印刷的数字化和网络化。另外也正是随着数字化和网络化的发展以及印刷市场对印刷解决方案的需求，现代印刷机与印前设备、印后设备有机地结合在一起，形成集成化的印刷系统。

6. 操作与管理一体化

现代印刷机自动化程度很高，实现了从纸张搬运、自动装卸印版等到印刷结束整个印刷过程及操作系统的全自动化，一台或几台印刷机只需要一两个操作人员的操作管理已经成为现实。自动化程度的提高可减少操作人员的数量、降低成本，以及使操作人员的精力和时间更多地投入到印刷质量的控制方面上去。

7. 安全环保化

现代印刷机都具有很高的安全保护措施和环保要求。印刷机设计制造朝着使印刷中的油墨、酒精、喷粉、紫外线、噪声等对操作者健康和环境影响最小的方向发展。像高宝 KBA RAPIDA105 型印刷机是世界上第一台获得环保证书的真正绿色的环保机型的单张纸平版印刷机，该机采用了低酒精和无酒精的连续的润湿装置，还采用下部机身一体浇铸，T 型墙板安装方式，既减少了振动，又解决了润滑油漏出的问题，最终实现了无污染印刷即绿色印刷。另外现代印刷机的设计均应用了人体工程学设计原理，强调以人为本，协调人机关系，注重工作环境安全舒适，同时现代印刷机特别强调的印刷机本身的安全防范措施。

第二节　平版胶印的基本原理

一、普通胶印的基本原理

普通平版印刷，即有水胶印的方法，有其本身的特点。有水胶印大多采用 PS 版，晒制好的印版图文部分高出空白部分 3μm 左右，这种印版亦称为平凸版，如图 4 - 1 所示。

印版上不着墨的空白部分和着墨的图文部分同处在一个平面上，空白部分亲水疏油，图文部分亲油疏水。印刷时，先给印版上水，使空白部分形成拒墨的水膜，然后给印版上墨，使图文部分黏附油墨，在印刷压力的作用下，印版图文部分上的油墨，经橡皮布滚筒转移到承印物表面，便完成一次印刷，如图 4－2 所示。

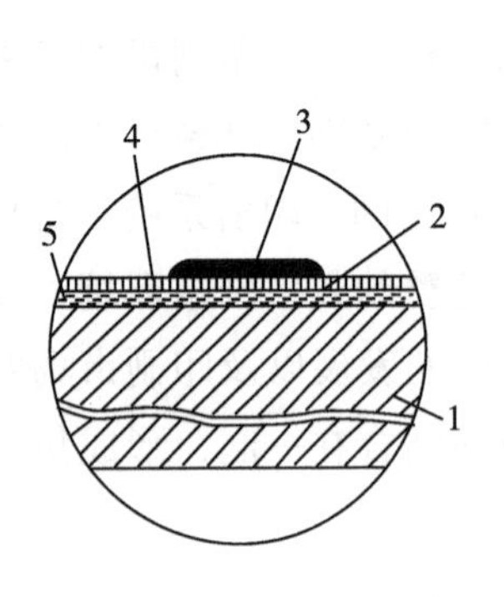

图 4－1　平凸版结构示意图

1—铝板；2—重氮盐层；3—油墨；4—亲水胶体；5—氧化铝层

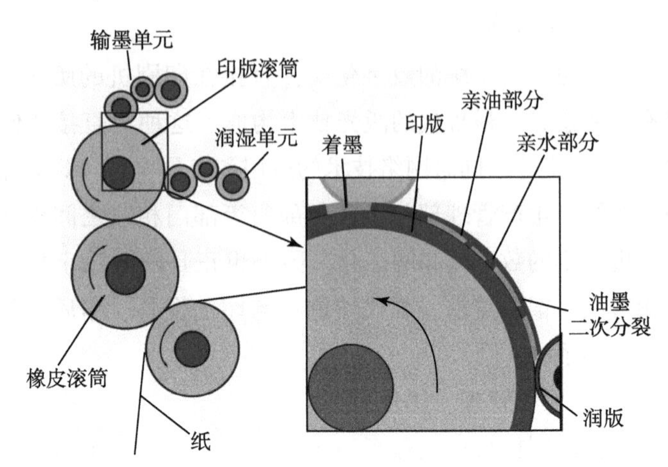

图 4－2　平版印刷原理

平版印刷品的印迹，是从印版滚筒通过橡皮布滚筒间接转移到承印物上的。实施印刷过程的胶印机由许多部件组成，其中输墨装置、输水装置、印刷滚筒（包括印版滚筒、橡皮布滚筒、压印滚筒）是胶印机的重要部件。油墨、润版液、印版、橡皮布和承印物，这几种印刷材料在胶印机的机组和部件中得到使用。它们各自的印刷适性以及相互匹配的情况，不仅直接影响平版印刷品的质量，而且使平版印刷的油墨转移变得十分复杂。与凸版印刷、凹版印刷相比，除印刷中发生的一般问题如：背面蹭脏、油墨的透印、粉化等以外，润版液和橡皮布的使用又带来了许多新的问题，这些问题将是平版胶印中重点关注的工艺问题。如表 4－1 所示。

表 4－1　平版胶印的基本原理与工艺

项　目	内　　容
平版印刷的特点	平坦的印刷面，利用油墨与水来互相平衡；正读的图文；间接印刷
基本印刷原理	油与水不相溶；图文与非图文区同处在相同的平面上；利用第三个滚筒来传墨
主要工艺问题	水墨平衡问题；橡皮布的使用；油墨的叠印

二、胶印的水墨平衡

理论上认为，只有当印版空白部分的水膜和图文部分的墨膜，存在着严格的分界线时，油水互不浸润，就达到了胶印的水墨平衡。然而，从胶印水墨传递过程看出，在一个供水供墨循环中，共发生多次水墨的混合和乳化，整个过程是动态的，要保持水相和油相之间严格的分界线是不可能的，因此，在实际印刷过程中，理想的水墨平衡并不存在，胶印的水墨平衡，只能是一个相对的概念，其油墨乳化是不可避免的。

胶印油墨乳化不仅是不可避免的，而且是胶印油墨传递所需要的，绝对不乳化的油墨是不能用于胶印印刷的。油墨和润版液必须是互不相溶的，然而在一定程度上却是可混合的，就是说，必须能形成一种微细的水珠分散在油墨中的混合物。水在油墨中的乳化为排除图文部分的润版液提供了一种途径，否则，印刷品会出现发花现象，相反，不允许微细墨珠在水中分散，这样才能预防空白部分起脏。

所谓"乳状液"，就是一种液体以细小液珠的形式，分散在另一种与它不互溶的液体之中，而"油"与"水"正好是互不相溶的两种物质。若油为分散相，水为分散介质，则形成的乳状液称为"水包油型乳状液"用符号"O / W"来表示。也就是说，油分散在水中。反过来，如果把水分散在油中形成的乳状液就称"油包水型乳状液"用符号"W / O"表示。如图 4 - 3 所示。

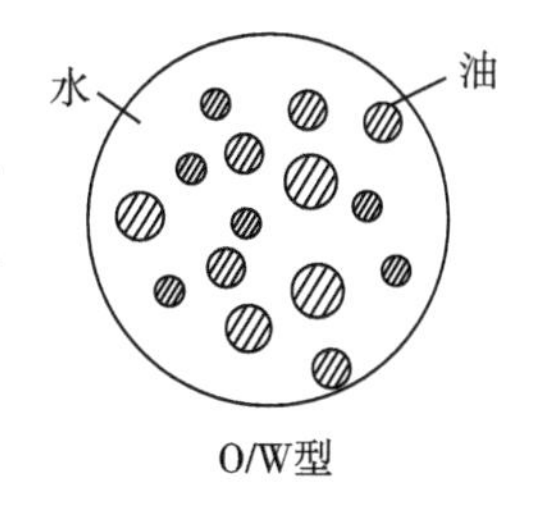

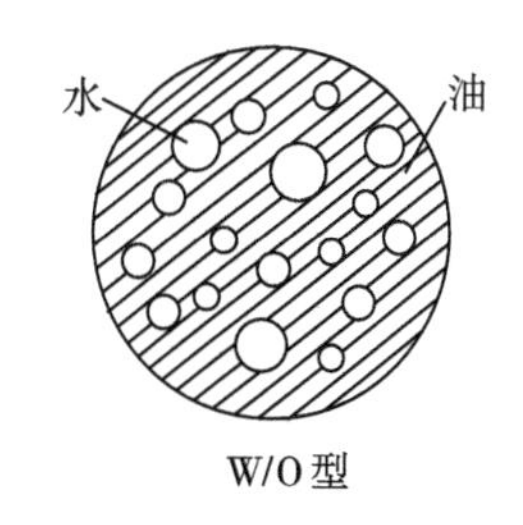

图 4 - 3　乳状液的类型

"水包油型乳状液"对胶印印刷品的质量及胶印生产的正常进行危害极大，它会使印刷品的空白部分全部起脏，发生水冲现象，并会使墨辊脱墨，油墨无法传递。而轻微的"油包水型"乳化油墨，不仅是胶印油墨传递所需要的，而且使油墨黏度略有下降，能改善油墨的流动性，有利于油墨向纸张上转移。但严重的"油包水型"乳化油墨，会使油墨黏度急剧下降，墨丝变短，油墨转移性能变差。同时浸入油墨的润版液还会腐蚀金属墨辊，在墨辊表面形成亲水层，排斥油墨，造成金属墨辊脱墨。胶印过程中，印版空白部分始终要保持一定厚度的水膜才能使印刷正常进行。印版上水膜的厚度与印版上油墨的含水量有关，水膜越厚，油墨中的含水量越大。为了保证印刷品的质量和生产的正常进行，结合印刷过程中水墨传递的规律，胶印水墨平衡的含义应该是：

在一定的印刷速度和印刷压力下，控制润版液的供给量和图文的供墨量。使乳化后的油墨，所含润版液的体积分数比例在 15% ~26% 之间，形成轻微的"油包水型"乳化油墨，用最少供液量和印版上的油墨相抗衡。

所谓用最少的供液量和印版上的油墨相抗衡，实质上是说，在印刷速度和印刷压力一定的情况下，在保证图文印迹色彩再现、灰平衡以及阶调再现符合客户要求的前提下，使用最少的供墨量并使空白部分限制在规定限度的面积之内的前提下，使用最少的供水量。经验上来看，印版上的水膜厚度和墨膜厚度的比值经过红外线检测应为 1∶2 较为适宜。

第三节　印版制作

胶印的印版目前主要有三大类：传统的平版，包括 PS 版、平凹版、蛋白版（平凸版）、多层金属版等；CTP 版，包括感光型、感热型、紫激光型等几大类。这些胶印印版的共同点就是每种印版的表面均由亲油疏水的图文部分和亲水疏油的空白部分组成的。此外，还有无水胶印版。

一、PS 版制作

1. PS 版的种类及特点

PS 版是预涂感光版（Pre－Sensitized Plate）的缩写。

PS 版的版基是 0.5mm，0.3mm，0.15mm 等厚度的铝板。铝板经过电解粗化、阳极氧化、封孔等处理，再在板面上涂布感光层，制成预涂版。PS 版的砂目细密，图像分辨率高，形成的网点光洁完整，具有良好的阶调、色彩再现性。

PS 版按照感光层的感光原理和制版工艺分类，可分为阳图型 PS 版和阴图型 PS 版。其中，阳图型 PS 版属于光分解版材，使用阳图底片晒版，是包装印刷中主要使用的版材；阴图型 PS 版属于光聚合型版材，使用阴图底片晒版，主要应用于报纸杂志的印刷。

2. PS 版的制版工艺

（1）阳图型 PS 版

阳图型 PS 版的制版工艺过程为：曝光→显影→除脏→修版→烤版→涂显影墨→上胶，制版原理如图 4－4 所示。

①曝光。曝光是将阳图底片有乳剂层的一面与 PS 版的感光层贴在一起，放置在专用的晒版机内，真空抽气后，经打开晒版机的光源，对印版进行曝光，非图文部分的感光层在光的照射下发生光分解反应。晒版光源常用的光源为碘镓灯。

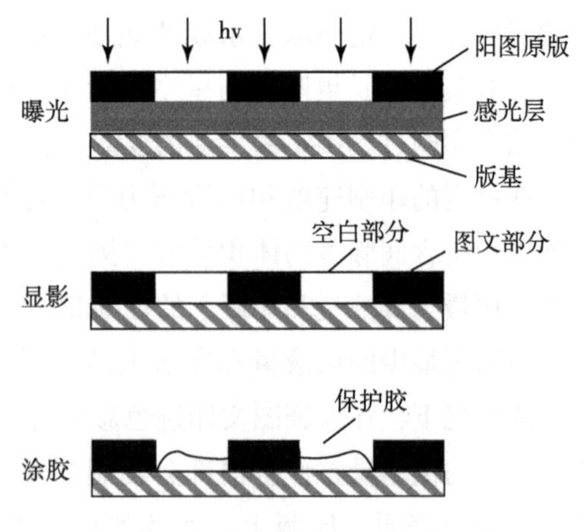

图 4－4　阳图型 PS 版晒版示意图

②显影。显影是用稀碱溶液对曝光后的 PS 版进行显影处理，使见光发生光分解反应生成的化合物溶解，版面上便留下了未见光的感光层，形成亲油的图文部分。显影一般在专用的显影机中进行。

③除脏。除脏是利用除脏液，把版面上多余的规矩线、胶黏纸、阳图底片粘贴边缘

留下的痕迹、尘埃污物等清除干净。

④修版。修版是将经过显影后的 PS 版，因种种原因需要补加图文或对版面进行的修补。常用的修补方法有两种，一种方法是在版面上再次涂上感光液，补晒需要补加的图文，另一种方法利用修补液补笔。

⑤烤版。烤版是将经过曝光、显影、除脏、修补后的印版，表面涂布保护液，放入烤版机中，在 230～250℃的恒定温度下烘烤 5～8 分钟，取出印版，待自然冷却后，用显影液再次显影，清除版面残存的保护液，用热风吹干。烤版处理后的 PS 版，耐印力可以提高到 15 万印以上。如果印刷的数量在 10 万印以下，不必对 PS 版进行烤版处理。

⑥涂显影墨。涂显影墨是将显影墨涂布在印版的图文上，可以增加图文对油墨的吸附性，同时也便于检查晒版质量。

⑦上胶。上胶是 PS 版制版的最后一道工序，即在印版表面涂布一层阿拉伯胶，使非图文的空白部分的亲水性更加稳定，并保护版面免被脏污。

（2）阴图型 PS 版

阴图型 PS 版的晒版工艺流程为：

曝光→显影→冲洗→涂显影墨胶→修正与擦胶。其制版原理如图 4－5 所示。

①曝光。阴图型 PS 版的感光层见光部分发生光化学反应，生成印版的图文部分，而没有见光部位的感光层不发生变化。常用的晒版光源是碘镓灯。

②显影、冲洗。用稀碱显影液或水对曝过光的 PS 版进行显影处理，使未见光部分的感光层溶于显影液，形成印版的空白部分。显影完毕用水冲洗干净，风干。

③涂显影墨胶。其目的是提高印版图文部分的亲墨性能，同时有利于检查印版的质量。Y 阴图型 PS 版因印版的图文部分是低分子感光树脂，不具有亲墨的成膜物质，必须进行亲墨处理，才能提高图文部分的亲墨性和耐印力。

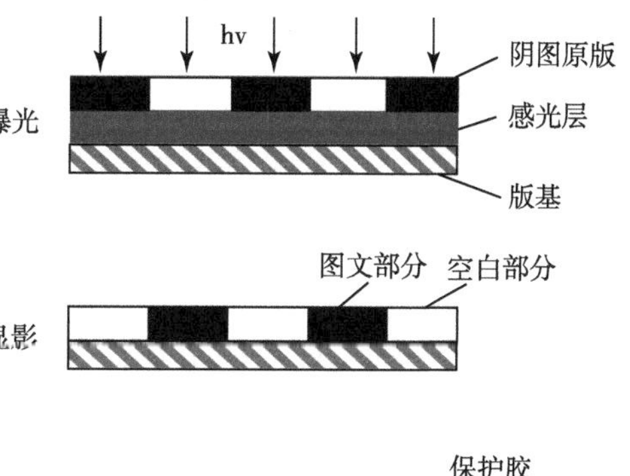

图 4－5　阴图型 PS 版晒版示意图

④修正与擦胶。用除脏液对版面进行处理，洗净后，再擦上阿拉伯树胶，风干即可上机印刷。

3．PS 版晒版质量的检查

晒制完的印版，在上印刷机之前，必须对其质量进行严格的检查，以保证生产的正常运行。对印版质量的检查，通常包含以下几个方面。

（1）印版外观质量的检查

是指印版表面的外观质量，检查内容包括印版是否有擦伤、划痕和凹凸不平，印版正反面是否粘有异物，印版表面是否氧化、是否有折痕等。检查出不合格印版绝对不能上机使用，以免造成废品。

(2) 版式规格的检查

包括对印版版面尺寸、图文尺寸、叼口尺寸、折页尺寸、折页关系等做检查。套色版一定要做到图文端正，不歪斜。

(3) 规矩线、色标的检查

印版上的规矩线包括角线、刀线、中线、套晒线、十字线等。这些规矩线是调整印版在滚筒上的位置和满足套印要求的依据，也是上下工序裁切的依据。这些线一定要齐备，否则将会造成印刷废品。

色标是检查印刷质量的依据，它可以表明漏色、颠倒等印刷错误，还可以作为晒版人员的记号。各色版的色标不能重叠，而且一定要齐全。

(4) 网点质量的检查

网点质量是图像质量的基本保证。网点应该完整、清晰、外观合乎要求。如果网点发毛、发虚、有白点，说明网点不结实，网点感脂亲油性能不够理想，从印前制作或胶片的显影、定影，PS 版显影等过程找问题。符合质量要求的网点应该颗粒圆正、光洁、饱满结实。如果文字、线条断笔缺画或有多余部分，也要重新晒版。

(5) 印版深浅的检查

检查印版时，一般要借助 5～10 倍的放大镜对 5%、50%、95% 的网点进行观察分析，对于胶印印版与打印样张的单色样、叠色样相应色别的网点进行比较。如果高光调部分、中间调部分、暗调部分的网点大小和打印样张基本吻合，说明印版深浅符合上机印刷要求。如果网点扩大，说明阶调过深；网点变小，说明阶调过浅。印版过深或过浅都不能使印刷品的阶调和色彩得到良好的再现。通过检查印版阶调层次的深浅可以观察到 PS 版晒版、印前制作的阶调层次、网点光洁度是否有问题，胶片是否存在灰雾度、不清晰等现象。

鉴别印版深浅一般使用晒版质量测控条或梯尺，如图 4－6 所示。晒版时，将原版和测控条上的图像一起晒在版上，通过测控条上元素的再现质量的检查，来控制印版的深浅。

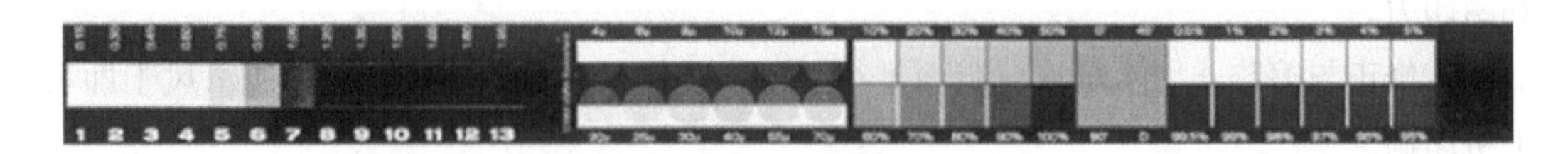

图 4－6　Ugra 1982 晒版质量测控条

二、计算机直接制版

计算机直接制版（Computer－to－Plate），简称为 CTP 制版，是将计算机处理好的图文，通过计算机控制的激光直接输出到印版上，省去了分色胶片及晒版工艺。计算机直接制版技术在实现了数字化制版的同时，又保持了传统胶印的特性，既能满足高质量、高速度的要求，又能实现大幅面、大批量印刷。

1. 计算机直接制版的基本组件

（1）计算机。计算机直接制版 CTP 工艺的全程是一个数字化的工作过程。另外，与传统的 CTF 制版工艺所采用的机械打样方式不同，在计算机直接制版工艺流程中，只有通过数字样张来检查将要输出的页面，在确保数据文件没有任何问题后，才能进行印版的输出。

（2）成像系统。CTP 版材的成像均采用激光进行直接扫描曝光。与各种不同的版材相适应的激光光源有多种。

（3）版材。计算机直接制版工艺所使用的版材称为 CTP 版材，CTP 版材是 CTP 技术的核心部分。与传统的制版过程相比，CTP 版材显著的印刷适性是传统版材所不能比拟的，如网点质量。由于 CTP 技术使得印刷过程趋于简单，印刷速度快，并提高了复制信息的高保真性，因而对 CTP 版材的研究开发成为了热点，出现了很多类型的 CTP 版材。

2. CTP 直接制版机的工作原理及分类

CTP 所使用的直接制版机又叫做印版照排机（Platesetter），而光源一般采用激光（波段范围从红外激光、可见光到紫外光）。

（1）CTP 直接制版机的基本工作原理

CTP 直接制版机由精确而复杂的光学系统、电路系统以及机械系统三大部分构成。工作时，由激光器产生的单束原始激光，经多路光学纤维或复杂的高速旋转光学裂束系统分裂成多束（通常是 200 ~ 500 束）极细的激光束，每束光分别经声光调制器按计算机中图像信息的亮暗等特征，对激光束的亮暗变化加以调制后，变成受控光束。再经聚焦后，几百束微激光直接射到印版表面进行刻版工作，通过扫描刻版后，在印版上形成图像的潜影。经显影后，计算机屏幕上的图像信息就直接还原在印版上，供胶印机直接印刷。

（2）CTP 直接制版机的分类

按照扫描曝光方式的不同，CTP 直接制版机一般分成内鼓式、外鼓式、平板式三大类。在这三种类型中，使用最多的是内鼓和外鼓式。平板式主要用于报纸印刷的版材上。

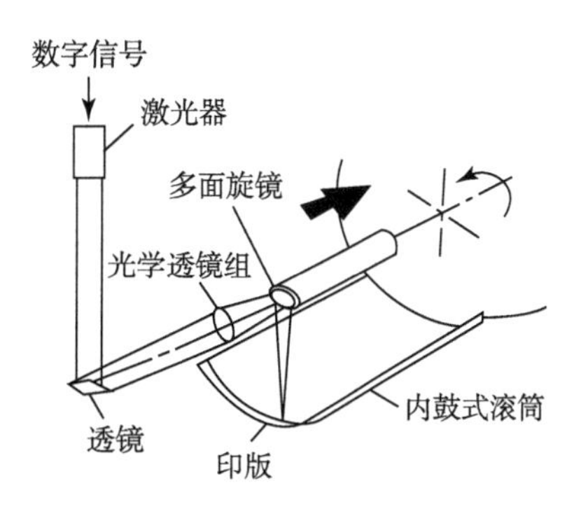

图 4 - 7　内鼓式 CTP 成像原理示意图

①内鼓式直接制版机。内鼓式直接制版机采用内滚筒扫描成像方式，通过激光束的移动对印版进行曝光。如图 4 - 7 所示。曝光时，激光器光源产生连续的激光束，通过声光调制器调制后的受控激光光束被导到一个旋转镜上，旋转镜固定于内滚筒的

几何轴线上。随着旋转镜的旋转，激光束被垂直折射到鼓底部的滚筒内侧的印版上。旋转镜旋转扫描时，一边垂直于滚筒轴向做圆周方向快速旋转，一边沿着滚筒的轴向慢速移动，则激光光束相对于滚筒做螺旋线扫描。

螺旋线扫描的一部分光被印版表面吸收，而其余的光被折射入记录器内部。

内鼓式直接制版机的优点是扫描速度快、精度高、稳定性好，采用单个激光头，价格相对便宜。上下版方便，可同时支持多种打孔规格。如紫激光直接制版机一般采用这种内鼓式扫描成像方式。其缺点是不适宜大幅面印版的制版。

②外鼓式直接制版机。外鼓式直接制版机采用外滚筒扫描成像方式。将印版包在印版滚筒的外表面，当印版随同印版滚筒沿圆周方向旋转时，扫描激光头沿着滚筒轴横向移动，将聚集的多束激光照射在印版上，完成对印版的扫描曝光。如图 4－8 所示。

与内鼓式结构相比，外鼓式结构的激光光路很短，曝光效率比较高。另外，外鼓式结构可以采用多光束激光头进行多路光束同时扫描，可以缩短整个版面的曝光时间，提高成像速度。目前市场上超大幅面的直接制版机多数采用了外鼓式结构。

③平板式直接制版机。平板式直接制版机采用平面扫描成像方式。将印版放置于平台上，曝光时，单束激光光束照射到一个多面旋镜上，通过光学透镜反射、聚焦到印版表面，由左至右进行逐行扫描，扫描一行，印版向前移动一个像素的距离。印版的移动方向垂直于激光扫描的方向。如图 4－9 所示。

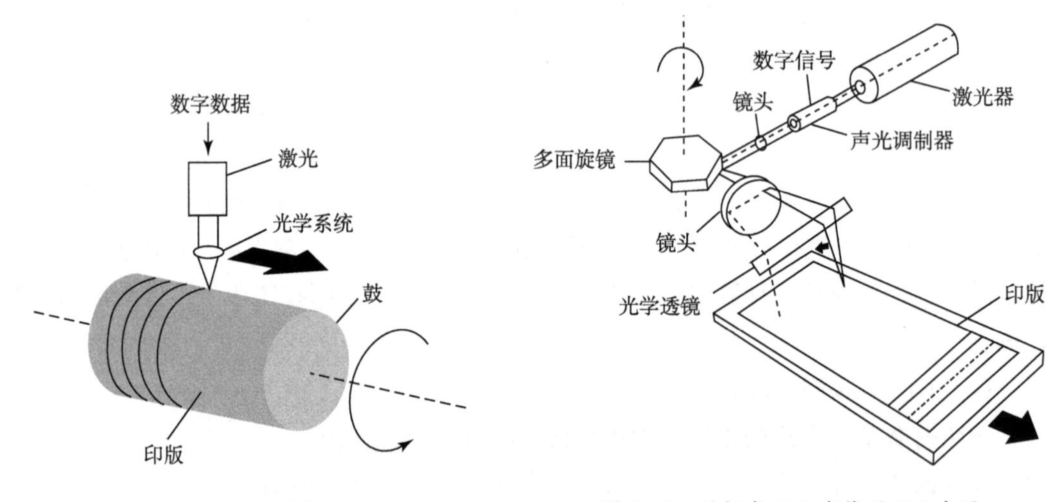

图 4－8　外鼓式 CTP 成像原理示意图　　图 4－9　平板式 CTP 成像原理示意图

平板式直接制版设备比滚筒式的结构简单，单束激光系统成像速度快。拥有最快的自动上版和卸版技术，而且大多数打孔系统都可以在平板式设备上轻而易举地使用。但是，由于扫描宽度的限制，目前主要应用于报纸印刷、小幅面和中等幅面的商业印刷生产中。

3. CTP 版材分类

CTP 版材的种类较多，可供选择的不同厂家的版材品种也很多。分类方法也有多种。

根据版材成像原理的不同，CTP 版材可分为光敏型版材和热敏型版材两大类。其中光敏型版材又可分为可见光敏版材、紫外光敏版材和其他成像版材。热敏型版材又可分为热交联型版材、热熔解型版材、热烧蚀型版材、热转移成像型版材等。

按成像材料体系分类，CTP 版材可分为银盐版材、光聚合版材、光分解版材等。其中，银盐版材可分为银盐扩散转移型版材、银盐复合型版材等。

（1）光敏型 CTP 版材

光敏 CTP 版材成像主要依靠光敏材料吸收光子后发生聚合、分解和交联等化学反应，从而导致见光部位和未见光部位某种性质的变化，如溶解性（从易溶到难溶或不溶及其相反的变化）、黏附性等，经过显影处理，形成印版的图文区和非图文区。

（2）银盐复合型 CTP 版材

银盐复合型版材是由银盐乳剂层和高分子化合物复合在一起的版材，实际上是银盐与 PS 版复合型直接成像版材。其主要利用银盐乳剂层的高感光度和宽感色范围完成版材的激光直接扫描成像，利用 PS 版的优良印刷适性完成印刷工艺的要求。

银盐复合型版材主要由粗化的铝版基、PS 感光层、黏附层、银盐乳剂层组成，如图 4－10 所示。在铝版基上有两个不同的光敏涂层，上层是卤化银涂层，下层是对 UV 光敏感的光聚合物乳剂（PS 感光层）。

银盐复合型 CTP 版材的成像原理如图 4－11 所示，需要进行二次曝光。第一次激光扫描曝光（Ar，YAG 光源），形成银盐潜像，经显影、定影、冲洗，产生保护性的蒙层。再接着进行第二次曝光（UV 光源），对全版再进行紫外线全面曝光，没有影像（蒙层）遮盖的 PS 高分子感光层感光分解，经 PS 版显影及去膜处理后露出亲水的铝版基；被影像遮盖下的 PS 涂层无法感光，仍保留在版面，具有亲油性。用毛刷洗去蒙层，高分子层用水溶液显影，再用水冲洗，上胶干燥后即可上机印刷。

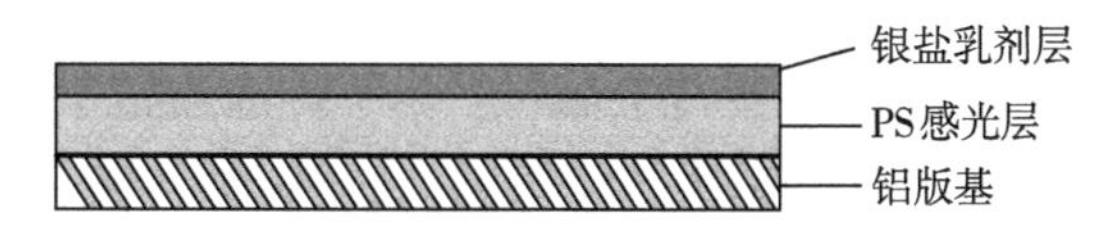

图 4－10　银盐复合型 CTP 版材结构

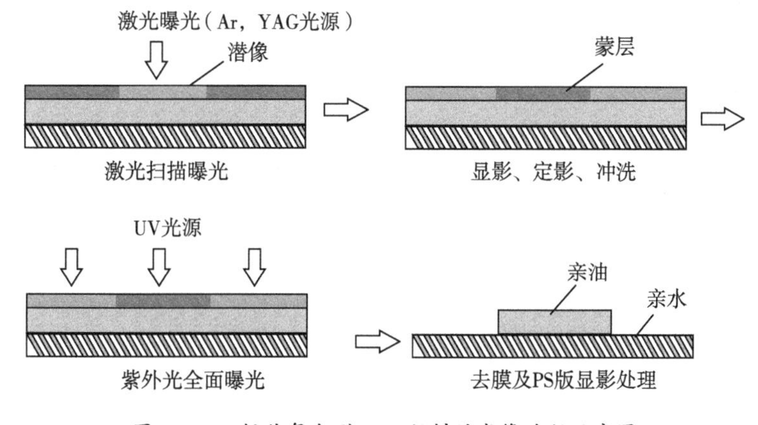

图 4－11　银盐复合型 CTP 版材的成像过程示意图

（3）银盐扩散转移型 CTP 版材

银盐扩散转移型 CTP 版材分为两种类型：向上扩散转移型版材和向下扩散转移型版材。

①向上扩散型 CTP 版材。向上扩散型银盐版材主要由版基、银盐乳剂层和物理显影核层构成，如图 4－12 所示。其成像原理是：激光扫描成像后，进行扩散显影。没有曝光区域的银离子向上扩散，在表层物理显影核的作用下还原成金属银，成为亲油表面；曝光区域的表层仍然为乳剂层，具有良好的亲水性。如图 4－13 所示。

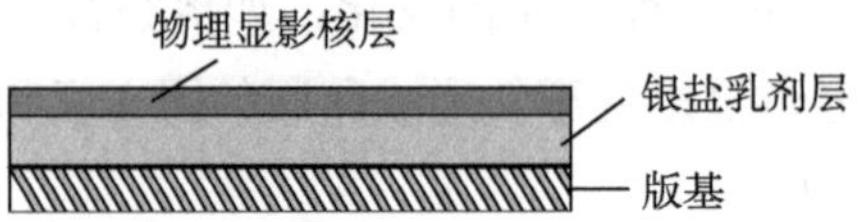

物理显影核层
银盐乳剂层
版基

图 4－12　向上扩散型 CTP 版材结构

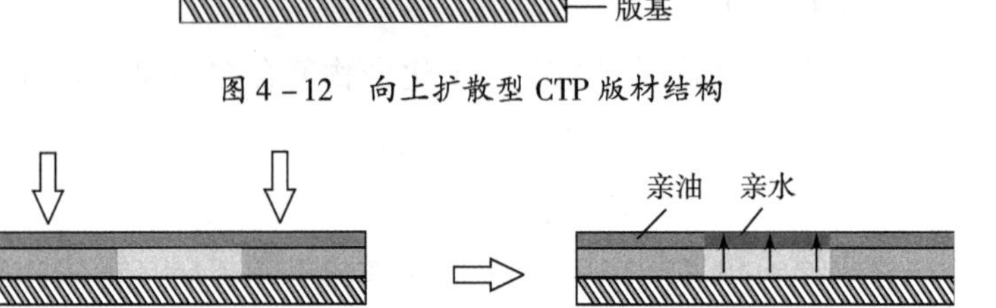

图 4－13　向上扩散型银盐 CTP 版材的成像过程示意图

②向下扩散型 CTP 版材。向下扩散型银盐版材是由具有良好亲水表面的铝版基、物理显影核层和银盐乳剂层构成，如图 4－14 所示。其成像原理是：激光扫描成像后，进行扩散显影。非曝光区域的银离子向下扩散，在底层物理显影核的作用下还原成金属银，成为最终的亲油表面；然后将乳剂层去掉，曝光区域的亲水版基表面裸露出来成为亲水层。如图 4－15 所示。

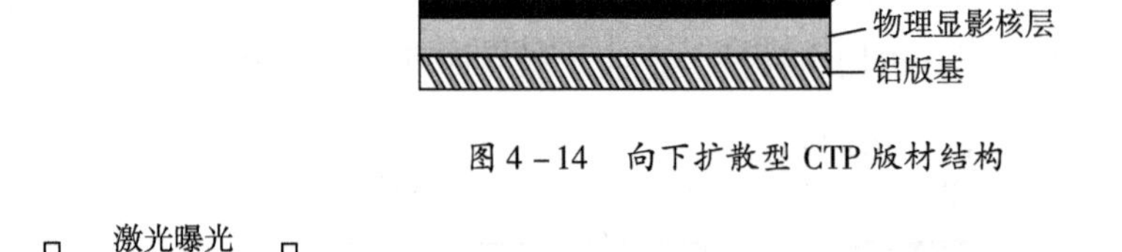

图 4－14　向下扩散型 CTP 版材结构

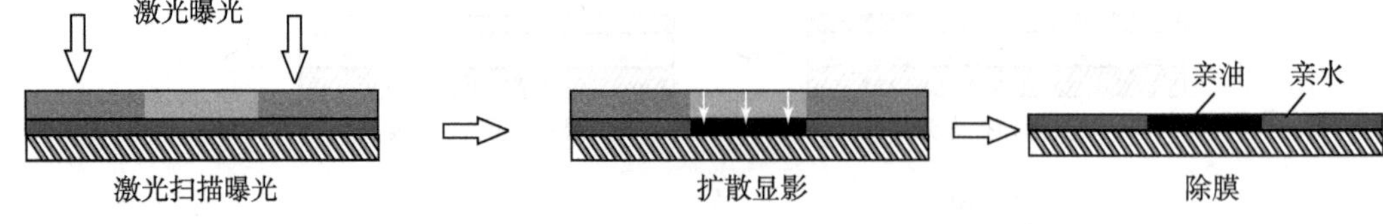

图 4－15　向下扩散型银盐 CTP 版材成像过程示意图

向下扩散型银盐版材具有非常高的感光度和感色范围，耐印力也非常高，适合于高档商业印刷。

（4）光聚合型 CTP 版材

光聚合型 CTP 版材是在铝版基上涂一层光聚合物涂层和一层聚乙烯醇保护层，曝光后，经过预热处理和冲洗，即可上机印刷。光聚合版材的印刷适性与传统的 PS 版极为接近。光聚合型 CTP 版材通常是由粗化的铝版基、感光层和表面层（保护层）构成，如图 4 - 16 所示。

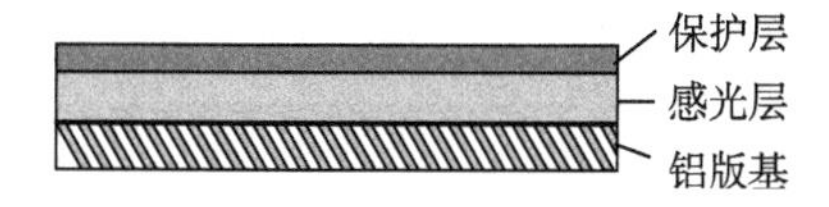

图 4 - 16　光聚合型 CTP 版材结构

保护层的作用主要是将大气中的氧气分子隔开，避免其进入感光层而与光敏基团反应，以提高感光层的链增长效率，从而获得高感光度。感光层为高分子材料，主要由聚合单体、光聚合引发剂、光谱增感剂和成膜树脂构成。

光聚合型 CTP 版材的成像原理是：曝光时，见光部位感光层中的光引发剂吸收光能量，产生自由基，促使高分子树脂发生聚合反应而硬化，使见光部位和未见光部位溶解度发生显著改变，通过显影、冲洗，去除保护层和未见光部位的感光层，留下见光硬化的感光层形成印版的亲油部分。如图 4 - 17 所示。

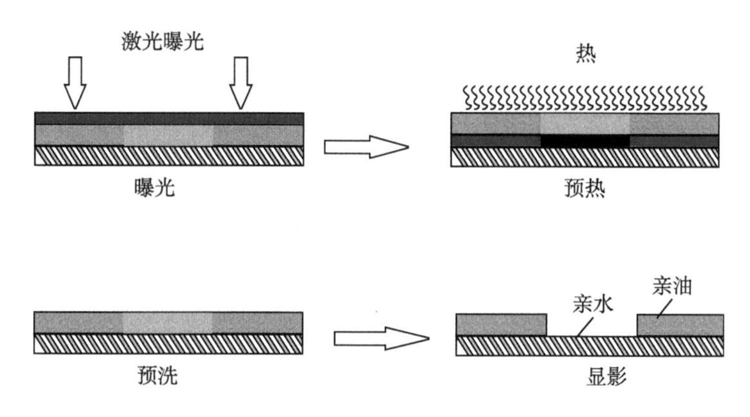

图 4 - 17　光聚合型 CTP 版材成像过程示意图

光聚合型 CTP 版材的感光度较高，仅次于银盐类型 CTP 版材。这种版材结构简单，印刷适性良好，分辨率较高，烤版后，耐印力高，印版经得起刮擦和刷洗，处理过程相对干净。版材耐印力以及后处理性能与传统 PS 版相似甚至更为优秀。而且，这种版材将感光范围延伸到 UV - LD 激光的发光波长范围也非常容易，因此，光聚合直接版材将成为下一代紫外直接版材的首选体系，具有非常好的发展前景。

（5）热敏 CTP 版材

热敏 CTP 版材的成像主要采用红外热敏成像技术，是使用波长范围在 830 ~ 1064nm 甚至更宽的红外激光成像，即依靠红外热能而非光能使热敏成像材料的物态发生变化来实现成像记录。

热敏版材的成像原理是将感热组成物预先涂布在金属铝版基上，通过近红外激光扫描，被扫描部分感热，组成物中的光热转化物质（一般称红外吸收染料）将光能转变为热能，致使该部分发热升温，引起某些物理与化学变化，如其溶解、黏附和亲水、亲油等特性发生显著的变化，甚至在有些情况下发生烧蚀汽化现象，再经过显影液处理或不经过显影液处理（称为免处理），在版材上获得文字或图像。

红外热敏版材按照不同分类标准，可分为不同的类型。按照成像机理，热敏版材大致可以分为热烧蚀型直接版材和非热烧蚀型直接版材两大类型，非热烧蚀型版材又分为热交联、热熔解、热转移和热致相变化等几种；从版材类型看，热敏版材可分为阴图型、阳图型两类；从后加工处理来看，热敏版材可分为须显影后处理型和无须后处理型两类，前者又可分为显影前须预热型和无须预热型；从印刷适性来看，热敏版材可分为采用传统胶印润版液的湿式热敏版和干式热敏版（无水胶印版材）两类。

①热烧蚀型 CTP 版材。烧蚀技术是使用高能量的激光对印版表面进行非常瞬间冲击，使印版表面图文部分的材料去除或松动，形成图文与非图文区域。热烧蚀版材的制版使用的激光器为高功率的红外激光器，它可以是半导体激光器，也可以是 YAG 激光器。

热烧蚀型版材由斥油的硅胶表面层、光热转换层（吸光层）、亲油底层和版基构成。其成像原理是：光热转换层的主要作用是吸收扫描激光发出的光能，并有效地将吸收的光能转换成热能，使版面的温度升高达到汽化温度水平。硅胶表面层在热的作用下会随光热转换层的汽化作用而被去掉，从而使下面的亲油层裸露出来成为接受油墨的印刷表面，硅胶表面层将构成最终的非印刷表面。如图 4－18 所示。

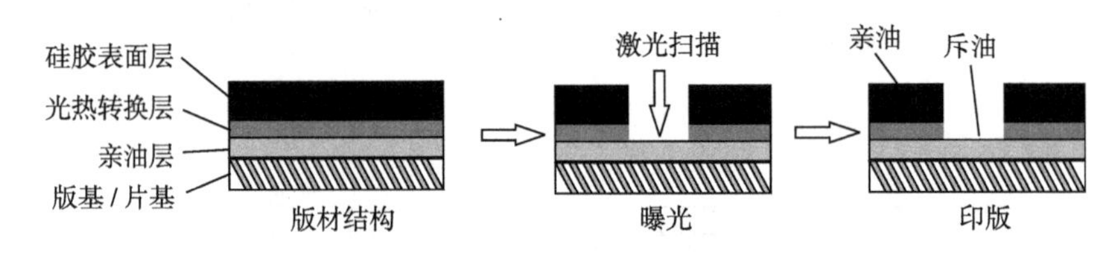

图 4－18　热烧蚀型 CTP 版材结构及成像过程示意图

②热交联型 CTP 版材。热交联版材由热敏涂层和亲水版基构成，如图 4－19 所示。热敏涂层一般由（碱）水溶性成膜树脂（如酚醛树脂）、热敏交联剂和红外染料组成；亲水版基可以使用与传统 PS 版完全一样的粗化铝版基。

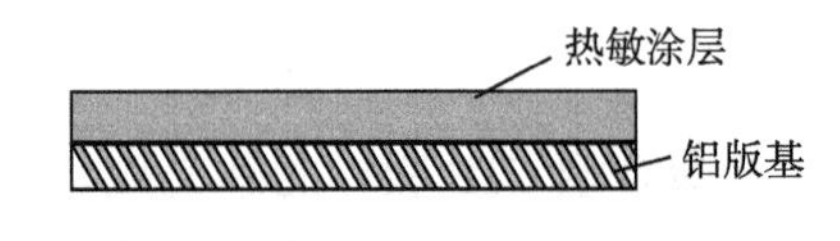

图 4－19　热交联型 CTP 版材结构

热交联型 CTP 版材的成像原理是：曝光时，红外染料有效地吸收红外激光的光能，并将吸收的光能转换成热能，当热敏涂层的温度达到热敏交联剂能够发生交联反应的临界温度时，热敏交联剂与成膜树脂即发生交联反应，形成空间网状结构，从而使热敏涂层失去水溶性。由于空间交联的作用，曝光区域的热敏涂层在显影处理后仍然留在版面成为亲油的印刷表面，而没有曝光的区域被去掉，使下面的亲水版基裸露出来成为亲水的非印刷表面。如图 4－20 所示。

热交联版材的图文区域由空间交联的高分子树脂构成，因此这类版材通常具有非常高的机械强度和耐印力，一般达到数十万印。

③热转移型 CTP 版材。热转移型版材由色带和受像基材构成。受像基材本身具有良好

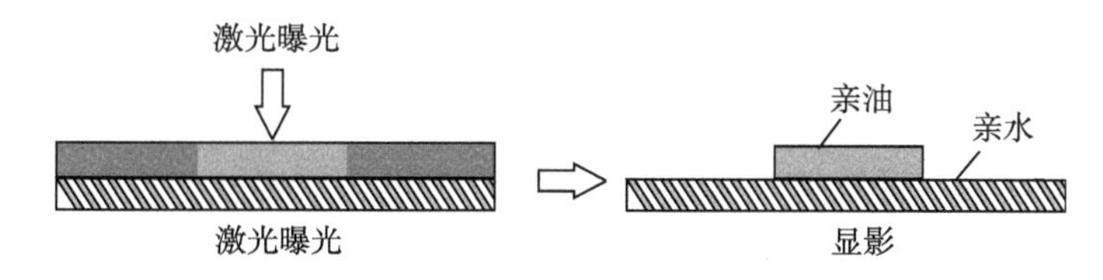

图 4－20　热交联型 CTP 版材成像过程示意图

的亲水性（如传统 PS 版的铝版基），主要作用是接受由色带转移的热蜡层和构筑亲水的非印刷表面。色带由耐热的高分子片基和热敏层（热蜡层）构成，热蜡层由低熔点的高分子材料和红外染料构成。

成像原理是：成像时，色带与受像基材处于紧密接触状态，激光光能被染料吸收后转换成为热能，使热敏层温度升高导致热蜡层的高分子熔化，从而使“液态”的热蜡层转移到受像基材上，形成印刷的图文表面，如图 4－21 所示。

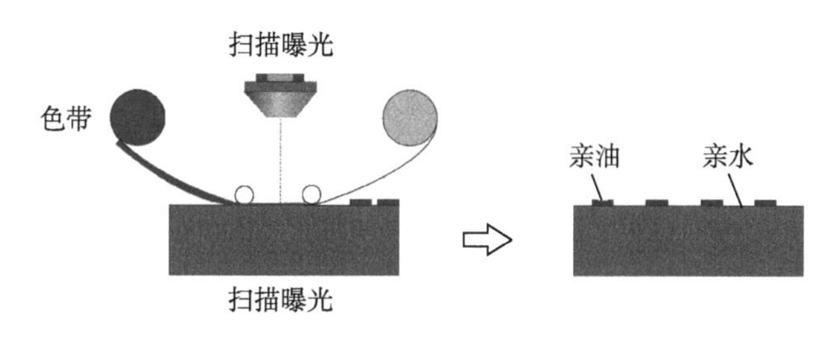

图 4－21　热转移型 CTP 版材结构及成像过程示意图

（6）喷墨版材

喷墨版材有两种基本类型，一种是在传统 PS 版的感光层上涂布一层能够接受喷墨油墨的接受层（受像层），另一种就是具有优良亲水和保水性能的基材（如传统 PS 版的铝版基）。喷墨直接版材利用计算机控制的喷头的往复机械运动实现扫描，将喷墨油墨直接喷射到 PS 版感光层表面的受像层或亲水基材上形成油墨影像。

对于第一种版材，还要对喷射后的印版进行全面紫外曝光，使没有喷墨油墨影像的区域的 PS 感光层曝光，然后经过 PS 版显影处理即可去掉这部分的 PS 感光层，使下面的亲水版基裸露出来成为非印刷表面，即受像层表面的喷墨油墨影像仅仅作为紫外曝光时的“蒙版”影像，保护下面的 PS 感光层不受紫外光的照射。如图 4－22 所示。

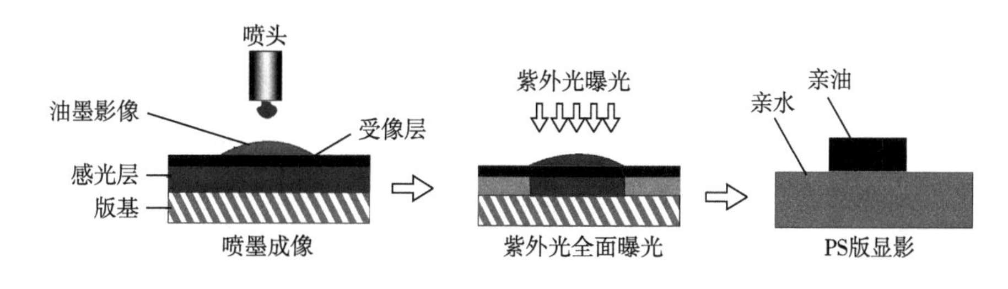

图 4－22　采用传统水基喷墨技术的喷墨直接版材及喷墨成像过程示意图

对于第二种版材，喷墨形成的油墨影像就是最终的亲油印刷区域，因此是一种要求采用特殊油墨的喷墨成像技术。固体喷墨（也叫相变化喷墨）是比较好的选择。这种喷墨技术采用不含任何溶剂的高分子固体油墨，依靠温度差异实现喷射成像，因此，喷射到亲水基材上的油墨具有足够的机械强度，成为印刷的图文表面。如图 4－23 所示。

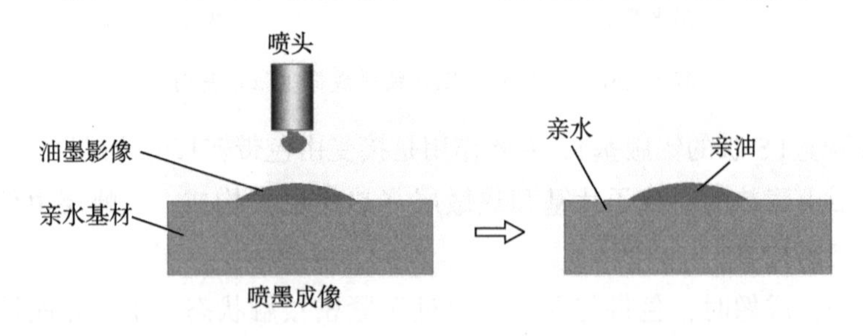

图 4－23　采用固体喷墨技术的喷墨直接版材及喷墨成像过程示意图

喷墨直接版材的优点是可以使用现在成熟的喷墨技术和传统的 PS 版材，缺点是分辨率不高（主要受喷墨技术的限制，一般在 1500dpi 以下），速度比较低（受喷头往复运动的限制），适合于分辨率要求不高的印刷领域。

（7）紫激光直接制版技术

紫激光制版技术是运用最新的激光二极管、固态形式的紫色激光进行直接制版的技术。它有以下的优点：

①制版精度更高。由于采用 400～410nm 光谱的紫激光，短光谱的特性使其能够产生更小的激光光点，可以提供较高的分辨率，提高扫描精度，提高线条清晰度和分辨率，因此可以在版材上扫描出更精细的网点，从而提高印刷质量。

②制版速度更快、设备体积更小。

③寿命更长，造价更便宜。

④操作环境更方便。

（8）CTcP 制版技术

CTcP 即是 Computer To conventional Plate 的英文缩写，是指在传统 PS 版上进行计算机直接制版的技术。CTcP 技术采用常用的波长范围为 360～450nm 的 UV 光源对传统 PS 版进行数字曝光。

①工作原理。德国 BasysPrint 公司的 UV Setter 直接制版输出机的核心是使用数字加网成像技术（Digital Screen Imaging 即 DSI 技术），结合数字微镜器件（Digital Micromirror Device，即 DMD）。制版时，紫外线照射到 DMD 上，每个微反射镜就像是一个像素，将记录曝光点阵成像在印版表面而使 PS 版曝光，逐行/逐列地移动记录头，通过一系列连续的曝光步骤，完整地将图文信息记录在印版上。

②技术优点。CTcP 制版技术有很多优点，最明显的是提高了生产效率、节约时间和降低生产成本。

a. 可以充分利用现有传统 PS 版资源，降低 CTPlate 工艺的印版成本；

b. 降低 CTPlate 工艺的制版成本；

c. 网点成像质量高，生产效率高；

d. 操作简单；

e. 减少印刷调试时间和材料损耗；

f. 不需改动现在的硬体配置。

三、无水胶印版

无水胶印是指在平版上用斥墨的硅橡胶层作为印版空白部分，不需要润版，用特制油墨印刷的一种平印方式。

使用阳图底片晒版的阳图型无水平版，版材的结构如图 4－24（a）所示。由铝版基、底涂层（也叫黏合层）、感光树脂层、硅橡胶层、覆盖膜等组成。曝光时，见光的硅橡胶层发生架桥反应，进行交联，未见光的硅橡胶层被显影液除掉，形成如图 4－24（b）所示的印版。

阳图型无水平版的图文部分微微下凹，着墨后油墨不易扩散，空白部分的硅橡胶层对油墨有排斥作用，因此，印刷时可以不用润版液，从而避免了由润版液引起的许多故障。无水胶印版的制版工艺包括：曝光、显影、水洗、干燥。

（1）曝光。将原版与印版在晒版机中密封，曝光时，见光部分的硅橡胶发生交联反应。

（2）显影。将曝光后的版材放入自动显影机中显影，通过显影将印版上未见光的硅橡胶冲洗干净。

（3）水洗。将印版上的显影药水冲洗干净。

（4）干燥。除去印版表面的水分。

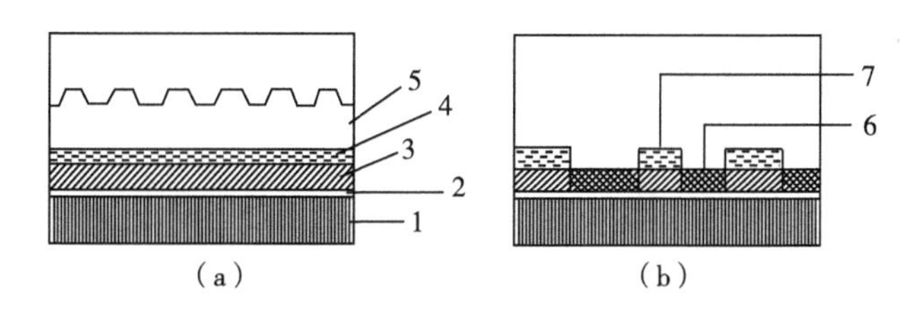

4－24　印版的结构

1—铝版基；2—底涂层；3—感光树脂层；4—硅橡胶层；5—覆盖膜；6—图文部分；7—非图文部分

第四节　胶印机

胶印机分单张纸胶印机和卷筒纸胶印机两大类。其规格一般按印刷幅面大小划分，所承印的材料有纸张、纸板、金属薄板等。单张纸胶印有单面和双面印刷，卷筒纸胶印大都采用双面印刷。

一、类型及滚筒排列

1. 组成

单张纸胶印机由输纸、定位、递纸、印刷、润湿、输墨、收纸及辅助装置组成。一堆单纸张，由自动输纸机一张一张把纸分开并输送到前规、侧规处定位，再由递纸牙将纸张传给压印滚筒。压印滚筒叼着纸，经过橡皮布滚筒和压印滚筒之间的挤压，将印版传给橡皮布滚筒的图文再次转印到纸张上。完成印刷后的纸张由压印滚筒再交给收纸滚筒，经链条传送，再经过整纸机构，收齐整纸，即完成印刷工作。从以上印刷过程可以看出，各种类型单张纸胶印机的主要组成部分都是相同的，只是单色机有一组输墨润湿装置和一次压印过程；单面双色机有两组输墨润湿装置和两次压印过程，而其余工作过程全部相同。

2. 分类

①按纸张幅面大小分类。可分为全张胶印机、对开胶印机、四开胶印机和八开胶印机。

②按印刷色数分类。可分为单色胶印机，双色胶印机，四色、五色、六色胶印机等。

③按用途分类。可分为书刊胶印机、名片胶印机等。

④按印品印刷面的情况分类。可分为单面胶印机和双面胶印机。

⑤按自动化程度分类。可分为半自动胶印机和自动胶印机。

3. 滚筒排列

（1）单色胶印机

三滚筒单色胶印机的基本形式如图 4 – 25 所示，印版滚筒 P、橡皮布滚筒 B 和压印滚筒 I 采用钝角排列，且直径相等。其特点是结构比较简单，印刷速度高。

（2）单面多色胶印机

①五滚筒双色胶印机。两个色组共用一个压印滚筒，且滚筒直径相等。滚筒排列结构紧凑、简单、套印准确、占地面积小，易于操作和维修，因而被广泛采用。图 4 – 26 所示为五滚筒双色胶印机的基本形式。

②机组式多色胶印机。由多个结构相同的单机组三滚筒单色胶印机或五滚筒双色胶印机组成，并在各机组中间加上传纸滚筒。如图 4 – 27 所示。

机组式多色胶印机结构简单、便于制造、生产效率高、印品质量好，适于各种印刷。

③卫星式多色胶印机。卫星式四色胶印机，在一个共用的压印滚筒 I 周围配置四色组印版滚筒和橡皮布滚筒（各设润湿、输墨装置），纸张经过一次交接，压印滚筒转一周，即完成四色印刷。因此，这种机型套印准确，但其机械结构庞大。如图 4 – 28 所示。

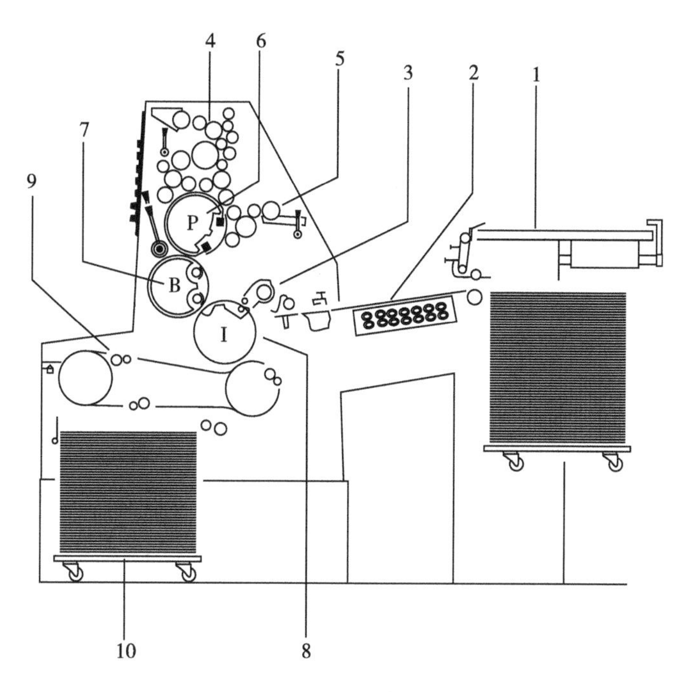

图 4－25　三滚筒单色胶印机

1—输纸机；2—输纸板；3—递纸牙；4—输墨装置；5—润湿装置；
6—印版滚筒；7—橡皮布滚筒；8—压印滚筒；9—收纸牙排；10—收纸台

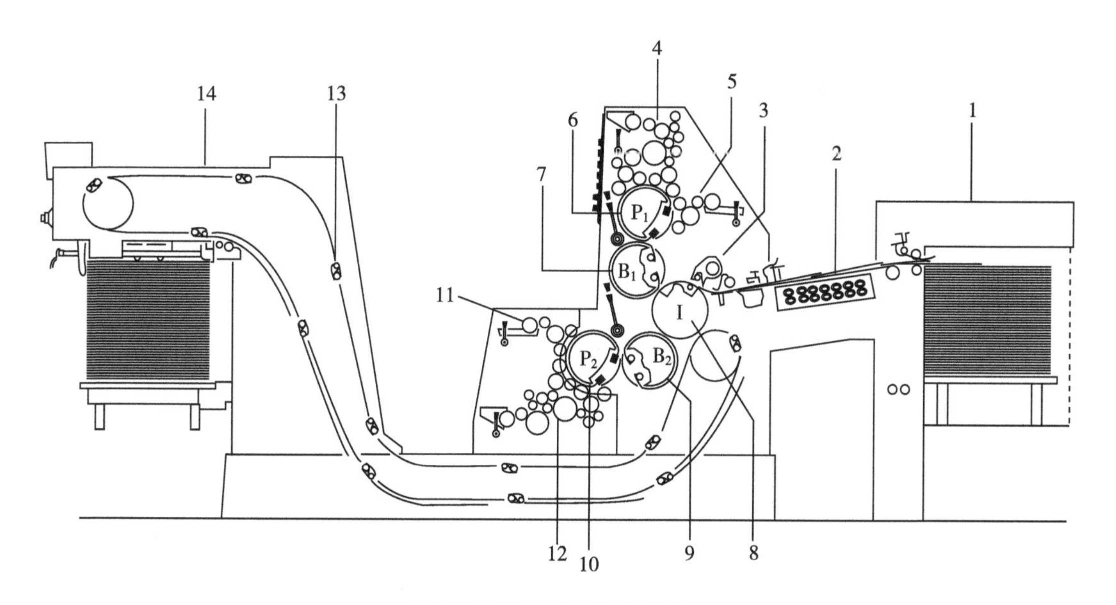

图 4－26　五滚筒双色胶印机

1—输纸机；2—输纸板；3—递纸牙；4、12—输墨装置；5、11—润湿装置；
6、10—印版滚筒；7、9—橡皮布滚筒；8—压印滚筒；13—收纸牙排；14—高收纸台

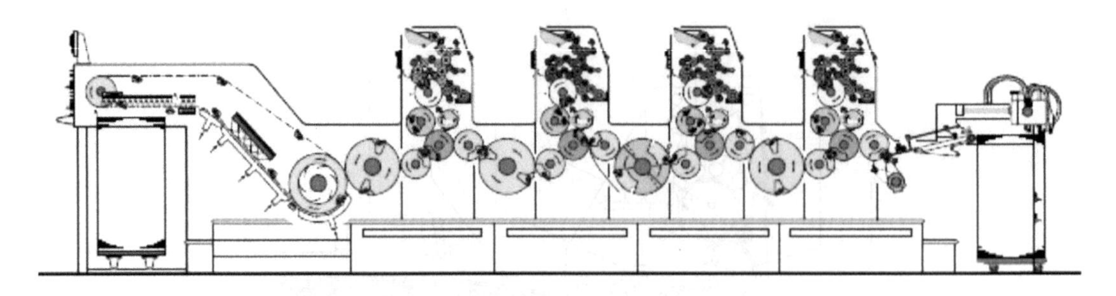

图 4－27　机组式多色胶印机

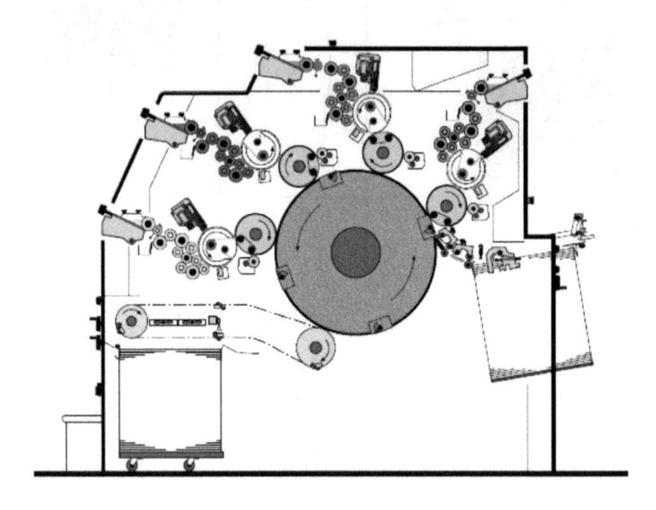

图 4－28　卫星式多色胶印机

（3）B－B 型双面印刷胶印机

B－B 型（对滚式）胶印机为四滚筒型，如图 4－29 所示，上下各设一个印版滚筒和橡皮布滚筒，没有专用压印滚筒，印刷时由两橡皮布滚筒加压接触对滚，纸张从两滚筒之间通过，完成双面印刷，这种机型定位准确、成本较低。

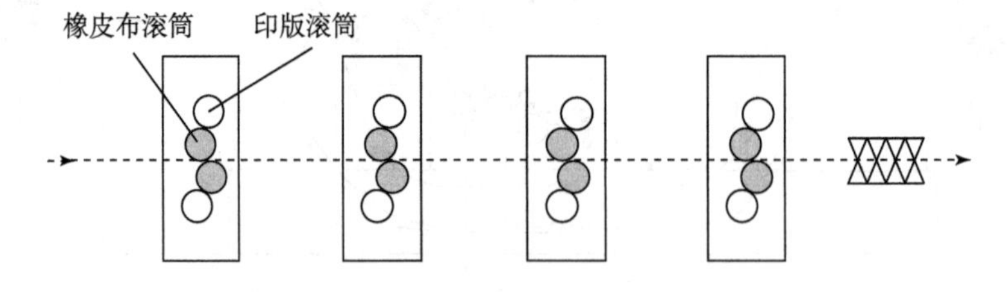

图 4－29　B－B 型双面印刷胶印机

二、印刷装置

印刷装置是印刷机上直接完成图像转移，它的结构性能直接影响印刷质量。印刷装置主要包括滚筒部件，离合压、调压机构，套准调节机构以及纸张翻转机构等组成部分。

1. 滚筒部件

（1）基本构成

单张纸胶印机的滚筒部件主要有印版滚筒、橡皮布滚筒和压印滚筒。各滚筒的结构基本相同，即由轴颈、滚枕和筒体构成，如图4－30所示。

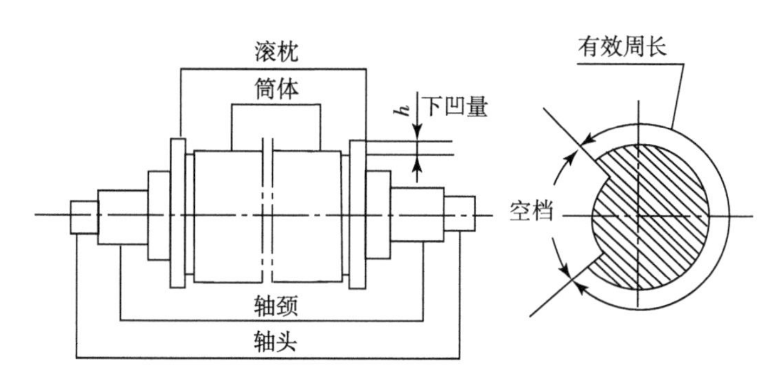

图4－30 滚筒体结构

①轴颈。轴颈是滚筒的支撑部分，对保证滚筒匀速运转及印刷品质量起重要作用。

②滚枕（也称肩铁）。滚枕是滚筒两端用以确定滚筒间隙的凸起铁环，亦是调节滚筒中心距和确定包衬厚度的依据。现代平版胶印机滚筒两端都有十分精确的滚枕，可分接触滚枕（如海德堡、曼罗兰胶印机）和不接触滚枕（如国产J2108胶印机）两种类型。

a. 接触滚枕方式。即在滚筒合压印刷中，印版滚筒与橡皮布滚筒两端滚枕在接触状态下进行印刷。因此可以减小振动，保证滚筒运转的平稳性，有利于提高印刷质量。另外，滚枕以轻压力接触，滚筒齿轮在标准中心距的啮合位置，有利于滚筒齿轮工作。接触滚枕要求滚筒的中心距固定不变，一般只在印版滚筒和橡皮布滚筒间采用。

b. 不接触滚枕方式。即滚筒在合压印刷中两滚筒的滚枕不相接触。滚枕为测量滚筒间隙的部位。通过测量滚筒两端滚枕的间隙可推算两滚筒的中心距和齿侧间隙。滚枕间隙同时也是测量滚筒中心线是否平行及确定滚筒包衬尺寸的重要依据。一般来说，印版滚筒和橡皮布滚筒滚枕之间可以接触也可以不接触，但是橡皮布滚筒和压印滚筒滚枕之间都不接触。这是由于当增加纸张厚度时，为保证印刷压力一致，需从橡皮布滚筒上拆下部分包衬衬垫加到印版下面，而在橡皮布滚筒和压印滚筒间只能调节它们的中心距。因此，橡皮布滚筒和压印滚筒滚枕间留有间隙，以便改变纸张厚度时加以调整。

c. 筒体。滚筒的筒体外包有衬垫，它是直接转印印刷图文的工作部位。筒体由有效印刷面积和空档（缺口）两部分组成，有效面积用以进行印刷或转印图文，空档（缺口）部分主要用以安装叼纸牙、橡皮布张紧机构、印版装夹及调节机构。

（2）印版滚筒

印版滚筒的筒体直径介于压印滚筒和橡皮布滚筒筒体直径之间。固定在滚筒筒体表面的印版，在每转一周的工作循环时间内，使印版空白部分先获得水分后，再与墨辊接触，图文部分接受油墨，最后又与橡皮布滚筒接触，将印版上的墨迹转印到橡皮布表面上。印版滚筒的缺口部分设有印版装夹和版位调节机构。

（3）橡皮布滚筒

橡皮布滚筒的筒体一端装有传动齿轮，它是带动印版滚筒和压印滚筒的主动齿轮。当橡皮布滚筒转动时，先与印版滚筒接触，印版上的图文传给橡皮布，然后再转印到压印滚筒上的纸张上。为了安装橡皮布与衬垫，橡皮布滚筒的筒体下凹量一般取 2 ~ 3.5mm。橡皮布滚筒的空档部分装有橡皮布的装夹和张紧机构。橡皮布的一端固定，另一端装在可以张紧的轴上，然后用棘轮、棘爪或蜗轮、蜗杆进行张紧。橡皮布装入滚筒或从滚筒上卸下，是和铁夹版一同装拆的。

（4）压印滚筒

压印滚筒的筒体直径一般与滚筒齿轮的分度圆直径相等，滚筒体表面到滚枕外圆表面的距离为凸量（不是下凹量）。压印滚筒不仅是其他滚筒的调节基准，而且还是各运动部件运动关系的调节基准。因此，压印滚筒的筒体表面精度要求高，筒体表面应具有良好的耐磨性和耐腐蚀性。

（5）传纸滚筒

在印刷过程中起传送、交接纸张作用的滚筒，传纸滚筒和压印滚筒的结构基本相似。在多色印刷中，压印滚筒和传纸滚筒的直径往往大于印版滚筒和橡皮布滚筒的直径。如海德堡 Speedmaster CD 型四色胶印机和三菱 DAIYA3F－4 四色胶印机的压印滚筒和传纸滚筒的直径是印版滚筒和橡皮布滚筒直径的 2 倍，其转速为印版滚筒转速的 1/2。因此，倍径滚筒转速低，有利于纸张的平稳传递，当印刷后下一个滚筒再叼纸时，纸张所承受的冲击可达到最低限度。适合于高速运转和厚纸印刷。

2. 滚筒包衬厚度

按印刷工艺要求，合压后印版、橡皮布、压印二滚筒表面的圆周线速度必须相等，接触表面应为纯滚动，不产生滑动，否则会影响印品质量。滚筒包衬的厚度可根据滚枕、滚筒直径和滚枕下凹量的大小来计算。一般情况下，印版滚筒和橡皮布滚筒的滚枕直径相等，而压印滚筒的滚枕直径比其他两滚筒的滚枕直径要小 0.30 ~ 0.70mm。若以 D_i、D_p、D_b 分别表示压印滚筒、印版滚筒和橡皮布滚筒的筒体直径，当滚枕接触（即走肩铁）时，印版及其衬垫总厚度的理论值为 δ_p，则有：

$$\delta_p = (D_i - D_p)/2 \tag{4-1}$$

橡皮布滚筒的橡皮布及其衬垫总厚度的理论值为 δ_b

$$\delta_b = (D_i - D_b)/2 \tag{4-2}$$

若以理论厚度值 δ_p、δ_b来包装衬垫，则三滚筒间的印刷压力恰好等于零，以至不能印出图文。故印版滚筒经包衬后，其高度应比其滚枕表面高出 0.03 ~ 0.05mm，即衬垫厚度的实际值比理论值增加 0.03 ~ 0.05mm。

若滚枕不接触，实际衬垫的厚度还应增加，以保证合理的印刷压力。

3. 离合压与调压

根据印刷工艺过程及印刷机机构操作控制程序要求，凡是依靠压力实现图像转移的压印装置均有合压和离压两个状态。在正常印刷时，纸张进入压印装置，压印体与印版应处于合压状态，以完成图像转移；而当出现输纸等工艺和机构故障或进行调机空运转时，压印体与印版应处于离压状态。同时，停机后也应撤除印刷压力，防止滚筒长久接触造成印版损坏和橡皮布的永久变形。

实现离合压、调压的基本方法是改变压印体与印版、压印滚筒与印版滚筒之间的间距来实现的。

如图4－31所示，在平版胶印机滚筒的传动中，如果滚筒的表面线速度都相等，滚筒齿轮的节圆是相切的，滚筒的中心距 L 为滚筒齿轮节圆半径 $R_{节}$ 的2倍，即：

$$L = 2R_{节} \qquad (4-3)$$

不接触滚枕滚筒间的中心距：

$$L_{pb} = (D'_p + D'_b)/2 + \Delta p_b \qquad (4-4)$$

$$L_{bi} = (D'_b + D_i)/2 + \Delta b_i \qquad (4-5)$$

接触滚枕滚筒间的中心距：

$$L_{pb} = (D_{分} + \Delta p_b) \qquad (4-6)$$

式中　L_{pb}——印版滚筒与橡皮布滚筒的中心距，mm；

L_{bi}——橡皮布滚筒与压印滚筒的中心距，mm；

D'_p——印版滚筒滚枕直径，mm；

D'_b——橡皮布滚筒滚枕直径，mm；

D_i——压印滚筒滚枕直径，mm；

$D_{分}$——滚筒齿轮分度圆直径，mm；

Δp_b——印版滚筒与橡皮布滚筒的滚枕间隙，mm；

Δb_i——橡皮布滚筒与压印滚筒的滚枕间隙，mm。

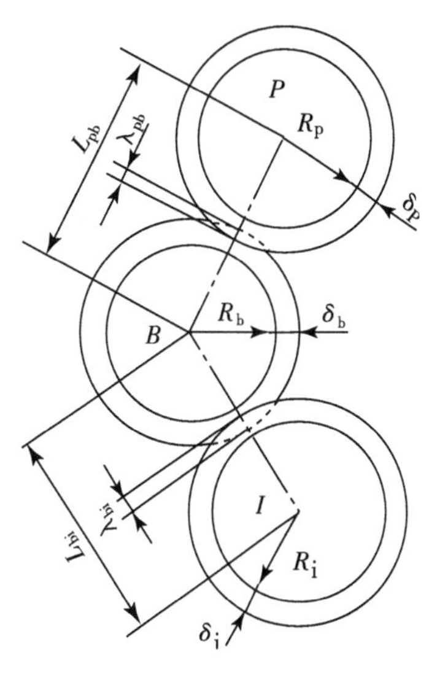

图4－31　印刷压力计算示意图

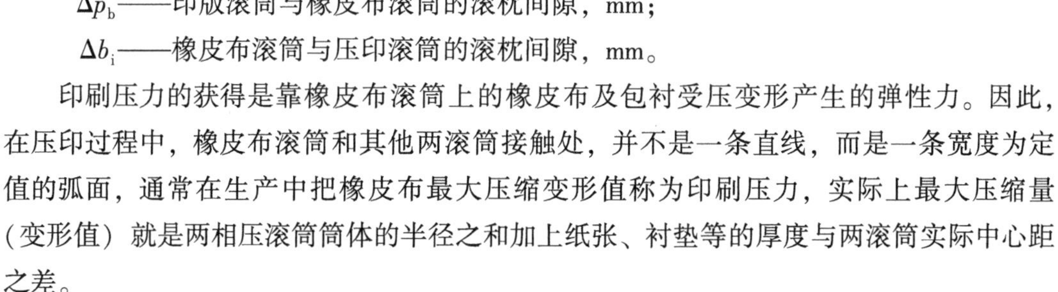

印刷压力的获得是靠橡皮布滚筒上的橡皮布及包衬受压变形产生的弹性力。因此，在压印过程中，橡皮布滚筒和其他两滚筒接触处，并不是一条直线，而是一条宽度为定值的弧面，通常在生产中把橡皮布最大压缩变形值称为印刷压力，实际上最大压缩量（变形值）就是两相压滚筒筒体的半径之和加上纸张、衬垫等的厚度与两滚筒实际中心距之差。

$$\lambda_{pb} = R_p + \delta_p + R_b + \delta_b - L_{pb} \qquad (4-7)$$

$$\lambda_{bi} = R_b + \delta_b + R_i + \delta_i - L_{bi} \qquad (4-8)$$

式中　R_p、R_b、R_i——分别为印版滚筒、橡皮布滚筒和压印滚筒的筒体半径，mm；

L_{pb}、L_{bi}——分别为橡皮布滚筒与印版滚筒和压印滚筒之间的实际中心距，mm；

δ_p、δ_b、δ_i——分别为印版及其衬垫的总厚度、橡皮布及其衬垫的总厚度、纸张的厚度，mm；

λ_{pb}、λ_{bi}——分别为橡皮布滚筒与印版滚筒和压印滚筒之间的最大压缩量，mm。

三、润湿装置

普通的平印是利用油和水互相排斥的原理完成油墨转移的，所以在胶印机上装有润湿装置，即平版胶印机上润湿印版的装置，以向印版涂布润版液，将版面非印刷图文部分（空白部分）保护起来，使之不粘油墨正确地控制向印版涂布的润版液量，保持良好的水墨平衡是获得高质量印刷品的重要条件。

在印刷过程中，润版液源源不断地传送到印版上，各种型号的胶印机的供水系统各不相同。目前的胶印机普遍采用了两种输水装置，一种是摆动式输水装置，也称为供版式输水；另一种是达格伦式输水装置，也称墨辊供水式。

1. 摆动式输水装置

摆动式输水装置包括水斗、水斗辊、串水辊及一根或二根与印版滚筒接触的着水辊，是直接将润版液涂布在印版上，如图4－32所示。旧机型中传水辊可以来回摆动，因此属于非连续供水方式。供水不均匀，着水辊的表面速度与印版相同。有些机型不再设置传水辊，而是水斗辊与着水辊直接接触。水斗辊由电机单独驱动，改变转速即可改变供水量。水斗辊与着水辊间存在表面速度差，属于连续供水方式。提高印刷速度时，印版水膜厚度就会变薄。这种输水装置仍然属于供版式输水。

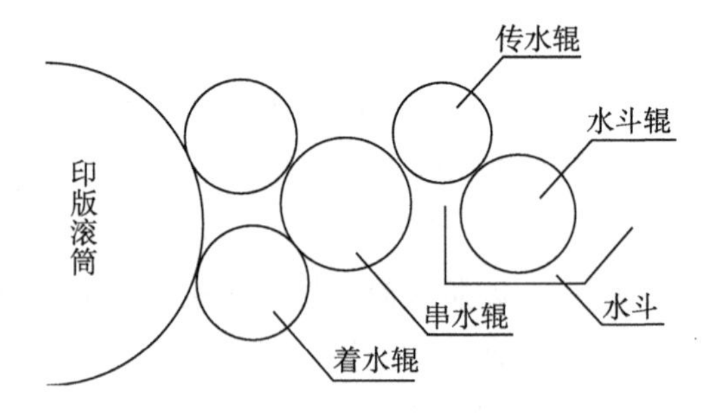

图4－32　摆动式润湿装置图

胶印机的油墨和水的传递如图4－33所示。

在摆动式输水装置中，一般都存在着四种辊隙状态，即：着水辊、着墨辊分别与印版图文、印版空白部分的辊隙。

第一种辊隙是着水辊与印版空白部分的间隙，如图4－34（a）所示，辊隙间有润版液。着水辊与印版分离后，空白部分的表面被润版液所润湿，留下薄薄的一层水膜。如果使用涂料纸印刷，采用普通的酸性润版液，实验表明，当印版上需要3μm的墨膜时，水膜有1μm厚才足以阻止油墨在印版空白部分上的扩展。

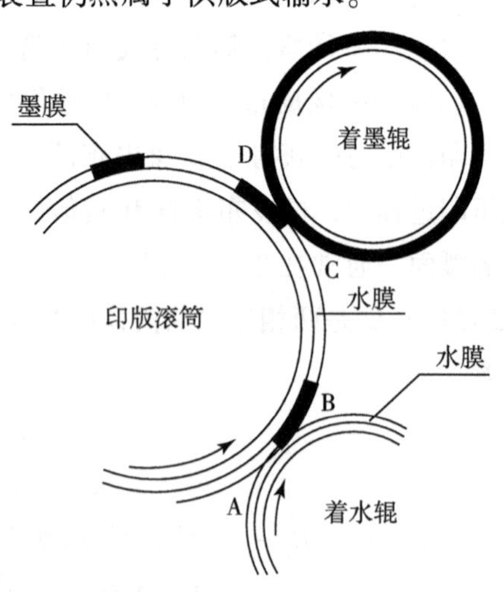

图4－33　胶印机的油墨和水的传递图

第二种辊隙是着水辊与印版图文部分的间

隙，如图 4－34（b）所示，辊隙间既有润版液，也有油墨，两相并存。在着水辊与印版的强力挤压下，少量的润版液被挤入油墨，造成油墨的第一次乳化。供水量越大，挤入油墨的润版液越多，油墨的乳化越严重。

第三种辊隙是着墨辊与润湿过的印版空白部分的间隙，如图 4－34（c）所示，辊隙间也是润版液与油墨两相并存。在着墨辊和印版的强力挤压下，又有少量的润版液被挤入油墨。造成油墨的第二次乳化。

第四种辊隙是着墨辊与印版图文部分的间隙，如图 4－34（d）所示，辊隙间存在着乳化了的油墨，以及附着在印版图文部分墨膜上的润版液微珠。着墨辊滚过印版图文部分时，润版液的微珠被挤入油墨，造成油墨的第三次乳化，着墨辊与印版分离后，印版的图文部分便得到了含有相当数量润版液的乳化油墨。

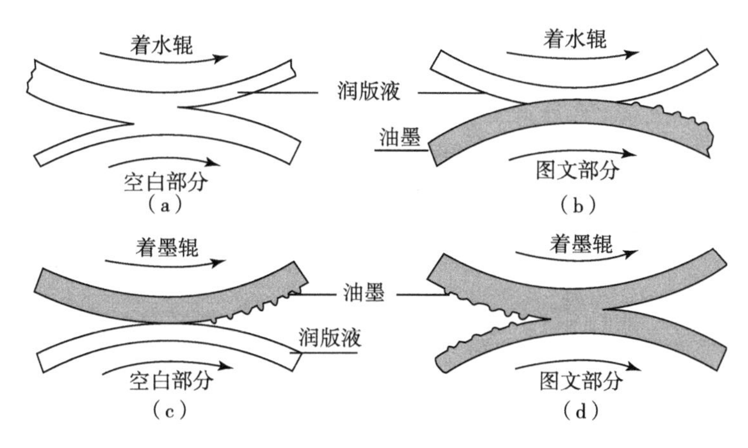

图 4－34　着水辊、着墨辊与印版的辊隙

（2）达格伦式输水装置

达格伦式输水装置是由单独的电机驱动可变速传动的镀铬水辊，将润版液涂布在第一根着墨辊上。着墨辊与水斗辊之间还设置了一根或二根传水辊。由单独电机驱动可无级变速的水斗辊的转速来决定供水量的大小。调节墨辊与水斗辊之间的压力，可决定传输到印版上水膜的厚度。着墨辊的表面速度与印版滚筒相同。曼罗兰 700，高宝利必达，海德堡 CD102 型机润湿装置都属此类，如图 4－35 所示。

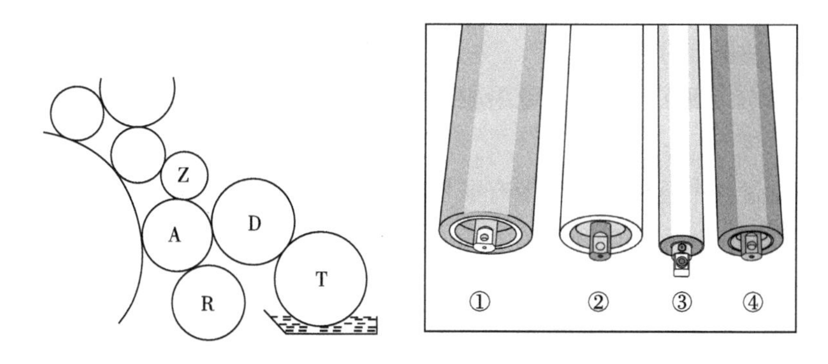

图 4－35　海德堡 CD102 型机润湿装置

达格伦式输水装置与摆动式输水装置中辊隙状态略有不同。当第一根着墨辊与印版接触时，在印版的空白部分由于墨辊附着润版液，印版优先被润版液浸湿，水膜层分裂，达到润湿的目的。着墨辊上剩余的润版液通过串墨辊时在油墨中乳化。在印版的图文部分，着墨辊乳化的油墨层被分裂，达到供墨的目的。这种输水方式的优点主要是反应灵敏度高，用水量小，能很快达到水墨平衡，特别适用于带有酒精或异丙醇的润版液。

四、输墨装置

1. 输墨装置的组成

输墨装置的基本形式如图 4－36 所示，按其功能，由供墨（Ⅰ）、匀墨（Ⅱ）、着墨（Ⅲ）三部分组成。

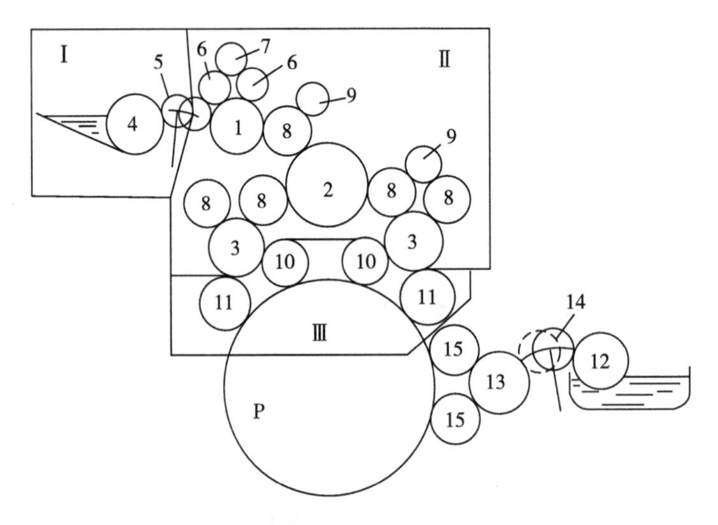

图 4－36　输墨装置的组成

（1）供墨部分（Ⅰ）。由墨斗、间歇转动的墨斗辊 4 和摆动的传墨辊 5 组成，其作用是向输墨装置供给印刷所需的油墨。

（2）匀墨部分（Ⅱ）。由作轴向串动和周向转动的串墨辊 1、2、3 和匀墨辊 6、8 以及重辊 7、9 组成，其作用是将油墨拉薄、打匀，以达到工艺所要求的墨层厚度并沿着一定的传输路线把油墨传给着墨辊。

（3）着墨部分（Ⅲ）。由四根着墨辊 10、11 组成，其作用是向印版图文部分涂布油墨。

由于在印刷过程中墨辊都要与带有酸性的润版液和油墨接触，所以墨辊的材料必须具有耐腐蚀性和耐油性。同时还应有良好的亲油性，以保证其表面能均匀地吸附油墨，而不易粘上润版液。串墨辊一般用钢材或铜材制成，为了提高亲油性，在钢质辊表面喷涂硬塑料或尼龙。输墨装置中的匀墨辊、串墨辊、着墨辊等都起输墨和匀墨的作用，在互相配合的墨辊表面，要求有良好的接触，为此，在所有胶印机的输墨装置中，硬质墨辊与软质墨辊都相间设置。在一定的接触压力下，通过软质墨辊的弹性变形，使软、硬墨辊间接触良好，传动平稳。串墨辊转动由齿轮传动；而重辊、着墨辊和匀墨辊的转动，则靠表面摩擦力传动。

2. 输墨装置的性能指标

评价和比较输墨装置性能的主要指标有以下参数。

（1）着墨系数 K_Z。所有着墨辊面积之和与印版面积之比称为着墨系数，以 K_Z 表示。即

$$K_Z = \frac{\pi l \sum D_Z}{F_p} \tag{4-9}$$

式中　l——着墨辊长度，mm；

D_Z——着墨辊直径，mm；

F_P——印版面积，mm^2。

着墨辊系数 K_Z 表示着墨辊对印版着墨的均匀程度，其值一般应大于1，显然，K_Z 越大，着墨均匀程度就越好。对于单张纸胶印机，一般取 $K_Z = 1 \sim 1.5$；而卷筒纸胶印机取 $K_Z = 0.65 \sim 1.2$。

通过增加着墨辊数量或着墨辊直径来增大着墨面积之和，以增大 K_Z 值。单张纸胶印机着墨辊为4~5根，而商用卷筒纸轮转印刷机的着墨辊多数为3根。

（2）匀墨系数 K_Y。用所有匀墨辊（含串墨辊、匀墨辊和重辊）面积之和与印版面积之比称为匀墨系数，以 K_Y 表示。即

$$K_Y = \frac{\pi l \sum D_Y}{F_p} \tag{4-10}$$

式中　D_Y——匀墨辊直径（mm）。

匀墨系数 K_Y 表示匀墨部分将油墨打匀的程度，一般情况下，匀墨系数越大越好。在一定范围内，可通过增加匀墨辊数量或直径来增加匀墨系数 K_Y。单张纸胶印机 K_Y 取4~4.5，匀墨辊数为15~25根；而卷筒纸胶印机 K_Y 取2~4，匀墨辊数为7~15根。

（3）积墨系数 K_j。所有匀墨辊和着墨辊面积之和与印版面积之比称为积墨系数，以 K_j 表示。即

$$K_j = \frac{\pi l (\sum D_Z + \sum D_Y)}{F_p} = \frac{\pi l \sum D}{F_p} = K_Z + K \tag{4-11}$$

积墨系统 K_j 表示输墨系统中集聚油墨的能力。K_j 值越大，输墨系统油墨集聚量越大，墨色稳定性就越好，但调整墨色时达到新的稳定状态所需时间长，瞬间反应慢。因此，对计算机墨色自动控制系统，K_j 值不宜过大。

（4）打墨线数 N。反映输墨装置墨辊在匀墨和传输油墨过程中接触、分离的次数，也称接触线数。打墨线数越大，油墨分割的次数越多，油墨越均匀。由此可见在匀墨系数 K_Y 不变的情况下，增加墨辊数量要比增加墨辊直径好。

（5）着墨率。某根着墨辊供给印版的墨量占印版上总墨量的百分比称为该着墨辊的着墨率。输墨性能的好坏，最终要以印版上涂敷油墨的均匀程度来判别，而每根着墨辊的着墨量的大小，直接影响印版上墨层的均匀程度。按印版滚筒旋转的方向，前两根着墨辊的着墨率一般在 80% 左右，而后两根着墨辊的着墨率则为 20% 左右。

3．自动控制供墨装置

对于传统胶印，由于印前准备、墨色预调以及在印刷过程中调节墨量都需要较长时间，并造成了油墨与纸张的大量浪费，印品质量不高且不稳定。现代胶印机由于采用了输墨、套准装置的预调、自动化及集中控制系统、故障诊断和自动监测显示装置以及快速上版定位装置，不仅自动化程度高，大大缩短了印前准备及调节时间，而且保证了良好的印品质量。

自动控制供墨装置是计算机墨色控制的执行机构，是实现印刷机输墨系统集中控制，远距离遥控和计算机自动控制的基础。其供墨装置结构区别于手动调节墨斗结构，国外胶印机所采用的自动控制供墨装置墨斗结构尽管各不相同，但大体可分为分段墨斗刀片和整体墨斗刀片式两类。

（1）分段墨斗刀片供墨装置

整个版面供墨的墨量由尺寸相同的系列墨斗刀片条控制。每段刀片尺寸有 30mm、32mm 和 35mm 等几种规格，根据印刷幅面，在整个供墨区相应有 32 块、48 块等一定数量的分段墨斗刀片组成。每块刀片由单独的小伺服电机驱动，改变刀片与墨斗辊之间的间隙，即可实现调节该墨区的给墨量的目的。胶印机供墨装置如图 4－37～图 4－40 所示。

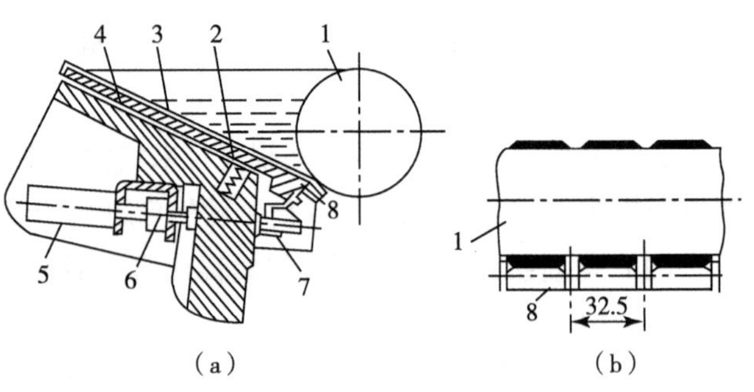

图 4－37　海德堡胶印机供墨装置

1—墨斗辊；2—弹簧；3—涤纶片；4—刀片；5—伺服电机；6—电位计；7—旋转副；8—偏心计量墨辊

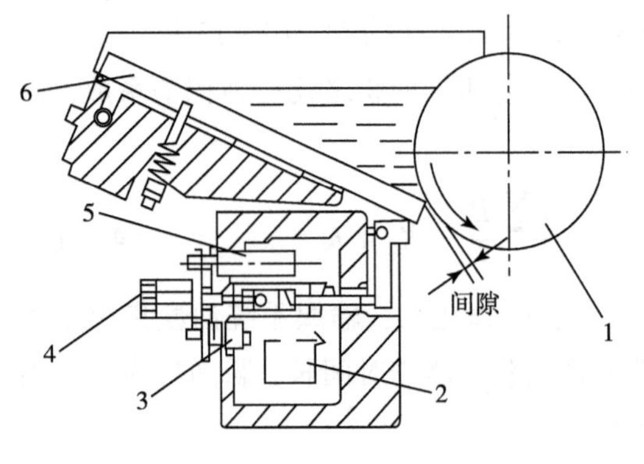

图 4－38　三菱胶印机供墨装置

1—墨斗；2—印刷电路板；3—分压器；4—旋钮；5—电机；6—输墨键

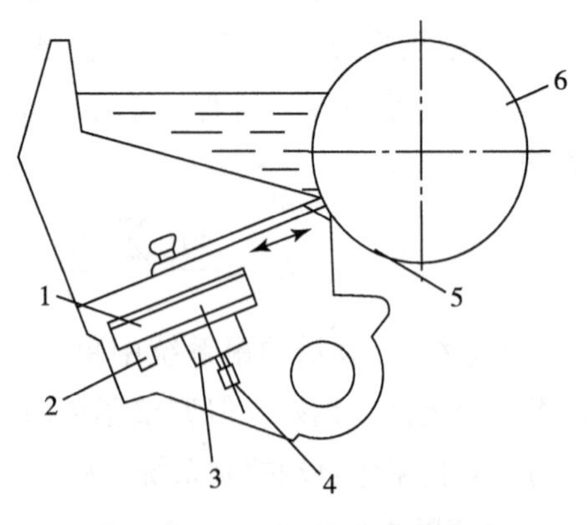

图 4－39　罗兰胶印机供墨装置

1—齿轮减速机构；2—电位器；3—伺服电机；4—螺钉；5—墨斗刀片；6—墨斗辊

（2）整体墨斗刀片供墨装置

整体墨斗刀片形式是在传统的墨斗基础上将手动调墨螺丝改为由单独微电机经减速机构来带动，调节整体墨斗刀片上的局部墨区和墨斗辊之间的间隙。采用这种结构形式的有德国米勒公司的 Unimatic－C3 墨斗机构，普拉纳塔公司以及瑞典索尔纳公司所生产的胶印机。由于整体墨斗刀片弹性大，要求电机驱动力矩大，因此，米勒胶印机 Unimatic－C3 系统的墨斗量调节机构采用两个小电机。

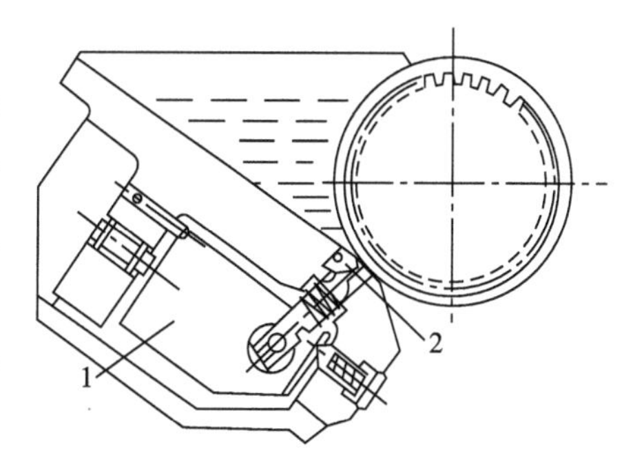

图 4－40　KBA 胶印机供墨装置

1—调节机构；2—墨斗刀片

第五节　润版液的使用

一、润版液的性能要求

平版印刷中必须使用润版液。使用润版液的目的有三个。

第一，在印版的空白部分形成均匀的水膜，以抵制图文上的油墨向空白部分的浸润，防止脏版。

第二，由于橡皮布滚筒、着水辊、着墨辊与印版之间互相摩擦，造成印刷版的磨损，且纸张上脱落的纸粉、纸毛又加剧了这一进程，所以，随着印刷数量的增加，版面上的亲水层便遭到了破坏。这就需要利用润版液中的电解质与因磨损而裸露出来的版基金属铝或金属锌发生化学反应，以形成新的亲水层，维护印版空白部分的亲水性。

第三，控制版面油墨的温度。一般油墨的黏度，随温度的微小变化，发生急剧的变化。实验表明，温度若从 25℃ 上升到 35℃，油墨的黏度便从 50Pa · s 下降到 25Pa · s，油墨的流动度增加了一倍，这必将造成油墨的严重铺展。有人曾在 25℃ 的印刷车间，不供给印版润版液，连续使平版印刷机运转 30min，测得墨辊的温度为 40℃。欲使版面的油墨与室温相同，则必须向印版供给低于 25℃ 的润版液。

为了达到润版液的使用目的，润版液应具有如下的一些性质：

（1）能够充分地润湿印版的空白部分；

（2）不使油墨发生严重的乳化；

（3）不降低油墨的转移性能；

（4）具备洗净版面空白部分油污的能力和不感脂的能力；

（5）不使油墨在润版液表面扩散；

（6）对印版和印刷机的金属构件没有腐蚀性；

（7）印刷过程中始终保持稳定的 pH 值等。

平版印刷中印版空白部分的水膜要始终保持一定的厚度，既不可过薄也不能太厚，而且要十分均匀。为保证印版空白部分的充分润湿，必须提高润版液的润湿性能，即降低润版液的表面张力。能够明显地降低溶剂表面张力的物质就是表面活性剂，实际上，润版液就是由水和表面活性剂组成的。润版液中表面活性剂的组分、性质和用量对于保证印版空白部分的充分润湿，进而保证平版印刷的顺利进行，得到质量良好印刷品，是至关重要的。

二、常用润版液的种类

润版液一般是在水中，加入磷酸盐、磷酸、柠檬酸、乙醇、阿拉伯胶以及表面活性剂等化学组分，根据印刷机、印版、承印材料等的不同要求，配制成性能略有差异的润版液。其中水是润版液的主要成分，其作用是在印版的空白部分形成均匀的水膜；磷酸等化学添加剂的主要作用是维持印刷过程中的亲水性能，并保持润版液在印刷过程中的稳定；表面活性剂的主要作用是用来降低水的表面张力，以保证平版印刷过程中的水墨平衡。在胶印中，目前使用的都是低表面活性润版液，在润版液中，加入表面活性物质或表面活性剂，便配制成了低表面张力的润版液，在胶印机上广泛使用的有酒精润版液和非离子表面润版液。

1. 普通润版液

普通润版液是一种很早就开始使用的润版液。普通润版液是在水中加入某些化学组分，配制成浓度较高的原液，使用时加水稀释或制成固体粉剂，使用时溶于水中而成的。普通润版液中所含的物质都是非表面活性物质，这些物质加入水中以后，不会使水的表面张力下降，反而会使水的表面张力略有上升。由于普通润版液的表面张力大于油墨的表面张力，故油墨很容易浸润印版的非图文部分，引起脏版。为了抗拒油墨的浸润，必须增大供水量，所以这类润版液的用液量大，版面上的液膜也较厚。过多的水分转粘到印张上，便造成了印张的变形和皱褶，会使印刷品的质量下降。但是，普通润版液容易配制，成本低，至今仍有一些厂家用于单色和双色胶印机。

2. 酒精润版液

酒精润版液，一般是在普通润版液中，加入乙醇或异丙醇配制而成的。润版液中的磷酸、重铬酸铵以及阿拉伯胶等组成的作用和普通润版液相同。酒精改善了润版液在印版上的铺展性能，大大减少了润版液的用量，故也减少了印张粘水和油墨的严重乳化。由于乙醇有较大的蒸发潜热，挥发时能带走大量的热量，使版面温度降低，网点增大值下降，非图文部分不易粘脏。酒精润版液是目前最为常用的润版液。

但是，酒精的挥发速度较快，如果不加控制，就会使润版液因酒精浓度的降低，表面张力上升，润湿性减弱，所以必须及时补充消耗掉的酒精。同时，为了减少酒精的挥发，应尽量把润版液的温度控制在10℃以下（最好是4～9℃）。因此，使用酒精润版液的胶印机，一般采用无摆动传水辊的酒精润湿装置，将润版液连续地提供给印版，并配备有润版液循环冷却、自动补加乙醇的辅助装备。

3．非离子表面活性剂润版液

非离子表面活性剂润版液是用非离子表面活性剂代替酒精的低表面张力润版液。它比酒精润版液的成本低，无毒性，不挥发，不需要在胶印机上配置专用的润湿系统，已经成为高速多色胶印机中理想的润版液。市场上销售的各类润湿粉剂，即是这类润湿剂。使用时，只要把粉末状的润湿剂，用一定量的水溶解，就可以加入水斗中用于印刷。

不同的胶印油墨，因颜料的亲水性不同，乳化能力也有差异。在润版液表面张力固定的情况下，青墨（天蓝）的摄水量最大，乳化能力最高；黑墨的摄水量最小，乳化能力最低。在印刷生产中，应按照油墨摄水量的大小，供给不同的水量，才可以防止油墨严重乳化。

一般来说，润版液的表面张力降低了，油墨和润版液之间的界面张力也要下降，油墨的乳化加剧。因此，使用低表面张力的润版液，一定要严格地控制印刷版的供水量。在不引起脏版的前提下，尽量减少低表面张力润版液的供给量。

4．优质润版液

它是目前最新研制的润版液，一般地，这种润版液有以下主要成分。

（1）缓冲剂。润版液中加入缓冲剂的目的是为了稳定印刷中水的pH值在4.8～5.3之间。均衡pH值的波动变化对胶印是非常有利的。润版液的pH值对胶印油墨的转移影响很大，另外，加之胶印版材的版基是铝或锌，属于活泼的金属，在强碱、强酸的环境中很不稳定。因而润版液的pH值必须严格控制。缓冲剂使润版液的pH值保持在一个相对稳定的水平，这样才能保持稳定的水墨平衡。

（2）印版保护剂。在印刷过程中，经常发生印刷间歇后重新开机的情况，又需要重新调整水墨平衡，这对于节约停机时间的要求极为不利。普通润版液加入阿拉伯树胶可以达到保护PS版非图文部分的目的，但是由于阿拉伯树胶对图文部分有伤害，并且重复可溶性不够好。所以，在优质润版液的成分中加入一些合成的聚合物作为印版保护剂，它的作用是：

①保持非图文部分的亲水性。

②轻度重复可溶解性。

（3）润湿剂。要使水能够在印刷中更加充分润湿，必须要求尽量降低水的表面张力，促进对印版的清洁与润湿，使油墨更快地轻微乳化。因此，优质润版液的成分中一般都要加入润湿剂。

（4）防腐剂。在优质润版液中加入防腐剂的作用是：

①对胶印机金属表面起到保护并防腐作用。

②对印版层和橡皮布滚筒起到保护作用。

(5) 微生物杀灭剂。加入微生物杀灭剂，可以防止水循环系统中微生物的滋生，从而对印刷过程的稳定性起到重要作用。

(6) 防泡沫剂。防泡沫剂的工作原理是驱散泡沫，而不是溶解在水循环中，这样能消除其杂质。

三、润版液的主要指标

1. 表面张力

润版液的表面张力应略大于印版图文部分的表面张力或印迹墨层的表面张力，润版液的表面张力还要与印刷油墨的乳化相适应。表面张力低的润版液只需要较少的量就可将空白部分保护起来，即只需要较少的版面水量就能进行正常的印刷，反之则需要较大的水量，否则就会脏版。

表面张力的单位是 N/m。

2. 水的硬度

水是润版液的基本成分，占润版液成分的 90% 以上。水的硬度一般指水中钙、镁离子的总量。一般把 1 升水中含有 1×10^{-2} 克氧化钙（CaO）称为 1 度（1°dH），水的硬度在 8°dH 以下为软水，在 8°dH 以上为硬水，硬度大于 30°dH 为最硬的水。水的硬度过低或者过高都不利于印刷。

水的硬度过高对印刷会产生以下的影响。

(1) 加快油墨的乳化。

(2) 沉积物积存在墨辊表面会改变墨辊原有的润湿性能，阻碍油墨的传递；积存在水辊和橡皮布表面上，会改变水辊、橡皮布原有的润湿性能；积存在印版表面，易与油墨中的连结料发生作用，产生不溶解的皂类，造成印版图文部分发花，当皂类吸附在印版空白部分时，则会使印版起脏。

(3) 沉积物出现在水斗、水箱中，造成输水管道变窄，甚至堵塞，严重影响润版液的循环。

3. pH 值

润版液的 pH 值对平印油墨转移的影响很大，因而平印润版液的 pH 值必须严格控制。一般认为，PS 版对酸、碱的耐蚀力较低，润版液的 pH 值在 5~6 之间为好。

pH 值过低，会加速印版的腐蚀、油墨干燥缓慢；pH 值过高，会加速印版图文部分的腐蚀、加速油墨的乳化、加速油墨干燥。

在印刷过程中，要求润版液的 pH 值不仅要合适，还要稳定，因此润版液中往往要采用缓冲剂来保持润版液的稳定。

4. 电导率

电导率是对一种物质导电能力的度量。纯净水的导电能力接近为0，润版液的电导率与其包含的离子数量成正比，而由于润版液中包含的离子数量的多少直接反映了溶液的浓度，所以润版液的浓度是和电导率之间成正比的。

要测量电导率的意义：现在的润版液中一般都加入了缓冲剂，所以pH值不足以反映润版液的浓度及性能的好坏，通过电导率可以更好地监测整个印刷过程，可以显示润版液是否出现了问题。

通过检测电导率，可以得到添加剂的数量、钙镁离子的含量、润版液的温度变化、酒精的含量、各种杂质的含量等信息。

5. 温度

水温过高，油墨过度乳化，网点铺展；水温过低，油墨黏度升高，油墨转移性变差，叠印不良，橡皮布堆粉。

一般润版液的温度控制如表4－2所示。

表4－2　润版液温度控制

季　节	夏　季	冬　季
冷却水槽温度	10～12℃	13～15℃
水斗温度	12～14℃	15～17℃

四、润版液的正确使用

印刷的实质是油墨向纸张或其他承印物上的转移，胶印由于有润版液的参加，使油墨的转移变得复杂化。表面上看起来，印版的水膜比墨膜薄，但实际上，润版液会随着温度的升高而蒸发，和油墨发生轻微的乳化，随同油墨一起转移到纸张的表面。在压印过程中，润版液还会通过橡皮布黏附到纸张上，因此，胶印过程中，水量的消耗远远大于墨量的消耗，水量的控制比墨量的控制困难得多。

正确使用润版液，就是根据原材料的不同性质和不同的印刷条件，严格控制水斗溶液的酸值，充分发挥润版液的作用，既能稳定地生成无机盐层，又能达到清洗版面的作用，使图文部分和空白部分保持相对稳定。

水斗中的药水是原液（或粉剂）的稀释液，其浓度一般是以原液（或粉剂）和清水的重量（或容积）比来计算。加放原液（或粉剂）要考虑以下因素。

1. 油墨的类别

不同类别的油墨因颜料、含油量、油性、黏度、流动性、耐酸性等性质的差异，对原液的用量有不同的要求。

一般规律是：品红色、黑色、青色、黄色依次递减，深色比浅色用量多。

2. 油墨的黏度和流动性

油墨的黏度大，则流动性就大（墨稀），内聚力小、易在版面铺展，使版面上脏。因此，原液的用量必须适当加大。

3. 印版图文的载墨量（图文墨层厚度）

图文载墨量大，原液用量大；图文载墨量小，原液用量小。

4. 版面图文结构和分布情况

版面的图文一般总是由实地、网纹、文字、线条等组成，原液的用量则以兼顾使用，既不能使实地不实，也不能使网点发糊，更不能因原液量过大而花版。

5. 环境温度

温度越高，原液用量增加。温度越低，原液用量减少。

6. 纸张的性质

纸张的性质主要指纸张的表面强度和酸碱度。若在质地疏松容易掉粉掉毛的纸张上印刷，由于油墨的黏度，使纸毛、纸粉堆积在橡皮布上，增加对印版的磨损并使印版光亮而起脏。所以，需要适当增加原液的用量来补充无机盐和清洗油脏。特别遇到酸性纸张、原液用量可斟量减少，若是碱性纸张，原液用量可增加。

第六节　胶印油墨

一、胶印油墨的组成与分类

胶印油墨主要是由有色颜料（染料等）、连结料、填充料和附加剂等物质组成的均匀混合物。

颜料是既不溶于水，也不溶于油或连结料，具有一定颜色的固体粉状物质。它不仅是油墨中主要的固体组成部分，也是印到物体上可见的有色体部分。在很大程度上决定了油墨的颜色、稀稠、耐光等性能。

连结料是油墨的心脏，一种胶黏状流体，顾名思义，它是起着连接作用的。在油墨中就是将粉状的颜料等物质混合连接起来，使之在研磨分散后，形成具有一定流动度和黏性的胶黏体。连结料是油墨中的主要流体组成部分，决定着油墨的流动度、黏性、干性以及印刷适性等。

填充料是白色、透明、半透明或不透明的粉状物质，也是油墨的固体组成部分，主要起着填充作用。适当选用些填充料，除了可以减少颜料用量，降低成本外，它也可调节油墨的性质，如稀稠、流动度等。

附加剂是油墨中的附加部分，也可以作为油墨成品的附加料。作为印刷辅助剂来改变或提高油墨的某些性质，如：干燥性、耐摩擦性等。

1. 胶印亮光油墨

胶印亮光油墨是由合成树脂、干性植物油、高沸点烷烃油、优质颜料、助剂组成的胶体油墨。供单色、双色或多色胶印机在涂料纸上印刷画册、图片等高级精美印件之用。油墨的光泽主要靠连结料干燥后结膜而产生，为了提高油墨的光泽，要求墨膜流平性好，固着在承印物表面应能形成一个平面，对入射光做定向反射，即具有镜面效果，这就要求连结料最大限度地留在承印物表面。在吸收性小的涂料纸上印刷，容易得到好的光泽，并具有良好的成膜性，同时，油墨中的颜料及填料等组分不影响连结料成膜的镜面效果。

2. 胶印树脂油墨

胶印树脂油墨采用合成树脂，干性植物油、矿物油、优质颜料与填充料，经过调配研磨而成。供胶印机印刷各种图文及商标等使用。

胶印树脂油墨的特点是植物油含量较少，溶剂比例高（15%～25%），通常是高沸点烷烃，它在油墨中起减黏作用。当油墨转印到纸张上之后，这一部分溶剂很快在毛细管的作用下渗入纸张纤维中，加快了油墨干燥的速度，减少印品蹭脏故障。由于油墨中溶剂含量过高，对胶辊和橡皮布有一定的破坏作用，从而影响印刷品质量，这种快固着油墨的干燥最终也是依靠氧化结膜干燥形式进行的。因此油墨中需加入少量的铅或钴干燥剂，干燥速度快，但残余黏性较大。

3. UV 胶印油墨

UV 胶印油墨是利用紫外线（UV）的辐射能量，使液体的化学物质通过快速交联固化成墨膜的一类油墨。它是能量固化油墨中的一种。

UV 胶印油墨作为胶印油墨的一种，它首先要能以胶印的方式来印刷，所以 UV 胶印油墨也应具有普通胶印油墨所具有的一些特点来满足印刷适性的要求。这些性能要求包括流动性、分散性、抗乳化性、黏性、低飞墨性、良好的转移性以及干燥性和印后加工性等。UV 光固化油墨有别于其他类型油墨的根本特征在于：墨层固化成膜是经过强紫外光线照射，成膜物质由光引发剂引发而发生快速聚合反应，在几秒至几十秒之内完成的。若不接触强紫外光，即使受热，油墨也将长时间处于黏稠状态而不能固化。

选择 UV 胶印油墨注意问题：

（1）注意 UV 油墨的透光率依次为品红、黄、青、黑。

（2）选择与承印物相适应的 UV 胶印油墨。

（3）UV 油墨原则上是不用调整即可使用的，但根据具体情况可适当添加 2%～5% 的 UV 专用调墨油或退黏剂。

（4）应使用 UV 油墨专用的辅助剂或清洗剂。

（5）不要和油性油墨混合使用，如果必须和其他品种的油墨混合，事前必须确认混合后油墨的流动性、附着性和印刷适性及凝胶程度。

（6）UV 金银墨和其他 UV 油墨混合后，会发生流动性恶化。凝胶速度增快，光泽度差等现象，所以混合后的油墨要马上使用，不要长期保存。

(7) UV 油墨要保存于 20℃以下的阴暗处，尤其是 UV 金银墨，易硬化，不能长期保存。

4. 珠光油墨

胶印珠光油墨是平版特种油墨中的一部分，其印刷品具有细腻的珠光般光泽和较强的光折射率，能够提升印刷品的档次，主要用于印刷高档包装、商标和画册等。

胶印珠光油墨由珠光颜料、连结料和助剂等物质组成，并具有一定流动度的浆状胶黏体，经搅拌混合均匀，在承印物上干燥后能够显现柔和的珠光效果。珠光颜料是一种既不溶于水也不溶于连结料的新型颜料，这种颜料可以再现珍珠、贝壳等所具备的珍珠光泽。

胶印珠光油墨的特点：

(1) 珠光颜料的易损性。珠光颜料是由锐钛型或金红石二氧化钛包覆云母薄片构成，片状结构，非常脆，极容易破损，从而影响珠光效果。

(2) 珠光颜料的细度。胶印珠光油墨对颜料细度的要求比较严格，常用云母钛珠光颜料的颗粒细度在 25μm 以下。如果颜料颗粒太粗，珠光油墨的转移性就差，但如果颜料颗粒过细，则印刷品的珠光效果会不太明显。

(3) 胶印珠光油墨的透明度。胶印珠光油墨的珠光效果取决于入射光线的折射和干涉作用。因此，胶印珠光油墨的透明度对珠光效果有很大影响。如果墨层的透明度差，原本充足的光线就会被吸收而影响珠光效果，因此在选择油墨连结料和填料的时候，要选择透明度好的原材料。

(4) 胶印珠光油墨的黏性和流动性。胶印珠光油墨颜料的特殊性，要求该油墨比其他普通油墨的黏性低，流动性大，印刷时才能满足珠光颜料的漂浮性要求，从而达到理想的珠光效果。

胶印珠光油墨印刷应特别注意：

(1) 不适合网目调印刷。由于珠光油墨所用颜料是片状的锐钛型或金红石二氧化钛包覆云母薄片，所以珠光颜料需要有序地排列之后，才能使印刷品达到满意的珠光效果。而网目调印刷不利于颜料的有序排列，因此，珠光油墨比较适合实地色块的印刷。

(2) 印刷粘脏。珠光油墨印刷中特别容易出现印刷品粘脏现象，这是因为胶印珠光油墨的黏性小、流动性大、珠光颜料的颗粒大，且多用来印刷实地，用墨量大，一般为普通胶印油墨的 2~3 倍。印刷墨层相对较厚，容易发生粘脏。所以，要适当喷粉，并控制适当的堆叠高度。

(3) 干燥速度。珠光油墨的印刷墨层比较厚，油墨的干燥速度较普通胶印油墨慢，此时不可用添加干燥剂的方法调整，而是需要控制纸张和印刷环境的温度、湿度。环境温度应当控制在 (25±2)℃，相对湿度控制在 55% 左右为最佳。

5．卷筒纸胶印机用油墨

卷筒纸胶印机所用的油墨就是平时所称的胶印轮转油墨，这种油墨基本分为以下两种类型：

（1）渗透干燥型。由于卷筒纸胶印机印刷速度较高，油墨的干燥速度快，所以常用的油墨多为渗透干燥型。油墨的组成与单张纸胶印机油墨基本相同，但树脂添加量相对减少，脂肪烃溶剂含量较高，其流变性能应适应高速印刷的要求，所以流动性较好。为防止纸张起毛，其黏性应该比较低，以改善油墨转移的性能，另外，这种油墨不能放干燥剂。

（2）热固型油墨。现代卷筒纸胶印机印刷装置的后半部增加干燥装置，为适应这种生产条件的油墨有热固型油墨，这种油墨在干燥装置中加热，油墨中的溶剂挥发使墨膜得以迅速干燥，热固型油墨中的干性油（如亚麻油）的含量较少，而石油剂的含量较多，其他成分与单张纸胶印机油墨略同，则用热固型油墨所采用的纸张比渗透干燥型油墨使用的纸张质量好。

二、油墨的主要性能指标

1．油墨的浓度

油墨浓度是颜料含量的指标。颜料一般占油墨总量的20%左右。在印刷时油墨浓度大。用同样墨量，印刷品的色就浓，反之，印刷品的色就淡。油墨浓度大，在印刷中用墨量少，则墨层薄，相对干燥就快。尤其是印刷大面积实地时，油墨的浓度对印刷质量的影响尤为显著。因为使用高浓度油墨印刷时印品墨层薄，固着速度快，可以减少印品粘脏，各色的色平衡也容易调整。

油墨行业通过检测着色力来判断油墨浓度的大小。着色力决定于油墨中颜料对光线吸收与反射的能力。表明了油墨显示颜色能力的强弱。通常用白墨对油墨进行冲淡的方法来测定，所以又称作冲淡强度或冲淡浓度。

2．油墨的黏性

油墨的黏性是印刷中一个重要指标，它是用油墨黏性仪测试。油墨黏性值的大小是指使黏性仪两个辊子之间油墨膜分离的力的大小。油墨的黏性过大、过小都会影响印刷的质量。当油墨黏性过大时容易造成传墨不良、转印性差、拉纸毛、套印性差等故障。若黏性过小，则容易造成传墨量过大、网点扩大、油墨乳化、浮脏等故障。

在一定温度下，印刷机速快时选择油墨的黏性不要太大，反之亦然。另外还要根据印刷顺序选择各色油墨的相对黏性大小。正常的条件下，是不需调整油墨黏性的，如需调整可根据其黏性、稠度情况选择助剂。一般黏性大，稠度合适时可用降黏不降稠的助剂进行调整。若黏性大，稠度也大时可用既降黏又降稠的助剂。

3．油墨的干燥性

胶印油墨在纸上的干燥过程就是油墨从流动性较大的非极性胶状体变成固定状态的过程。一般衡量胶印油墨分两个指标：

（1）固着速度。它是指油墨从自然流态变成半固态。也就是说印品叠加一定的高度时不粘脏，印刷上叫做初干。油墨的初干是由设计中所选用的树脂结构所决定的。初干干燥时间很短，但未完全干燥。

（2）氧化结膜干燥。也就是印刷中所讲的彻干。干燥时间较长，一般大于8小时，是完全干燥。油墨的彻干是由干燥剂的种类和用量来决定的，在一定范围内是可以调整的。

4．油墨的光泽

油墨的光泽是油墨印样在特定光源、一定角度照射下，正反射的光量与标准板正反射光量之比，用百分比表示。印刷品的光亮程度给人以直接感观印象。一般来说光泽感觉越高印刷效果越好。虽然印刷品的光泽与印刷所用的润版液、纸张的吸收性也有一定的关系，但主要还是由油墨决定的。油墨的这种性质又主要取决于其中的连结料和颜料。油墨中的连结料和颜料要有很好的印刷适性，另外，树脂本身光泽高，这样的油墨印到纸上的图文光泽才高。光泽好的油墨往往初干会稍慢一点。在单色机上套印时光泽大的油墨一定要控制好套印时间，否则容易出现油墨晶化的现象。

5．油墨的细度

油墨的细度表示油墨中颜料、填料颗粒大小及在连结料中分布的均匀度。油墨的细度与颜料的性质和颗粒大小有直接的关系。细度越好，油墨的性质越稳定，印出来的产品网点饱满有力。反之在印刷中易出现印版的耐印力低，堆墨、网点空虚、扩展及网点不光洁等弊病。

三、专色油墨的调配

油墨的调配是指把一种或多种油墨调和在一起，并加入一定的辅助材料，使之适应印刷需要的全部过程。油墨的调配主要包括两个方面：一方面指对油墨的颜色调配，另一方面是指对油墨印刷适性的调配。

1．油墨调配的基本条件

油墨调配是一项很细致的技术工作，要在专用的房间进行，主要是把握好色相以及防止砂尘落入油墨中。

调配油墨的器材与参照物如下：

（1）调墨工作台。坚硬光滑表面的桌子（或石板）即可当作工作台。

（2）调墨刀。两把调墨刀（最好是一宽一窄）可以调匀。

（3）台秤、刮刀、刮样纸张、装墨盘盒。

（4）配方记录。每次应该记下各组分及多种添加物的比例。

（5）色表（谱）。

除了配方外，墨样及打出的样张均应该保存下来。

2. 调配专色油墨的方法

在实际印刷中，根据原稿设计需要，有时需专色作为衬托。另外，一些用四色原墨印刷出来的产品由于套印问题及水墨平衡不易控制，不容易达到理想的复制效果，有时也需要专色印刷，尤其是在包装装潢印刷中，有些产品追求个性，所以，更多地选择了专色印刷。

（1）深色油墨的调配

仅用三原色或间色原墨，不加任何冲淡剂来进行油墨调配，统称为深色油墨的调配。深色油墨的调配有以下几个步骤：

①根据色料减色法成色规律，将原稿色样与色谱对照，分析确定色样中三原色含量的比例关系，排出主色、辅助色顺序。

②选用同型号的三原色油墨备用，精细产品可选用亮光快干油墨，一般产品可选用树脂型油墨。

③确定调配数量后，按调配比例，依次从大到小的顺序加放油墨。先称取含量最多的主要原色，再称取含量较少的辅助色，然后分几次将辅助色油墨加入主色油墨中，并调和均匀。

④利用三原色以不同比例混合调配的茶色、假金、赤紫，古铜，橄榄绿等一系列深淡不等的色相，在调配过程中必须注意色相准确，另外，要掌握好燥油的加放量以及根据不同的色相采用不同的燥油。

（2）浅色油墨的调配

凡是以冲淡剂或白油墨为主，深色墨为辅，进行油墨调配统称为浅色油墨调配。调配时，在适量的冲淡剂中逐渐加入所需色相的深色油墨调配均匀，直到符合色样要求为止。

冲淡剂的种类有：白油、维力油、撤淡剂、亮光浆、白油墨等，在调配浅色油墨时，常用三种不同的调配方法。

①以维力油、白油、撤淡剂等为主的冲淡调配法。这种方法调配的淡色墨，具有一定的透明度，不具遮盖力，但墨色不鲜明，很适合油墨的重叠套印，起弥补主色调不足的作用，一般用于胶印过程中的淡红、淡蓝、淡灰墨等，来补充品红版、蓝版、黑版的色调气氛和层次。

②以白油墨为主的消色调配法。这种方法调配的淡色油墨，色调发粉、墨色较鲜、但具有很强的遮盖力，由于颜料的质地重，印刷时易堆版、堆橡皮布，耐光性差，适用于印实地。带碱性的氧化锌白墨最好不用。

③以白油、维力油等，加白油墨混合的调配法。这种方法中白油墨起到提色的作用，调配的淡色油墨根据白墨的用量不等而具有不同的遮盖力和透明度。

用不同的方法调配的油墨色相一方面取决于掺入油墨的色相，另一方面与冲淡方式有关。例如：

浅红以维力油、撤淡剂等为主，略加桃红或橘红等。

粉红以白油墨为主，略加桃红或橘红。

浅蓝以维力油等为主，略加孔雀蓝。

湖蓝以白油墨为主，略加孔雀蓝。

以上四种虽以等量相同深色墨调配的浅红和浅蓝、粉红和湖蓝，但其色相则不一样。浅红、浅蓝无光泽、色彩暗淡；粉红、湖蓝则颜色明快、漂亮，较鲜艳。

3. 调配专色油墨的基本原则

无论是深色或浅色专色油墨，在调配时应遵循基本原则，这个基本原则是建立在印刷色彩学和印刷工艺的基础之上的。主要内容包括以下几点：

（1）尽量采用同型号的油墨和同型号的辅助材料。此外，能用两种原色油墨调配成的颜色就不要用三种原色油墨。同理，若需要某种间色调配的，亦须用间色原墨，以免降低油墨的亮度，影响色彩和鲜艳度。调配深色墨时，应根据用墨的重量，将主色油墨放入调墨盘内，然后逐步加辅助色以及必要的辅助材料。

（2）凡以冲淡剂为主、原色或深色墨为辅，所调配的油墨统称为浅色油墨。浅色墨的调配在方法上和调深色墨略有不同，是在浅色油墨中逐渐加入深色油墨。切不能先取深墨后再加浅色墨，因为浅色油墨着色力差，如果用在深色油墨中加入浅色油墨的方法去调配，不易调准色相，往往会使油墨越调越多。

（3）调配专色油墨前要调配小色样。这是说根据原稿色相初步判断所要采用的油墨颜色，然后按比例从各色油墨中用天平称取少许油墨，准确称量，放在调墨台上调配均匀后，用刮刀刮取小色样与原样进行检查，并做好相关记录，妥善保存。

（4）调配复色专色油墨时，运用补色理论纠正色偏。例如：当某种复色墨中紫味偏重时，可加黄墨来纠正；若红味偏重，则可加入青墨（如孔雀蓝或天蓝墨）来纠正；再如黑墨偏黄黑度不够时，可加微量的射光蓝作为提色料，因为射光蓝是带红光的蓝墨，有利于提高黑墨的黑度。

（5）掌握常用油墨的色相特征。在实际操作过程中，一定要掌握好常用油墨的色相特征。例如，在调配淡湖绿色油墨时，宜采用天蓝或孔雀蓝，切忌用深蓝去调配，因为深蓝墨带红味，加入后必然使颜色灰暗而不鲜艳，同样道理，也不能用偏红的深黄墨，而采用偏青的淡黄墨效果较好，又如，调配橘红色油墨时尽量要用金红油墨，因为金红油墨的色相是红色泛黄光，可增加油墨的鲜艳程度。另外，有些油墨的选用要根据画面效果来定，例如，印刷人物肖像和风景画选择的油墨应有所区别。

（6）注意不同油墨的比重。油墨的比重一般来说是不同的，比重相近的油墨容易混合，而比重相差太大的油墨则会引起印刷弊病，例如，用比重大的铅铬黄墨与孔雀蓝墨调配的绿墨，放久了，比重小的色墨会上浮，比重大者会下沉，于是出现了“浮色”弊病。如果改用有机颜料制成的黄墨来调配，则弊病就没有了。另外由于白墨比重大，除了有遮盖要求和配色需要时少量加一些外，尽量不要用白墨冲淡（若覆膜的活件另当别论），以防止叠色不良、掉色等质量问题发生。

（7）合理选择冲淡剂，掌握好冲淡程度。当色相及用墨量确定之后，必须合理地选择冲淡剂，例如印刷胶版纸与铜版纸所用冲淡剂不同。另外，冲淡程度是重要的技术环节，若冲淡比率小，印品表面易发花，墨层干瘪不实，色彩不鲜艳；若油墨冲淡过于厉害，则只有加大墨层厚度才能达到印刷所需色相，这样容易使版面低调区域出现糊版，以致分不清深浅层次。同时，还会出现透印现象。还有，对于不耐光、不耐氧化、容易变色的原墨尽量避免用于调配浅色油墨，以免造成色彩不稳定。

（8）调配专色油墨刮样用纸要与印刷用纸保持一致，避免由于纸张不同而造成的颜色差异。

（9）调配专色油墨时注意与印样密度一致。一般地，当刚调好的新墨与客户提供的印样颜色接近时，待新墨干燥后则会发生颜色变化，所以刚调好的新墨在颜色方面不能浅于印样。

（10）兼顾印后加工特点。选择油墨时，要考虑印后加工情况，若印品需要上光，则选择一般性油墨即可，若选择耐摩擦性好的油墨，不仅成本高，而且影响上光效果。

第七节　胶印工艺流程

一、平版胶印工艺流程

平版印刷工艺流程包括：印刷前的准备、安装印版、试印刷、正式印刷、印后处理等，如图4－41所示。

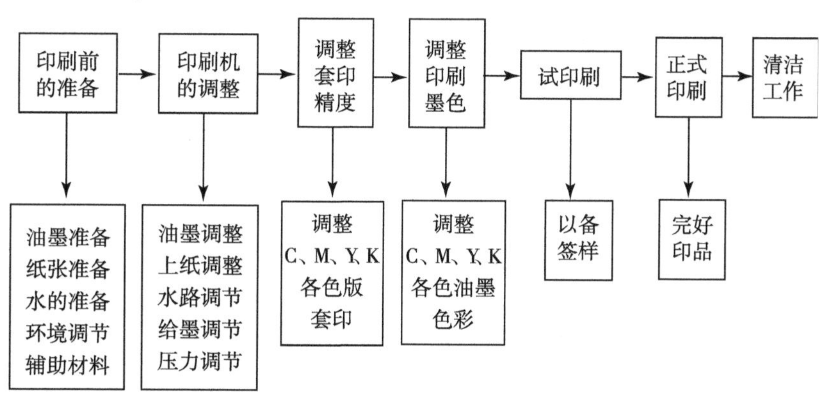

图4－41　平版印刷生产流程图

1．印刷前的准备

平版印刷工艺复杂，印刷前要做好充分的准备工作。

（1）纸张准备

纸张在投入印刷前，需要进行调湿处理。其目的是降低纸张对水分的敏感程度，提高纸张尺寸的稳定性。目前，对胶印纸张进行调湿处理的方法一般有三种：

①将纸张放在印刷车间，使纸张的含水量与印刷车间的温、湿度相平衡。

②在比印刷车间相对湿度高6% ~8%的晾纸间，进行调湿处理。

③把纸张先放在高温、高湿的环境中加湿，然后再放入印刷车间或印刷车间温、湿度相同的场所使纸张的含水量均匀。

上述三种方法比较而言，第一种方法属于吸湿法，假如是在相对湿度为45%的车间进行纸张的调湿处理，其结果含水量为5%。在这种情况下，纸张从开始印刷到印刷结束，纸张始终处于吸收水分的状态（原来纸张就比较潮湿的除外），即在整个印刷过程中纸张不断地吸水膨胀，则其套印精度会受到很大的影响。

第二种方法也属于吸湿法，在这种情况下，纸张从送到印刷车间开始印刷，到印刷结束，也是始终处于吸收水分的状态，也存在一定的套准误差。但比起第一种方法效果要好，纸张从开始的含水量与印完的含水量相差比较小，膨胀系数比较低，相对比较稳定。

第三种方法属于解湿法。纸张在印刷过程中从开始印刷到印完为止，纸张含水量几乎不变，对湿度的敏感程度降低，因此，纸张伸缩稳定，套准误差也处于最小值。

（2）油墨准备

在印刷之前，要根据印刷样张，调配油墨。应该做到以下几点：

①油墨的色相符合原稿的色样标准。

②油墨印刷适性符合印刷的客观要求。油墨的黏度、黏性和流动性要根据纸张质量、机器速度、图文类别等进行调整，纸质好、速度慢、网线版印刷，要求油墨的黏度和黏性相对大些，流动性相对小些。纸质差、速度快、实地版印刷，要求油墨的黏度和黏性相对小些，流动性相对大些。

③油墨的调配量要准确。油墨调配需视产品数量、图文面积、墨层厚度和纸张质量来估计。小批量产品必须一次将用量调够，不浪费。大批量的产品可分期分批地调配，但每批油墨调配的用料要有记录，并要统一色相。

（3）印版的准备

上版前，首先要对印版的色别进行复核，以免发生版色和印刷单元油墨色相不符的印刷故障。同时，要仔细检查印版上网点质量，还要检查印版的规线、切口线、版口尺寸等。

（4）润版液的准备

挑选和使用与油墨、纸张、印刷设备相匹配的润版液。检测润版液的性能指标。

（5）包衬的检查

平版印刷机橡皮布滚筒的表面，包覆着由橡皮布和衬垫材料组成的包衬。一般规律是：硬性包衬一般用于多色、高速胶印机；软性包衬常被用在精度低的胶印机。中性包衬的性能介于硬性和软性之间。现代印刷机的精度有很大的提高，多用硬性包衬。在印刷之前，要根据使用的印刷机以及印刷承印物选择合适的包衬。

（6）安排印刷色序

印刷色序是指多色印刷中油墨叠印的次序。胶印的色序是个复杂的问题，应根据印刷机、油墨、纸张的性能以及印刷工艺的要求综合考虑安排。一般遵循以下原则：

①透明度差的油墨先印。

②网点覆盖率低的颜色先印。

③以暖色调为主的人物画面，后印品红、黄色；以冷色调为主的风景画面，后印青色、黄色。

④用墨量大的专色油墨后印。

⑤主色调后印，次色调先印，以突出画面的主体色调。

⑥多色印刷机上印刷时，按照油墨黏度递减的顺序排列色序。

单张纸四色印刷机大多采用黑、青、品红、黄的色序；单色机、双色机的色序比较灵活。在实际印刷中，还需根据不同的原稿性质进行调整，以获得满意的印刷效果。表4－3列出了常见机型的色序排列。

表4－3　常见机型的色序排列

色序 机型	第一色	第二色	第三色	第四色
四色机	黑	青	品红	黄
双色机	黑	黄	青	品红
单色机	青	品红	黄	黑

（7）印刷机的调节

包括输纸机构各部件的调节；印刷滚筒相对位置的调节；着水辊、着墨辊压力的调节；印刷机规矩的调节等。

2. 安装印版

将印版连同印版下的衬垫材料，按照印版的定位要求，安装并固定在印版滚筒上。同时要校对版的位置是否正确，不能歪斜。

3. 试印刷

试印刷是印刷前必须的工序，其作业内容包括：再一次校对规格，确定水分和墨色，核对印刷内容。

在由试印进入正式印刷这段时间里，由于水墨关系尚未完全处于平衡状态，输纸部分也尚未完全正常，输纸故障造成的短暂停机，水分时大时小，都会使印品墨色深浅不一，导致印品质量的不稳定。所以在正式印刷之前，一般放一定数量的过版纸，以尽量克服水、墨量不稳定造成的偏深浅。然后对水量、墨量进行适当的调整，一般印到2000张左右，墨色达到打样要求后，就签出付印样并进行大量的印刷。

4. 正式印刷

在印刷过程中要经常抽出印样检查产品质量，其中包括：套印是否准确，墨色深浅是否符合样张，图文的清晰度是否能满足要求，网点是否发虚，空白部分是否洁净等，同时，要注意机器在运转中，有无异常，发生故障及时排除。

5. 印刷后处理

胶印机为长墨路的输墨系统，其墨辊是所有印刷机中最多的，因此，墨辊的养护十分重要，它是印版获得均一墨量的保证。印刷结束后，墨辊一定要清洗干净。墨槽也需要清洗干净。

印版如果还要留作以后印刷，则在印版表面涂胶以保护不被氧化；如果是需要再生的 PS 版，则要去除版面上的油墨，送交有关部门。

印刷结束后，印张需要检查并整理好，移交下道工序进行加工。

作业环境是保证印刷质量的必不可少的条件之一，因此每次印刷结束后，都要把作业环境清扫干净。

6. 印刷环境

在胶印中，印刷环境是获得优质产品的重要因素。环境温、湿度的变化，主要表现在对印刷纸张、油墨、静电的各种影响。

（1）对纸张的影响

温度、湿度的变化，使印刷纸张伸缩、卷曲、起波浪、褶皱，而造成规矩不准，难以套准。当温度、湿度变化较大时，印刷用纸的强度变小，纸张难以对齐规位，从而导致印刷套准出现问题。

纸张含水量显著增加时，纸面的平滑度降低，使印刷油墨的固着速度变慢，油墨的转移性能变差。

（2）对油墨的影响

当温度比较高时，油墨的黏度变小，因此导致印刷网点变粗，印刷品污化。同时，油墨的固着速度虽然加快，但其稳定性减弱，温度过高，树脂性油墨容易回软，产生粘黏和出现反印现象。

当温度较低时，油墨的黏度变大，使油墨的转移性能和附着性能下降。温度越低，油墨的附着性越低。

（3）静电的产生

纸张是绝缘性较好的物质，但是在印刷过程中，往往因摩擦而使其带电。静电斥力会造成收纸不齐；由于静电引力作用使纸密着，造成给纸困难。此外，静电还容易导致印刷纸张吸附灰尘，出现反印、飞墨现象。

综上所述，印刷车间必须保证恒温恒湿，一般要求胶印车间温度控制在18～22℃，相对湿度控制在65%左右。

二、平版胶印规范操作要领

1. 操作的合理性与必要性

操作的合理性与必要性是操作规范的前提。

（1）敲纸。事实上，敲纸并非适合任何场合，有些纸根本不用敲，也不应该敲，敲了反而不好，例如卡纸、铜版纸等。而对于不平整、挺度不够的新闻纸、书写纸则需要敲。

（2）洗橡皮布。根据橡皮布表面粘有的脏污的多少，例如纸粉、纸屑、水辊绒毛、喷粉粉末、墨皮、墨迹、阿拉伯胶等，以及对印刷质量影响的程度，决定何时洗橡皮布。

（3）勤抽样检查。勤抽样检查是及时发现印刷弊病的重要途径，通过对照签样勤抽样检查规格大小、套准情况、色彩还原、像素质量、清晰度等是否符合要求。

2. 规范操作

在工艺操作上，务必要做到“三平”、“三勤”以及“三小”。所谓“三平”是指滚筒平（印版滚筒、橡皮布滚筒和压印滚筒的空间平行）、墨辊平、水辊平；“三勤”指勤掏墨斗、勤洗橡皮布和勤抽样检查；“三小”指压力小（理想压力）、水量小和墨量小（水墨平衡）。其规范程度要由操作要领和操作规范的检查来保证。

3. 操作要领

例如，洗橡皮布的清洗剂要符合橡皮布的要求——不溶蚀、不发黏、抗老化、清洗彻底等，手法要求——运动轨迹呈∞字形，清洗到位等。

第八节　平版印刷常见故障及解决方法

所谓胶印故障，是指生产中或机器运转过程中出现不正常的现象。作为胶印机操作者和管理人员，必须掌握胶印故障发生的规律和排除故障的方法，这样才能使生产顺利进行。

一、胶印故障的特点

1. 综合性和复杂性

胶印机是一种复杂的机器，它的动力系统由电机和气泵组成，其运动由输纸、定位、输墨、输水、压印、收纸等机构合成，在这期间又有众多的配合与交接，加之还有印刷材料的使用，最后使图文印刷在承印物表面。在这个过程中，故障随时可在任何一个部件和任何一个进程中产生，或者在它的配合关系之间产生，这就决定了胶印故障的综合性和复杂性。它的综合性和复杂性还表现在，同一故障可以由不同原因引起，例如，套印不准既可能是由定位机构调节不当引起，也可能由包衬不合理或润版液使用控制不当引起，反之，同一种原因也可能引起不同的故障，例如，润版液使用过量，可以导致套印不准，背面粘脏，干燥不良等故障。由于印刷故障的综合性和复杂性，所以决定了胶印操作者要由单向思维发展为多向思维。

2. 胶印故障的实践性

胶印故障是在印刷生产的过程中表现出来的，对胶印故障的认识，只凭理论上的认识，不可能获得对胶印故障深层次的了解和直观判断，更无法获得排除故障的能力。必须在实践中熟悉各种故障的实际表现，再在此基础上分析原因，积累排除故障的能力，排除故障需要对胶印机或印刷材料作某种调整。这种调整依赖于理论指导和实践经验，但调整的过程是操作技能的表现，调整是否合理，是否到位，一定要具体故障具体分析。同一种承印物在不同的机型出现的故障是不一样的，因此，印刷故障的分析不仅仅是一种技术理论，更是一种实践技能。

3. 胶印故障的规律性

胶印故障既有综合性和复杂性，也有其规律性，只要熟练掌握故障的规律，理清思路，那么，再复杂的故障也能及时排除。胶印故障所遵循的规律实质上就是胶印工艺原理和操作控制技术规律，凡是符合这种规律的，印刷就会正常进行，反之，则会出现各种各样的故障，而这种故障的排除也是具有规律性的。一般来说，发生了故障，首先应该进行分类，看其是属于设备类故障还是工艺类故障，如果属于设备故障，就要遵循设备类故障去分析排除，反之则按工艺类故障的规律去分析排除。不同的机型也有不同的规律，例如，单张纸胶印机和卷筒纸胶印机产生的故障规律是不一样的。同理，单色胶印机和多色胶印机产生的故障也是不一样的。机组式胶印机和半卫星式滚筒排列的胶印机产生的故障也不尽相同，所以在掌握印刷故障的共性基础上，一定要了解其个性，这样才能有的放矢。

二、胶印典型故障

1. 杠子

杠子是指在印刷品上出现墨色深浅不一的横向条痕。根据外观特征，可分为墨杠和水杠两种。

(1) 墨杠。网点发生不规则的扩大、变形拉长，墨色加重，在版面上形成一条明显的深条痕。

（2）水杠。网点发生不规则的缩小，墨色变浅，在版面上形成一条明显的浅条痕，也叫白杠子。

根据产生杠子的原因可分为辊杠子、齿轮杠子、振动杠子和其他杠子四种。各类杠子的特征、产生原因以及解决措施见表4－4。

表4－4　各类杠子的特征、鉴别、产生原因以及解决措施

类别	特征与鉴别	产生原因与解决措施
辊杠子	（1）滚筒离压后有墨杠 ①印品前后版面墨色轻重不一致 ②印品的一条墨条痕中，左右与中间粗细不一致	①滚筒轴颈和轴承间隙大 ②滚筒不平衡、偏心 ③滚筒不平衡
	（2）滚筒合压后仍有墨杠 ①印品前后版面墨色轻重不一致 ②墨色较重，杠带较宽，墨杠间距小而均匀，位置不固定（将纸张放在压印滚筒上，按产生杠子的位置，对应地在机器上找出发生条痕的原因） ③在橡皮布前沿出现墨杠。杠带面宽等于胶辊圆周长 ④杠子位置固定，墨色先重后逐渐减轻	①胶辊排列及着墨胶辊直径有问题 ②墨辊轴和轴承间隙大 ③墨辊精度：偏心、弯曲、变形。各墨辊平衡度不好 ④着墨辊压力大 ⑤胶辊硬度大
	（3）湿润系统问题 ①白杠子大多出现在叼口的图文上且位置相对固定 ②印实地时在某一区域内产生白杠子 ③白杠子出现在印刷区域内且固定	①着水辊同印版接触压力过大 ②串水辊传动齿轮磨损严重 ③传水辊调节不当
齿轮杠子	（4）在整个版面出现杠子，形似搓板，第一条杠子距叼口10mm，在每张纸上位置固定。 ①齿杠间距与墨辊齿轮节距一致 ②齿杠间距与滚筒齿轮节距一致 ③有5～8个杠子，位置固定 ④有2～3个杠子，位置固定	①着墨辊对印版、串墨辊压力过大 ②匀墨齿轮精度差，查出影响振动大的部分 ③压印滚筒的安装及压力过大 ④滚筒齿轮精度差。调换轮齿位置 ⑤传墨、串墨机构往复运动与印刷时间配合不正确或轴端有间隙 ⑥凸轮机构或其他问题造成冲击。个别轮齿有问题，或夹杂异物
振动杠子	（5）每张纸上杠子位置固定，杠宽为胶辊圆周长 ①在纸张中部以后即后半版出现 ②在纸张前部以后即前半版出现。杠子前端到叼口距离和橡皮布滚筒与压印滚筒冲击点到开始压印距离相符 ③印刷品局部范围内有墨杠，位置规则不确定	①印版滚筒与橡皮布滚筒开始接触时有冲击 a. 衬垫过硬 b. 滚筒接触处印版有凸起，或空档处就有过渡的斜坡 ②滚筒轴颈和轴承间隙大。滑动接触不良 a. 调整滚筒间的中心距 b. 以滚枕接触印刷 ③易发生冲击的机构的冲击传到压印滚筒，在印刷部分发生振动，使印刷压力直接变化 a. 消除某些机构不规则的振动 b. 以接触滚枕印刷

2. 套印不准

指印张上的图像发生纵向（沿纸张的输送方向）、横向（与纸张输送方向垂直）或局部出现的偏移现象，一般是纸张和印刷机引起的。

从纸张方面排除套印不准的措施：

①检查纸张的裁切精度，使之达到规格要求。

②吊晾纸张，消除卷曲、波浪形、紧边等纸病。

③采用丝缕相同的纸张印刷等。

从印刷机方面排除套印不准的措施：

①调节前挡规、侧挡规到正确的位置。

②调节摆动牙位置，更换被磨损的叼纸牙。

③调节套准机构，使各部件动作协调等。

3. 重影

重影又叫双影，是指印刷图文时，文字出现双笔道或者虚影，印图片时网点旁边出现虚影，这个双笔道或网点旁边出现虚影叫重影。如图 4－42 所示。

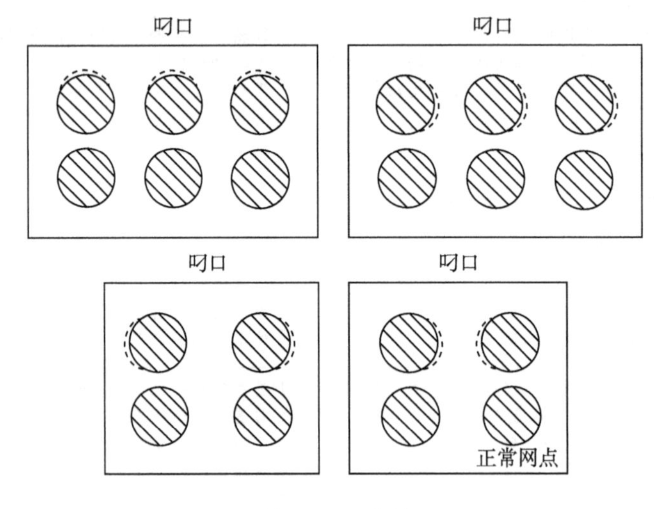

图 4－42 重影

重影的出现使细线条发粗，原来的网点变成一粒半或两粒，整个印刷品的图文模糊，清晰度明显下降。

胶印机印刷过程中，在滚筒每次滚压时，滚筒之间产生微小位移，相对应的位置点不相重合，橡皮布上一次转移所剩余的墨层，不能与本次转移的墨层完全重合，除本次转移的墨层外，还同时呈现剩余墨层的浅淡印迹，便形成了重影故障。

重影故障多发生在开始印刷，滚筒合压和滚筒离压时；印版滚筒与橡皮布滚筒的印刷面相接触和相分离及橡皮布滚筒和压印滚筒的印刷面相接触和相分离时；印版滚筒与传纸滚筒交接纸张时；着墨辊开始接触印版或脱开印版时及印刷速度变更时。

按照重影产生的方向，重影可分为纵向重影和横向重影。

纵向重影也叫上下重影，网点的虚影在原网点的上、下端，与滚筒轴向垂直的方向上，其位置固定，如图 4－42 所示。

横向重影也叫来去重影，网点的虚影在原网点的左右侧，与滚筒的轴线方向平行或成一定的角度，虚影有轻有重，其位置固定，如图 4－42 所示。

产生重影的原因很多，必须按照重影的类型分析原因，找出排除方法。

（1）纵向重影

①滚筒轴颈与轴套，偏心套与墙板孔的配合间隙过大尤其是印版滚筒的配合间隙大，使滚筒在运转过程中产生振动，滚筒转动角速度不均匀，印版滚筒与橡皮布滚筒每次不能在相同的位置上接触，印版上的油墨连续两次转移到橡皮布滚筒不同的位置，出现重影。这类重影大多发生在印刷品的叼口部位。一般认为，滚筒轴套的配合间隙最好在0.01～0.02mm，超过0.07～0.08mm时需进行维修，以保证印刷机的印刷精度。

②滚筒齿轮的侧隙及径向跳动量过大，胶印机使用年限过长，齿轮磨损，齿厚减小，啮合齿侧隙增大，致使各滚筒不能匀速运转，产生滚筒间的瞬时相对位移，出现重影。有条件的工厂，对磨损严重的齿轮或轴承可进行调换；适当缩小滚筒的中心距，使侧隙保持在一定的范围内；用衬垫纸把橡皮布的叼口处垫成梯形，以减小叼口碰击而产生的震动，均可不同程度地克服因滚筒齿轮侧隙过大和径向跳动量过大所造成的重影。

③滚筒包衬不当，压力过大，表面线速度不一致，使滚筒之间产生过量挤压力，改变了橡皮布的挤压值。由于橡皮布挤伸变形位移量大，不能完全回复到压缩前的状态，造成油墨转移时出现重影。

胶印机三滚筒在滚压过程中，必须是合理的滚压，使三滚筒在角速度一致的情况下获得无滑移的纯滚动滚压。实际上微量的滑移总是存在的，只是在同步滚压的条件上，要求这种滑移量不要超过一定量。因此，应按照机器说明书的要求，采取合理的包衬，才能避免因包衬不当而引起的重影。

④多色胶印机各机组相互交接不准，多色胶印机的油墨是在湿压湿的情况下进行叠印的，故先印的油墨印迹很容易转移到后套色的橡皮布表面。当各机组之间定位交接不准时，先印的墨迹会发生位移，致使每色转移的印迹不能重合而引起重影。印刷时，纸张从进纸开始到收纸台为止，要经过许多部件，纸张交接的次数越多，累积套印误差越大，发生位移的机会也越多，即出现重影的可能性越大。因此要求滚筒之间的定位交接部件位置精确，不能松动或磨损，以保证滚筒在切点交接纸张。

除此之外，滚筒合压不到位、滚筒合压过量、橡皮布质量不好、纸张的剥离拉力过大、印版拉得不紧或印版在夹版处破裂等都会引起纵向重影故障。

（2）横向重影

①叼纸牙轴的轴向串动，叼纸牙是安装在叼纸牙轴上的，叼纸牙轴的串动，造成传纸不准，纸张出现位移，从而产生重影。一般调整滚筒叼纸牙轴两头紧圈和轴套端面的间隙，就可以克服由叼纸牙轴向串动造成的重影。

②滚筒的止推轴承螺丝松动或止推轴承磨损或紧固止推轴承的螺母松动使印版滚筒、橡皮布滚筒、压印滚筒在高速运转中发生轴向位移，造成墨迹转移不重合，从而产生重影。一般要求机器的轴向串动量不超过0.03mm，因此找出串动的滚筒，将止推轴承的螺母拧紧，即可消除这种重影。

此外，串水、串墨辊轴向串动；纸张“荷叶边”；前挡规和侧挡规调节不当，使纸边压力过大产生卷曲；输纸不平稳等都会引起横向重影。

4. 背面粘脏

背面粘脏指半成品或成品进入收纸堆后，背面被下一张印张上的油墨粘脏。

（1）产生原因

①纸张表面过于光滑。

②油墨太稀薄。

③版面水大墨大。

④油墨色质太淡。

⑤双色机色序颠倒。

⑥印刷压力太轻。

⑦喷粉量太少。

（2）解决方法

①减少版面水分，墨色变深，即可减少墨斗输墨量，若减少水分后产生油腻或糊版，应清洗水辊或更换新水辊，或在水斗药水中适当加强酸性和放些阿拉伯树胶。

②将太稀薄的油墨换成新墨或调入部分新墨，以增加油墨黏稠度。

③有些淡复色墨配得色泽太淡，为达到印样色相，操作者加大输墨量，致使墨层印得太厚，产生背面粘脏，这种情况常见于浅红、浅蓝、浅茶、浅灰等。所以调制这类油墨时应当稍深些。

④双色机的色序安排很重要。颠倒了容易产生背面粘脏。例如：期刊封里往往是两色相叠，一深一浅，就应当把深色安排在第一色，浅色安排在第二色，这是因为浅色和深色油墨的黏度和遮盖力不同，一般深色墨黏度大，遮盖力强，浅色墨黏度小，遮盖力弱。按照多色机油墨遮盖力从强到弱的原则安排色序，叠色效果好。反之，若将浅色墨先印，后一色橡皮布上的油墨就会将前一色印在纸上的油墨拉过来，造成叠色发虚或混色。

⑤油墨内加玉米粉或防黏剂，对防背面粘脏有一定效果，但用量不可超过5%，否则会影响印品光泽，也易出白点。

⑥在收纸部分安装远红外干燥器，促进纸张水分蒸发，加快干燥速度。

⑦橡皮布滚筒在向纸张进行图文转印时，缺乏足够的压力，未将橡皮布表面油墨彻底转印。调节压力过程中，应使压印滚筒与橡皮布滚筒之间的压力略大于印版滚筒与橡皮布滚筒间的压力。

⑧采用喷粉时，比例为：2kg 玉米粉，加 0.5kg 滑石粉，均匀后过细筛。喷粉量控制在刻度 10 ~ 15 之间。

5. 堆版

（1）纸毛堆版

纸毛堆版主要是纸张掉毛所致，常见于印刷质量较次的纸张。故障表现为乱纸屑似的白花状，严重时每隔500张左右就要擦洗印版一次。

纸张正反面掉毛是造纸原料和造纸技术问题，纸毛从橡皮布的表面转移到印版上，随着印刷次数的增加，滞留在印版表面的纸毛也越积越多，造成纸毛堆版的故障。

解决方法如下：

①要减小版面水分和减轻水辊在版面的压力，以减少纸毛的抗油性而增加着墨力，而且尽量不使其紧贴在版面上。

②增加油墨的黏度和流动度并增加前三根着墨辊在版面的压力。使滞留在版面的纸毛，经着墨辊上墨时，将纸毛拉出，传递到墨辊上在小铁辊上积聚起来。具体做法是，可在使用的油墨中加进1/10的稀调墨油和1/20的浓调墨油，然后将油墨反复搅拌均匀。这样油墨颜色会淡些。可适当增加墨斗输墨量来解决，积聚在小铁辊上的纸毛，可在停机装纸时用汽油布擦干净。

（2）粉质堆版

纸质表面掉粉造成的堆版，是呈蜂窝状的无数白点，严重时，印500~1000印张就要洗一次印版，其形成原因同纸毛堆放。

解决方法：粉质极细而较重，因此解决方法首先应考虑油墨的流动度，增加粉质的油溶性。通常是在油墨内适当添加些稀调墨油，既增加了油墨的流动度又增加了油墨对粉质的油溶性。在油墨内添入适量的浓调墨油以增加黏度，并增加输墨量，使墨辊上储墨量增加，将油泡粉质拉到墨辊中去。

对有些部分图案堆版的现象，也可在印版背面该图案处贴0.05mm厚的纸来解决。但不宜贴垫在橡皮布内。

6. 糊版

糊版是指印刷图文部分的线条与线条，网点与网点之间以及高光处不应有墨色的地方带脏，但有时是属于浮脏范畴，有时属于油脏范畴。

在印刷过程中，常根据以下情况判断：

①带脏的位置确定，而墨色较深，肯定是油脏。

②带脏的位置常发生变动，而墨色较淡，肯定是浮脏。

如果分清了版面带脏的种类，那么对于糊版故障便可进行相应的处理。

7. 浮脏

浮脏是指一种范围比较大而密度比较低的非图文部分起脏的现象。其脏污部位无感脂基础。正因为如此，非图文部分的浮脏，在印张上能看见，在印版上可能看得见，也可能看不见。从印刷品的表面观察，脏点有时到处浮动，有可能前一张和后一张的脏点所在位置不同。另外，大凡带有浮脏的印刷品一般墨迹发虚、暗淡。

引起浮脏最主要的原因就是由水墨不平衡而引起的油墨乳化。另外，还有纸张质量、水、墨辊及印刷压力等因素。

（1）产生原因

①油墨耐湿性不足，在润版液中乳化。

②从纸张涂料中析出乳化剂，引起浮脏。

③在多色印刷中，如果各色油墨都有浮脏，就可能是纸张问题。如果只有一色或者两色油墨发生浮脏，而其他墨色则印得清晰，那就表明是油墨或者是印版问题。单色机也有类似现象。

（2）解决方法

①对软性或稀油墨要增大油墨稠度，对易浸水的短丝油墨加入耐湿调墨油。

②换纸或硬化油墨。

③换纸、硬化油墨或换墨。

8．油脏

油脏是指印版不应感脂的空白部分感脂，使油墨附着在上面，形成版面带脏。引起印版空白部分感脂的主要原因：空白部分水量不足或单一湿液酸性较弱，或其他原因而破坏了印版空白部分的亲水盐层。

油脏的最大特征是：起脏部位比较固定，且脏污部位不容易擦去，另外，可用加水擦药水及桃胶的方法清除，但对砂眼破坏严重的油脏则无法根除。

印刷品出现了油脏有以下原因：

（1）印版—橡皮布滚筒压力过大。

（2）着墨辊压力太大。

（3）装版时印版未拉紧。

（4）油墨的感脂性和助剂用量不当。

（5）润版液 pH 值过大。

（6）橡皮布老化，弹性不足。

9．鬼影

胶印中出现鬼影如图 4－43 所示。产生鬼影的原因主要有：设计问题、印刷机墨辊设置以及水墨平衡问题。因此，一般解决鬼影的方法有以下几种途径：

①选择好靠版墨辊设计合理的印刷机来印刷此类周向墨量需要悬殊的印刷品。

②严格控制版面水量，保持良好的水墨平衡。

③从印前版面设计入手解决问题。

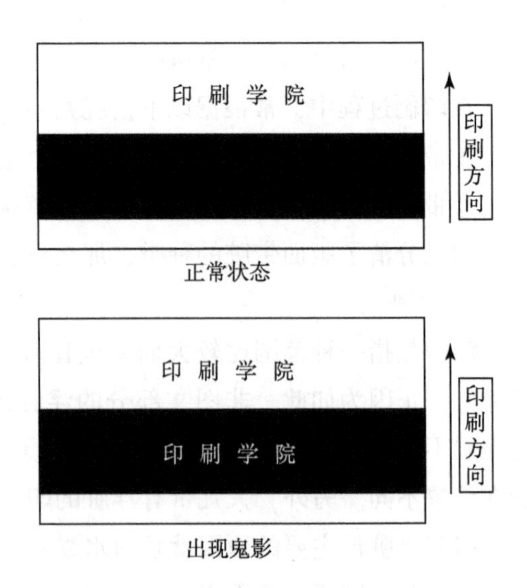

图 4－43　鬼影

10．掉毛、掉粉

（1）产生原因

纸张的掉毛主要是两方面原因造成的。首先是纸张的质量，其次是印刷条件。

①纸张的质量是指纸张的表面强度。纸张的表面强度，是度量纸张表面的纤维、填料、胶料间结合力大小的物理量，一般是指单位纸面上垂直于纸面的抗水层抗撕裂的能力。表面强度大的纸张，在印刷中掉毛少。所以，在实际应用中，纸张的表面强度也叫做纸张的掉毛抗阻。它反应了纸张在印刷过程中抗掉毛的能力。

②印刷条件包括的内容较多，有润版液的供给量、油墨的黏性、黏度、印刷速度等。

纸张的掉毛一般分为干掉毛和湿掉毛。在单色胶印机中，纸张的掉毛为干掉毛，是在纤维或颜料之间的结合力小于油墨的黏着力时发生的。而湿掉毛是在这一条件下再加上水的参与发生的。多色机印刷过程中，除了第一色组滚筒第一色油墨外，其余几个色组的油墨，都要印在已经印过的油墨或白纸表面，而这个白纸表面是经过润版液润湿的。纸张在润湿后，其表面强度必然下降，显然，最后一色若在白纸部分进行印刷，白纸表面强度最弱。

（2）解决方法

减少纸张掉毛的最根本的方法，是选择高表面强度的纸张印刷。然而，实际中未必都使用这类纸张，那么从工艺角度考虑，首先润版液应控制在最少量的范围，其次，降低印刷速度，以便降低油墨在印刷过程中的黏性，缓冲纸张的掉毛。对于较严重的掉毛纸张，为了保证质量，正式印刷前先压一遍清水或印刷精细产品前先套印一次白油或多次清洗橡皮布。

11．纸张起皱

纸张起皱也是平版印刷中最常见的故障，多见于 $127g/m^2$ 以下铜版纸、平板纸。起皱形式有直皱、横皱，起皱部位有叼口、拖梢、横向拉规处，也有从叼口一直打皱到拖梢。

（1）气候原因：天冷气候干燥，纸张中间含水量大，四周含水量小，易产生紧边。江南地区的梅雨季节，空气湿度大，纸吸收空气的水分，四周吸水量多，易产生荷叶边。对印刷用纸做好印前处理和保持印刷车间恒定的温湿度，以及对未印完纸堆做印中处理（如用塑料纸包起来等）显得尤为重要。另外，应注意将纸的直丝缕（平板纸长边）平行滚筒的中心线，因为直丝缕方向的纸容易变形，横丝缕相对变形少。

（2）操作原因：例如某色组因印版发生脏、糊，操作工加大版面水分，造成橡皮布滚筒表面含水量增大，使纸在印刷过程中吸收水分后，极易起皱、套印不准。又如某色组橡皮布滚筒与压印滚筒之间的压力过大，某色组墨量过大，都会使印刷中纸张变形、起皱、横向打皱，绝大部分是因为没有调节好侧拉规的各方面参数，例如：压纸滚筒的拉力。上盖板的间距、拉纸的距离等。

（3）机械原因：绝大多数的纸张起皱是由于压印滚筒叼纸牙、传纸滚筒叼纸牙叼力不均匀引起的。特别是近距离、相邻叼牙的叼力相差太大或者牙座套由于油污油墨不灵活或者是叼牙片、牙垫磨损引起的。

（4）橡皮布滚筒、压印滚筒有油墨等脏物黏其表面。操作者一定要勤洗这两个滚筒的表面。

12．纸张的甩角

甩角是指经印刷后的纸张拖梢部分一边出现套合不准的现象。近年来，大多数甩角故障发生在多色胶印。其主要原因是：

①前规不在一平行直线上，致使纸张到达前规后，一边叼纸少。

②纸张厚度差异较大。

③各色组压力呈递增趋势。

④橡皮布滚筒包衬不平。

⑤压印滚筒叼牙两边松紧有差异。

⑥压印滚筒叼牙两边个别牙垫光滑或太低。

⑦由于印版后部两侧空白区域较大，在此区域内润版液用量较大，致使纸张黏附较多润版液，引起拖梢部分伸缩，形成甩角。

⑧印版两侧空白区域用液量大小不同，也会使一边形成甩角。

13．纸张静电

纸张带静电影响输纸和印刷，一是上机前纸张就有静电，二是纸张印刷之前静电并不明显，压印后静电骤然加重，使收纸不齐。在胶印过程有水参与，一般经过印刷后反而增加静电者并不多见。

消除静电常用的方法有以下几种：

（1）利用加湿器增加吊晾纸张的室内和车间的相对湿度，以提高纸张的含水量；

（2）提前将纸张放到机器旁，以适应印刷车间的温、湿度。若输纸机输纸尚可，但印出的产品却在收纸部位不齐，此时，可略微加大版面水分是有一定效果的。

（3）还可采用静电消除器或抗静电剂消除纸张带静电的现象。

第九节　无水胶印技术

无水胶印与现在的有水胶印相比较去掉了水的因素，它是一种采用特殊的硅橡胶涂层印版和油墨进行印刷的平版胶印方式，不需要传统平版胶印中所必需的异丙基乙醇或其他化学润版液。无水胶印过程操作简单，不用调节水墨平衡关系，在一定温度范围内把油墨转移到印版上。

一、无水胶印技术的起源

20世纪70年代初期，由美国3M公司最先推出干胶印技术（Driography）。由于当时制出的印版易划伤，空白部分不稳定，印刷时的温度升高现象难以控制，加之油墨的配套开发和印刷的成本较高，使3M公司停止了无水胶印版的生产。此后世界印刷行业的技术研究人员根据这一思路不断地进行探索和研究，使无水胶印技术不断成熟，并取得了很大进步，1972年从事合成材料开发和制造的日本东丽公司（Toray）购买了3M公司的Driography技术专利和Scott纸业公司干胶印的相关专利，成功研制出了阳图型无水胶印版，并于70年代中期就开始正式销售本公司研发的无水胶印印版，实现了无水胶印印版的产业化。为了开发北美市场，1982年东丽公司又研制出阴图型无水胶印版和制版工艺，实现了单张纸和卷筒纸无水胶印工艺。20世纪80年代至90年代，日本文祥堂株式会社在公司内部大幅度改普通平版胶印为无水胶印，该公司无水胶印的印量达到85%左右，且实现了生产调度控制的计算机管理，印品质量水平和经济效益有了大幅度提高。

通过与印刷机、纸张和无水胶印油墨供应商的通力合作，无水胶印技术在全世界得到了快速的发展，成为一套完全可行的印刷解决方案。

二、无水胶印原理

无水胶印的印版是在感光层上再涂了一层硅橡胶层，曝光前感光层与硅橡胶层牢固地黏附在一起，感光后感光处（非图文部分）产生光聚合反应，使上层的硅橡胶层黏附而固定下来，具有硅胶斥油特性，如图4－44所示。

图4－44　无水胶印的原理

无水胶印印版是平凹版结构（图4－45），印版的空白部分凸起而且是不吸附油墨的硅橡胶，而图文部分则能很好地吸附油墨。显然，胶印遵循着界面化学的润湿、吸附和选择性吸附的规律。

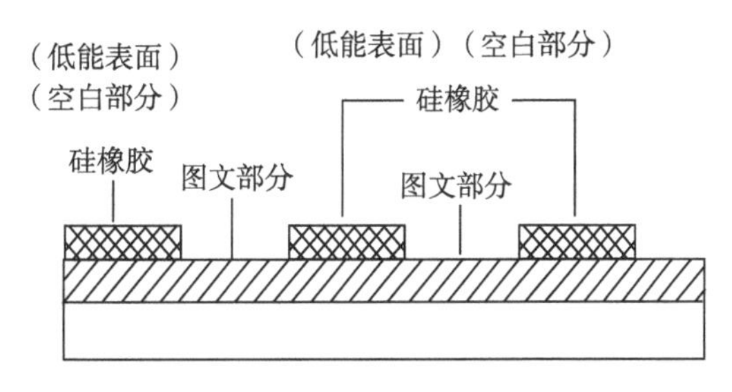

图4－45　平凹版结构示意图

无水胶印和有水胶印相比，无水胶印的主要优点是：

（1）产品质量高。由于网点扩大率低、层次复制效果好，特别是在暗调部分尤为明显，另外，没有水的参与，墨层密度相当稳定，没有干燥后密度降低的问题。保证了色彩的一致性，同时，套印精度高，无水条痕等。

（2）提高了生产效率。由于没有润湿装置，减少了套准及色彩调整时间，减少了纸张浪费，提高了生产效率。

（3）有利于环境保护。因为无须使用酒精等化学药品，所以能改善工作环境。

无水胶印的主要缺点:一是印版成本过高,二是适用于低速小幅面印刷,三是耐印力低。

三、无水胶印系统

无水胶印系统主要由三部分组成：无水印版、无水油墨以及印刷设备温度控制系统。

1. 无水胶印印版

目前生产的无水胶印印版主要有日本 Toray 公司为主导的传统光敏性无水胶印印版和以美国 Presstek 公司为代表的数字无水胶印印版。日本 Toray 公司生产的版材有两种：一种是需胶片曝光、晒版处理的感光无水胶印印版，另一种是计算机直接制版用印版。美国 Presstek 公司研制的无水印版 Pearl Dry 是热敏版，不需晒版处理和化学显影。“Pearl Dry”是第一张无须化学显影的印版，专为无水胶印设计，在成像后，还需要进行清洗，擦洗掉印版表面被烧蚀的颗粒。Pearl Dry 无水印版可以在直接制版机上直接成像，印版的最大幅面为 102cm，最大加网线数为 240 线/英寸。图 4 - 46 依次显示了传统胶印铝版、无水胶印硅层涂布版 Toray、Pearl Dry 热敏版的显微影像。

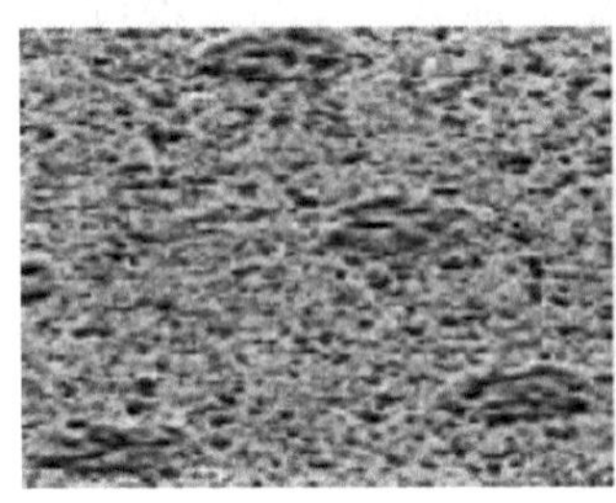

（a）传统胶印铝版

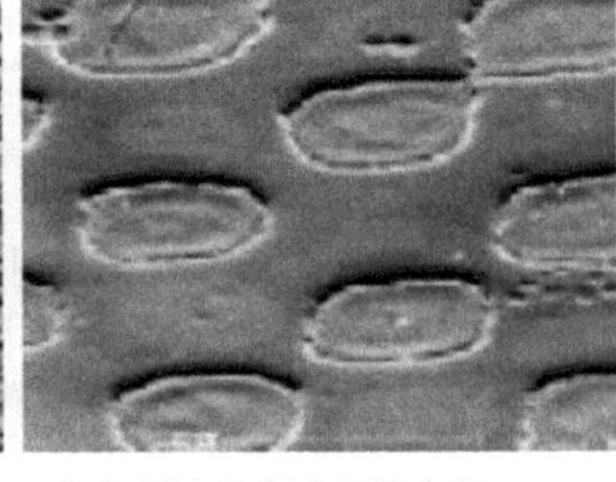

（b）无水胶印硅层涂布版 Toray

（c）Pearl Dry 热敏版 Presstek

图 4 - 46　无水胶印印版的显微影像（网目调网点）

（1）Toray 无水印版

Toray 无水印版可分三层。最下面为铝基层、感光树脂层、两微米厚的硅橡胶涂层。

传统无水印版（Toray 印版）是用阳图底片曝光，其晒版装置、光源与普通 PS 版制版一样，曝光控制也没有太大的差异。

在曝光时，通过胶片控制的 UV 光，穿透硅橡胶层，到达感光树脂层。图文部分的感光树脂吸收 UV 光而发生反应，并在硅橡胶层连接处脱落。曝光结束后，还必须采用特殊的化学和机械方法对印版进行加工处理。处理好的无水印版上的非图文区域是斥墨的硅橡胶层，而图文区域上，硅橡胶层被除去，留下吸墨的感光树脂层。这种印版设计可以保证印版不使用水、酒精等润版液，同样达到有选择性地吸墨或斥墨，从而避免了由润版液引起的许多印刷故障。这种光反应十分精细，印版也容易得到很高的分辨率，在加网线数为 175 线/英寸时，可再现 0.5% ~99.5% 之间的网点。

无水印版上非图文部分有时会被轻易划伤硅橡胶层，而露出其下吸墨的感光树脂层。这时需用到其特制的修版液（一种液体硅橡胶），来修复划伤的部分。

根据 Toray 无水印版的类型不同，印量从 15 万到 60 万印不等。印量的多少还取决于所用纸张类型。像传统 PS 版一样，Toray 无水印版可以再生。Toray 无水印版可用于单张纸印刷机和卷筒纸印刷机。

（2）Presstek 无水印版

Pearl Dry 无水印版由四层组成：斥墨的硅橡胶层、吸光成像层、吸墨层、铝基层或聚酯基层。Pearl Dry 无水印版成像，不需用胶片、不需曝光、不需处理。其成像主要使用一种烧蚀技术。利用基于红外线的高能激光照射在印版上，激光快速地加热成像层，来记录图文。成像层被蒸发，上面的硅橡胶涂层从印版上剥离，最后暴露出的吸墨层用以着墨，形成图文部分。在数字无水胶印的印前设计阶段，它是先将所要印刷的图像和文字部分用计算机进行处理，处理好的图像通过 RIP 进行转换，利用转换解释后的数据加上红外线激光头的驱动来控制红外线激光头阵列，然后对印版进行“曝光”。这里的印版的整个制作过程类似于目前计算机直接制版（CTP）技术。经过照射后的印版，图像形成层的物质迅速升温变成气体，气体膨胀使其上面的硅胶层从印版上脱离，然后经过除尘后就露出了印版的吸墨层。印版成像后，须经过简单清洗，并自动安装在印版滚筒上。

2. 无水胶印油墨

无水胶印使用的是专用油墨，它的基本成分与平版胶印的油墨相似，但无水胶印油墨需加入特殊连结料，以达到特定的黏度和流变性，比常用胶印油墨黏度高，以确保不出现脏版（即空白部分不带墨），还要求油墨中不含粗糙的颗粒，以防划伤印版表面的保护膜，同时避免颗粒摩擦产生热量而降低油墨的黏度。

无水印刷油墨的连结料主要成分是高黏度的改性酚醛树脂及高沸点的非芳香族溶剂，遇热易分解，故在印刷时环境温度一般保持在 23 ~ 25℃。

同时由于输墨装置的运转碾压，着墨辊温度会升至很高（可高达 50℃）；加之又没有润版液的冷却作用，容易造成糊版。所以必须在印刷机上安装温度控制系统，以便精确地控制温度。

3. 温控系统

可以采用串墨辊内的水流降温或吹风散热降温（通常与印版滚筒的冷却装置相连）来实现温度的控制。

最常用的温度控制系统是冷却串墨辊，冷却液在串墨辊中间进行循环，如图 4 – 47 所示。这种温度控制系统在高速卷筒纸印刷机上，已使用多年。目前，这项技术经过修改，应用在单张纸印刷机上。几乎所有的单张纸印刷机生产厂家都使用中空的串墨辊，可以安装这种温度控制系统。温度控制系统的功能是在串墨辊中循环足够的冷却液，来带走印刷单元机械作用所产生的热量。着墨辊的温度应该不超过 28 ~ 30℃。

无水印刷的打样，并不能使用传统打样机进行。因为传统打样机上的网点扩大比无水印刷要大。许多无水印刷厂家使用数码打样系统，如 Iris 的喷墨打样和 3M 公司的 Rainbow 打样系统。

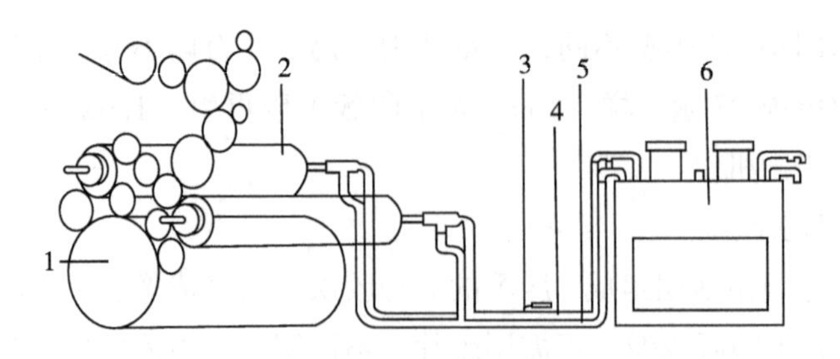

图 4-47　印刷机温度控制系统

1—印版滚筒；2—串墨辊；3—水阀；4—串墨辊用水管（输入）；5—串墨辊用水管（输出）；6—水泵

复习思考题四

1. 试述平版印刷中水墨平衡的基本理论。

2. 平版印刷中使用的润版液应符合哪些基本要求？润版液在平版印刷油墨转移中的主要作用是什么？

3. 试分析优质润版液化学组分的主要作用是什么？普通润版液有什么优缺点？

4. 配置酒精润版液的理论依据是什么？优质润版液有什么优缺点？

5. 用于PS版的润版液的pH值，在什么范围内合适？pH值过高或过低的润版液会给印版带来什么不良的影响？

6. 控制润版液的电导率有什么意义？

7. 检查润版液的主要性能指标有哪些？分别如何表示？

8. 影响润版液用量的主要因素有哪些？如何控制印版的用水量？

9. 纸张调湿的目的是什么？有哪些方法？分析哪种方法好？

10. 敲纸、闯纸的目的和作用是什么？堆纸有哪些要求？

11. 调墨的作用是什么？有哪些要求？如何调配浅墨和深墨？

12. 专色油墨的调配原则是什么？

13. 阳图型PS版与阴图型PS版的晒版过程是怎样的？两者有什么差别？

14. 常见CTP版的种类有哪些？制版原理分别是什么？

15. 如何计算包衬的厚度？

16. 胶印中如何调节印刷压力？

17. 套印不准的原因有哪些？如何预防？

18. 印刷中出现鬼影如何处理？

19. 印刷中出现的“杠子”有几种？如何解决？

20. 无水胶印的印刷工艺和阳图型PS版印刷工艺有哪些不同？如何才能保证无水平版印刷的正常进行？

第五章　凸版印刷

【内容提要】 本章主要介绍凸版印刷的基本原理；感光树脂版制版工艺；凸版印刷作业；凸版印刷常见故障及排除。

【基本要求】

1. 掌握感光树脂版制版工艺。
2. 掌握凸版印刷工艺过程及工艺控制。
3. 能分析凸版印刷常见故障产生的原因，并了解故障排除方法。

凸版印刷历史最为悠久，凸版印版从最早的铅合金活字版、铜锌版、复制铅版、电子凸版发展到感光树脂凸版、感光树脂柔性版。活字铅版工艺目前已被淘汰，而铜锌版仅保留于印后烫金版的加工中，感光树脂凸版和感光树脂柔性版在当今的印刷市场中应用较广泛。

第一节　概述

一、凸版印刷的特点

凸版印刷是采用凸印版进行印刷的方式。在凸印版上，空白部分凹下，图文部分凸起并且在同一平面或同一半径的圆弧上，图文部分和空白部分高低差别悬殊。其具有如下特点：

（1）凸版印刷墨层厚实，色彩较鲜艳，容易产生线条边缘效应，印刷质量较好。

（2）凸版印刷耐印力高，印刷机操作简单，设备投资较少，适合小批量、多品种的包装装潢印刷。

（3）凸版印刷对承印材料的适应性较强，可对不同材料、不同质量、不同厚度、不同规格的承印材料进行印刷。

（4）凸版印刷可以将凹凸压印、电化铝烫印以及模切、压痕等工艺紧密结合，从而得到浮凸、闪光等印刷效果，以适应商品包装的特殊需要。

二、凸版印刷的技术发展

凸版印刷是历史最为悠久的一种印刷方法。在1300多年前，我国发明了雕版印刷术，就是应用凸版进行的印刷；宋代毕昇成功地制作出以胶泥为原料的活字，活字印刷术也是利用凸版原理进行的印刷；随后德国人谷登堡创造了铅合金活字版技术奠定了现代印刷术的基础。

20世纪70年代以前，凸版印刷主要使用铅合金活字排版印刷，不仅劳动强度大，而且环境污染严重。80年代以后，铅合金活字排版印刷工艺被激光照排和感光树脂版制版工艺取代，凸版印刷得到了新的发展。目前凸版印刷在出版行业已基本被淘汰，但是在包装印刷领域，凸版印刷仍旧有一定的市场。主要应用于某些特殊的印刷，例如打码、压凹凸、热烫印等工艺，也用于模切、打孔、分切和压痕。

第二节　凸版印刷原理

凸版印刷印版的印刷部分高于空白部分，而且所有印刷部分均在同一平面上或同一半径的圆弧上。印刷时，在凸起的印刷部分敷以油墨，因空白部分低于印刷部分，所以不能黏附油墨，在一定压力下，印版上印刷部分的油墨转印到纸张等承印物上而得到印刷成品如图5－1所示。由于空白部分是凹下的，在压力的作用下，使印刷品上的空白部分稍凸起，形成印刷成品的表面有不明显的不平整度。对于高网线数印刷来说，需要材料表面光滑，因此，凸版印刷最高的印刷线数有一定的局限，大约为150线/英寸。

图5－1　凸版印刷原理示意图

凸版印刷使用的印刷机械有平压平型、圆压平型、圆压圆型，如图5－2所示。

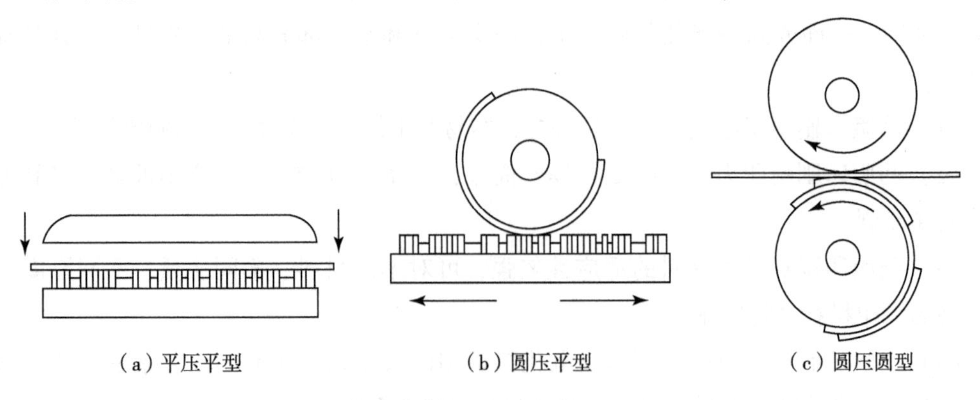

图5－2　三种典型的凸版印刷形式

由于柔性版表面特征是凸版，因此，从印版表面特征的角度将其列为凸版的一种，但是，从印刷工艺原理的角度上，两者却有比较大的差别：首先，凸版相对比较硬，凸版印刷在将图文转移至承印物上的时候需要施加较大的压力；凸版使用慢干的黏性油墨，不能在塑料薄膜或者其他一些柔性版可印刷的材料上印刷。

第三节　凸版制版

凸版印刷使用的印版可以分为两大类，一类是铜锌版、活字版及铅版等刚性印版；另一类是感光树脂版、橡胶凸版、柔性版等高聚合物印版。

一、铜锌版

铜锌版是指以铜板或锌板为材料，用腐蚀或雕刻方法制成的凸版。一般在印后烫金版的加工中用到铜锌版。

铜锌版制版原理是通过照相的方法，把原稿上的图文复制成阴图底片，然后将阴图底片的图文晒到涂有感光层的铜板或锌板上，经显影、坚膜后用三氯化铁或硝酸将印版版面的空白部分腐蚀下去，而得到浮雕般图文的印版。

铜锌版制版工艺流程如图 5－3 所示。

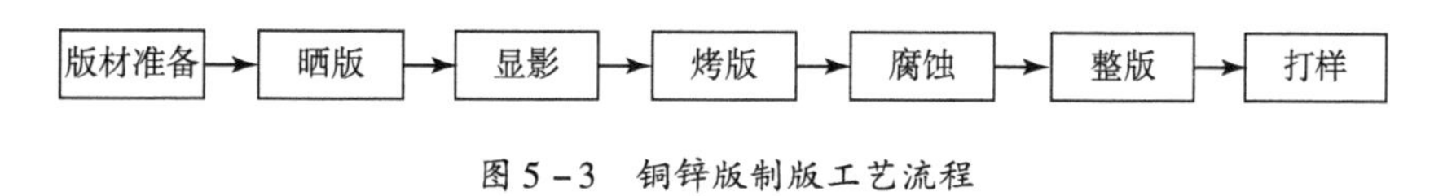

图 5－3　铜锌版制版工艺流程

1. 版材准备

选择厚度适中的铜板或锌板，裁切成需要的尺寸，去除板面的油污、氧化膜以提高板面吸附性，用木炭研磨铜板或锌板的表面，也可增加版面对感光液的吸附性。

2. 晒版

用接触曝光的方法，将原版（底片）上的信息转移到版材或其他感光材料上的过程。晒版时，将涂有感光液的铜版或锌版表面与阴图底片紧密接触，再进行曝光。

3. 显影

曝光完毕后，用水冲洗进行显影，未见光的感光膜被水溶，只留下见光硬化胶层形成的影像。

4. 烤版

为了使印版具备高的抗酸耐腐性，将印版在 180～200℃下烘烤十几分钟，版面呈现栗色并有光泽。

5. 腐蚀

又叫烂版，是用化学的方法将印版非图文部分的金属腐蚀掉，使其凹下，形成图文凸起的印版。

腐蚀铜版用三氧化铁溶液，化学反应式为：

$$2FeCl_3 + Cu = CuCl_2 + 2FeCl_2$$

腐蚀锌版用硝酸溶液，化学反应式为：

$$4Zn + 10HNO_3（稀） = 4Zn（NO_3）_2 + N_2O + 5H_2O$$

6. 整版

是将腐蚀合格的铜锌凸版的不需要的部分用钻头钻掉或钻深，以避免印刷时粘墨起脏，只要能容纳钻头的空白部分都要钻到，钻头与图文靠得越近越好，所钻平面要求平整、均匀、美观，钻的深度符合印刷的要求。

7. 打样

目的是为了检查印版质量，如图形颠倒、位置放置、腐蚀的质量好坏。

二、感光性树脂凸版

感光性树脂凸版是以感光性树脂为材料，通过曝光、冲洗而制成的光聚合型凸版。其制版原理是以合成高分子材料作为成膜剂，不饱和有机化合物作为光交联剂，通过曝光、冲洗制成的光聚合型凸版图像。

感光树脂凸版，按照树脂成型前的形态，可以分为液体感光性树脂凸版和固体感光性树脂凸版两大类。

1. 液体感光性树脂凸版

液体感光树脂凸版在感光前树脂为黏稠、透明的液体，感光后交联成为固态。液体感光性树脂凸版主要由树脂、交联剂、光引发剂、阻聚剂组成。树脂是脂肪族和芳香族的饱和与不饱和的多元羧酸，以及二元醇类进行缩聚得到的不饱和树脂；交联剂是在紫外光的作用下发生交联而变成固体，常用的有丙烯酸，丙烯酰胺，二甲基丙烯酸乙二醇酯类，丙烯酸乙二醇酯等；光引发剂，也叫光敏剂，是光聚合反应中传递光能的媒介物，主要是安息香及其醚类；阻聚剂是抑制暗反应发生的物质，常用对苯二胺。

液体感光性树脂凸版制版工艺流程如图 5－4 所示。

（1）涂布树脂液。在曝光成型机中进行，将配制好的感光树脂液注入曝光成型机的料斗中，从料斗里流出感光树脂液，料斗顶端的刮刀将流出的感光树脂液刮成一定的厚度。

（2）曝光。在感光树脂液上覆以透明薄膜，放上阴图底片进行曝光，先进行正面曝光，再进行背面曝光，也可先进行背面曝光，再进行正面曝光。正面曝光时间约为背面曝光时间的 10 倍，根据感光树脂液的性能，使用紫外光丰富的光源最适宜。

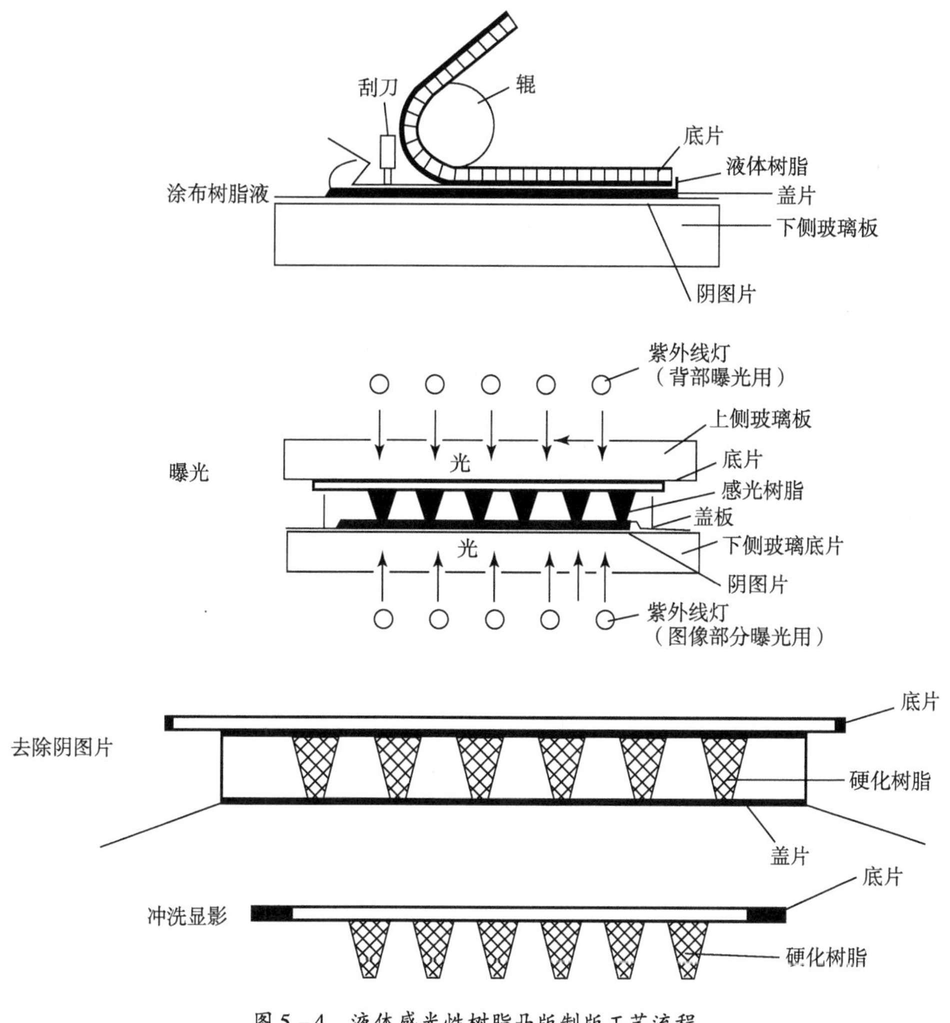

图5－4　液体感光性树脂凸版制版工艺流程

（3）冲洗。把曝光后的树脂版放入冲洗机内用稀氢氧化钠溶液冲洗，浓度为3%～5%，温度约为35℃，将未受光作用的树脂冲洗掉，版基上留下见光硬化的树脂部分，即图文部分。

（4）干燥和后曝光。用红外线干燥器将洗净的树脂凸版干燥，后曝光的目的是增强感光树脂凸版的版面强度，提高耐印力。

2．固体感光树脂凸版

固体感光树脂凸版是由保护膜、感光树脂层、黏结层、着色层、底板组成，如图5－5所示。

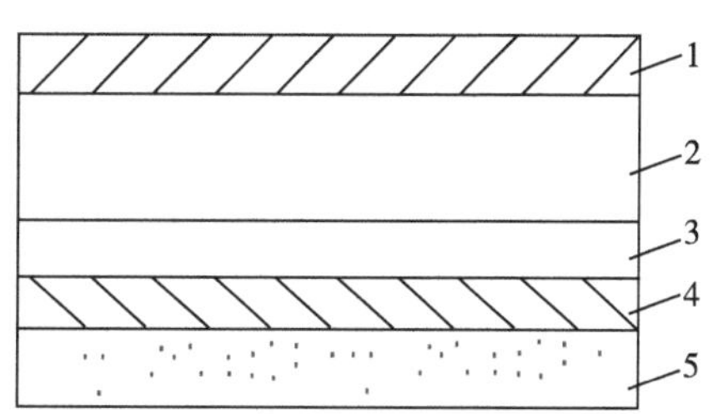

图5－5　固体感光树脂版的结构

1—保护膜；2—感光树脂层；3—黏结层；4—着色层；5—底板

固体感光性树脂凸版制版工艺流程如图5－6所示。

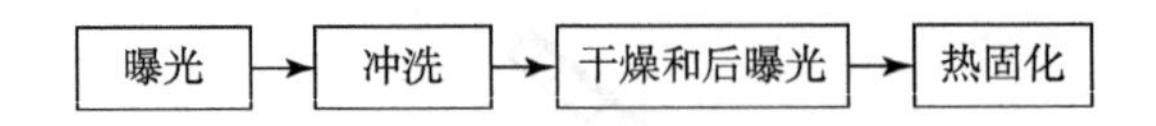

图5－6　固体感光性树脂凸版制版工艺流程

（1）曝光。在晒版机中进行，将阴图底片与树脂版紧密接触曝光，光源可选用低功率的冷光源。

（2）冲洗。用水显影，水的温度一般为45～50℃，如用冲洗机显影，水压一般控制为2～2.5kg/cm²，温水可循环使用。

（3）干燥和后曝光。经热空气干燥后，再进行后曝光，也可用紫外光源的干燥器，边干燥边曝光。

（4）热固化。放入120～130℃的烘箱内，进行热固化处理，使聚乙烯醇分子脱水，以提高印版的硬度。

3. 电子雕刻凸版

电子雕刻凸版的原理是电子雕刻机采用电光源对原稿进行扫描，利用滤色镜和光电管的作用，使原稿反射或透射出的不同光量，经电子计算机计算，修正后变为逐点逐线的强弱不同的电信号，然后经过调制放大，带动刻版机机头上的雕刻刀，在金属版或树脂版上进行雕刻而制成线条或网点凸版。其原理图如图5－7所示。

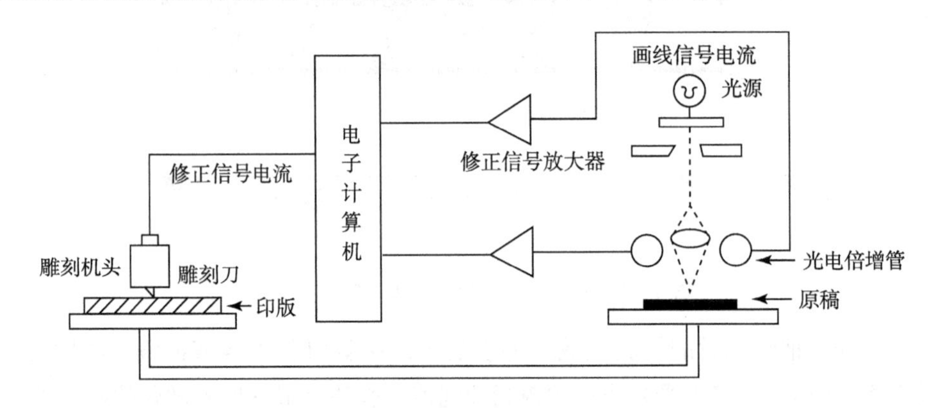

图5－7　电子雕刻凸版原理图

由于电子雕刻凸版生产效率较低，故一般仅在烫印和压凸工艺中用到。

第四节　凸版印刷工艺

凸版印刷根据印件的要求和印版的不同，可分为线条版印刷和彩色网线版印刷。线条版印刷可用于单色和多色产品的印刷。多色印刷根据印件需要，承印三色、四色或更多的印色，形成绚丽多彩的画面。彩色网线版印刷可真实地反映彩色原稿的层次和色彩。

凸版印刷的工艺流程如图5－8所示。

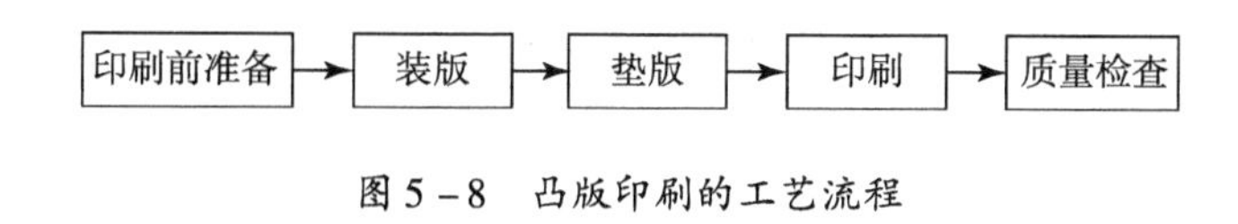

图 5－8　凸版印刷的工艺流程

一、印刷前准备

印刷前准备工作包括：审阅施工单、分析付印样、准备材料、检查印版、调节印刷机等。

施工单是车间和机台进行生产的书面凭证和工作指令，必须认真审阅，研究如何落实投产，分析存在的困难及解决办法。付印样是委印单位核准的样张，它是确定装版规格尺寸、印刷过程中掌握墨色的主要依据。准备材料包括敲纸、理纸和调配油墨。检查印版质量主要有以下几个内容：版面完整无缺，图文无碰伤、断裂、残缺等，色别准确无误，印版清洁无脏污，平形版平整不弯曲变形，弧形版弧度合乎要求。印刷机的调节有输纸部件调节，墨辊高低调节等。

二、装版

1．确定印版位置

平压平型凸印机，印版尽可能装在版框居中位置。印刷机运转时，印版与压印平板接触所产生的压力重心，正好落在中心轴上，使整个印刷机受力均匀。圆压平型凸印机，印版也应该尽可能安装在版框居中位置，同时要考虑与印刷机的压印线位置不能相碰，印版应该放在压印线以内的位置。印刷机的接纸叼口一般为 6～8mm。

2．打框

印版确定合适位置后，用木条、空铅、枕塞等填充材料将印版四周填好，使印版平衡受力，固定在版框内。

三、垫版

1．包衬材料

包衬材料的作用是通过弹性变形弥补印版和纸的不平以及印刷机制造上的误差，从而使印版与压印滚筒能保持良好的接触，使整个印刷面能得到所需的压力。

包衬材料主要使用硬质卡纸、牛皮纸、报纸和薄橡皮布等。一般凸版网线版印刷品，宜采用硬性包衬，有利于网点的转移，使网点清晰不变形；实地版印刷品，原则上可采用硬、中、软性包衬，但中、软性包衬对版面磨损要大一些。

2．垫版

装潢印刷的垫版方法主要有下垫和上垫两种，在实际生产操作中以下垫为主，上垫为辅。

（1）下垫是指在底版下面部位垫平，主要解决较大面积和压力不均。操作时应注意：由轻到重，先大面积后小面积逐步垫实；贴垫纸成梯形层次，以免影响垫贴边缘的压力；垫纸层越少越好，根据需要采用纸板、卡纸、薄纸；涂抹糨糊要均匀，不宜太厚或堆积。

（2）上垫是指在压印滚筒或压印平板上进行加工细垫，解决较小面和文字的压力不匀。上垫一般采用薄型纸，用较少的糨糊或胶水均匀涂布粘贴。如果垫纸较厚，必须把垫纸四周刮毛，避免产品印迹四周产生硬口。如果印版是实地或图案，需要得到比一般文字线条更大的压印力，可以在包衬硬纸上剪贴 1～2 层的 120～150g/m^2 铜版纸，但位置必须准确。

四、印刷

1．印刷过程

印刷时先用废纸进行试印，同时还必须调节印刷机的输纸定位装置和输墨装置，数百张废纸页印完之后，放入 2～3 张正式试印纸，对照印样，仔细查看，两者是否达到规定质量要求。在印刷过程中，还要密切注意印版、胶辊、油墨、纸张以及机器的各种变化，防止输纸不准，墨色大小不一，印件背面蹭脏等现象及套印的准确性等。即便印刷机运转正常，也必须频频抽样检查印品质量。

2．印刷色序的选择

从装潢印品的叠印顺序来说，一般总是先印淡色，后印深色，由淡到深。因为底色一般都为淡色，大都采用以白墨为主的浅色油墨，白墨的特点是遮盖力强，所以要先印。要底色印得厚实，墨色饱满，往往还要叠印两次。

双色网线版的套色顺序一般也是先印淡色，后印深色。如果两种色彩没有影响，也可以先印深色，再印淡色，这样既好印，色泽又好看。

三色、四色网线版的套印顺序应掌握两个原则：一是遮盖力强的油墨先印；二是主色版后印。一般情况下，三色版套印顺序为 Y、M、C，四色版套印顺序为 Y、BK、M、C。

总结起来，凸版印刷色序可根据下面原则确定：

（1）为防止因印迹未干墨层蹭脏，一般先印文字、线条、图案版，再印实地满版。

（2）从便于套印角度考虑，宜先印深色，后印浅色。

（3）基于油墨的干燥速度快慢考虑，由于墨层易干燥可使印品墨色鲜艳、光泽度高，因此先印干燥速度较慢的油墨，再印干燥速度较快的油墨。

（4）从油墨的透明度及其呈色效果的角度考虑，透明度差的油墨先印，透明度好的油墨后印。

（5）从油墨黏度的角度考虑，一般黏度大的油墨先印，黏度小的油墨后印。

（6）从印刷图文面积的角度考虑，面积小的宜先印，面积大的后印。层次和实地兼有的产品，一般先印层次版，后印实地版。

第五节　凸版印刷常见故障及解决方法

一、背面蹭脏

常发生在单面单张纸印刷机印刷时，由于印过一面的印张被输到印刷机的收纸台上一张张地堆积，使图文上尚未干燥透的油墨印迹黏附在它上面一张纸的背面，形成印刷品的背面蹭脏。

为了防止背面蹭脏，一般在印刷机的收纸部分安装有喷粉装置，使碳酸钙细微颗粒分散在纸与纸之间，以免印张压得太紧发生蹭脏现象。

二、油墨的渗透

在印张背面能明显见到正面的印迹的现象。

产生的原因：

（1）纸质的紧度不够或过薄。

（2）油墨的稠性不够所引起的。

解决方法：

（1）在不更换纸张的情况下，可把油墨调稠一些。

（2）在油墨中不能加入凡士林、机油、煤油等类物质，因这些物质不仅影响油墨干燥，而且对纸张的渗透性很强。

三、墨杠

在印张上产生与墨辊平行方向的墨色条痕的现象，称为墨杠。

产生的原因：

（1）停机时，着墨辊仍在印版上未离开。

（2）压印滚筒的齿轮与版台两边的齿条有磨损。

（3）印版位置装得不适当。

解决方法：

（1）在停机时不要在印版到着墨辊下停机。

（2）齿轮有磨损，应及时调换。

（3）装版时要注意装版位置。

四、溅墨

印张上有极细小的墨点起脏现象，是溅墨所造成的。

产生的原因：

（1）油墨太稀或黏性太大。

（2）墨辊上油墨过多。

（3）墨辊太硬和转动不灵活。

解决方法：

（1）调整好油墨的稠度，不使油墨过薄或过黏。

（2）着墨印刷时，墨辊上的油墨要少一些。

（3）要选用弹性好的墨辊。

五、静电

在印刷输纸时纸张之间不易分离，或者纸张贴附在压印滚筒上不下来，输纸台上纸歪斜而套印不准，收纸台上纸收不齐等，这些现象都是由于静电所引起的。

产生的原因：

（1）纸张在造纸机压光时钢辊的摩擦，是产生静电的主要原因。

（2）纸张仓库或车间内空气太干燥也会产生静电。

解决方法：

（1）保持车间适当温湿度。

（2）在印刷机上安装静电消除器或同位素放射器，使印刷机周围的空气离子化，从而将纸张上的正负静电荷中和。

（3）在印刷机周围或压印滚筒的后上方喷射适量的水雾或蒸汽，以消除纸张上的静电，但水汽喷射必须适当，不能影响套印的正确性。

复习思考题五

1. 说明凸版印刷的特点，比较凸版印刷与柔性版印刷的差别。
2. 感光树脂凸版的制版工艺是怎样的？
3. 垫版的目的是什么？如何进行垫版的操作？
4. 凸版印刷中出现墨杠的原因可能是什么？如何解决？
5. 凸版印刷色序安排的原则是什么？

第六章　柔性版印刷

【内容提要】本章主要介绍柔性版印刷原理及特点；柔性版制版工艺；数字化柔版制版技术；网纹辊；柔性版印刷作业；柔性版印刷常见故障及排除。

【基本要求】

1. 掌握柔性版印刷的缩版处理方法。
2. 掌握柔性版的制版工艺，以及数字化柔版制版技术。
3. 了解网纹辊的性能和正确使用。
4. 掌握柔性版印刷过程中的印刷压力控制、水基油墨性能的控制等主要工艺问题。
5. 了解柔性版印刷正确的作业方法、印刷后的结束工作等。
6. 能分析柔性版印刷常见故障产生的原因，并了解故障排除方法。

第一节　概述

一、柔性版印刷的发展

柔性版印刷起源于橡皮凸版印刷。由于当时的柔性版印刷采用手工雕刻的橡皮、染料油墨印刷，在德国称为橡皮版印刷。20 世纪早期，橡皮凸版印刷机进入美国。当时美国所使用的油墨颜料是从苯胺油中提炼出来的煤焦油颜料，故称这种油墨为苯胺油墨。使用苯胺油墨的橡皮凸版印刷称为苯胺印刷。

20 世纪 40 年代，柔性版印刷发展到在透明薄膜及普通纸上印刷，食品包装印刷大多采用苯胺印刷。1952 年 10 月第四届国际包装学术会议通过了将苯胺印刷改名为柔性版印刷的决议。

20 世纪 50 ~ 60 年代，聚乙烯薄膜出现并大量应用于包装领域。

20 世纪 70 年代，由于材料工业的进步，特别是高分子树脂版材和金属陶瓷网纹辊的问世，1974 年美国杜邦（DoPont）公司推出 CYREL 感光树脂版，大大提高了印版的解像力和网点再现性（可达 1% ~95%），使柔性版的彩色套印成为现实。网纹传墨辊采用电子雕刻并配置反向刮墨刀系统，使柔性版印刷技术提高到新水平。

20 世纪 80 年代，柔性版印刷技术更趋完善。一方面计算机及程序控制开始应用于柔性版印刷机，使设备性能进一步提高。另一方面，柔性版印刷工艺已突破了传统包装印刷的市场界限，开始应用于报纸、书刊、杂志、商业票据等领域。

20 世纪 90 年代以来，新型柔性版材及薄版工艺、套筒式印版以及计算机直接制版技术、环保型 UV 油墨、高网线陶瓷网纹辊激光雕刻技术、封闭式刮墨刀系统、无齿轮传动技术、不停机换卷装置和自动控制技术等相关技术的发展和应用，促进了柔印的快速发展。在欧美国家，柔性版印刷所占比例不断上升，已成为包装印刷的主要印刷方式之一。

在我国，柔性版印刷起步较晚，20 世纪 80 年代初，开始引进简易的层叠式柔印机和制版机。采用美国杜邦公司生产的 Cyrel 版材，将柔性版印刷工艺引入塑料薄膜和纸张、纸板印刷，形成了中国柔性版印刷方式的初级阶段，对我国制袋和软包装印品质量的提高，起到了推动作用。20 世纪 90 年代中期，随着先进柔性版印刷机的引进、国产窄幅柔性版印刷机的开发和推广应用、陶瓷网纹辊、UV 油墨以及制版等技术的逐渐成熟，国内柔性版印刷进入了一个新的发展时期。

二、柔性版印刷的特点

与凹印、胶印以及传统的凸印相比较，柔性版印刷方式具有其鲜明的特点：

（1）印刷品质量好，印刷精度可达到 150 线/英寸，并且印刷品层次丰富、色彩鲜明，视觉效果好，特别适合包装印刷的要求。

（2）承印材料范围比较广泛，例如纸张、塑料薄膜、铝箔、不干胶纸等。

（3）采用新型的水性油墨和溶剂型油墨，无毒、无污染，完全符合绿色环保的要求，也能满足食品包装的要求。

（4）设备结构比较简单，因此操作起来也比较简单、方便。

（5）生产效率高。柔性版印刷采用的是卷筒材料，不仅能够实现承印材料的双面印刷，同时还能够完成联线上光（或者覆膜）、烫金、模切、排废、收卷等工作。大大缩短了生产周期，节省了人力、物力和财力，降低了生产成本，提高了经济效益。

（6）设备投资少，见效快，效益高。柔版印刷机集印刷、模切、上光等多种工序于一身，多道工序能够一次完成，不必再另行购置相应的后加工设备，具有很高的投资回报性。

第二节　柔性版印刷原理

橡皮布滚筒柔性版印刷基本原理是使用柔性印版，通过网纹传墨辊传递油墨，将一定厚度的油墨层均匀地涂布在印版图文部分。然后在压印滚筒压力的作用下，图文部分的油墨层转移到承印物的表面，形成清晰的图文印刷过程。柔性版印刷的原理如图 6－1 所示。

柔性版印刷的核心是简单而有效的供墨系统，如图 6－2 所示。墨斗中的油墨经过墨斗辊传递给油墨定量辊——网纹辊，网纹辊上装有反向刮墨刀。网纹辊将适量的油墨传递给印版，印版滚筒与压印滚筒进行压印，使得油墨转移到承印物上。

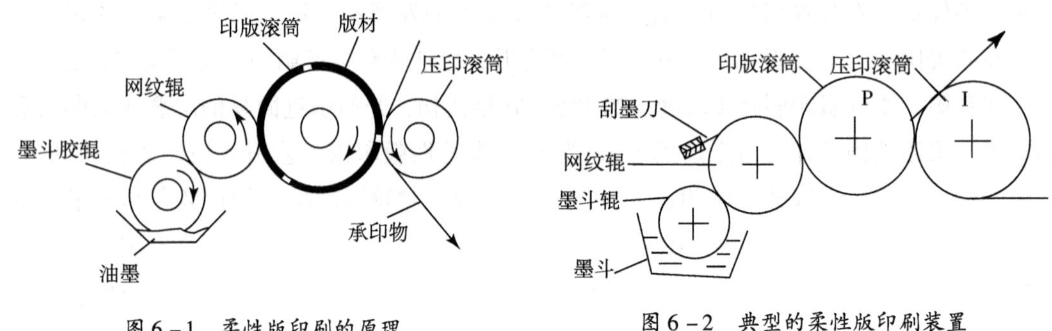

图 6－1　柔性版印刷的原理

图 6－2　典型的柔性版印刷装置

柔性版印刷使用低黏度油墨，即醇溶性油墨或水性油墨，油墨在两个机组之间会很快干燥。油墨的黏度类似于自由流动的液体，就像光油的黏度。目前，UV 油墨也广泛地应用于柔性版印刷中。

柔性版印版由硫化橡胶或者各种感光可固化树脂制作而成。版面结构是凸版，具有弹性，通过双面胶黏在印版滚筒上，印刷时需要使用较小的压力进行印刷。

第三节　柔性版制版

一、柔性版版材结构

柔性版版材经历了从橡胶版到感光树脂版的发展过程。感光树脂版分为液体感光树脂版和固体感光树脂版。液体感光树脂版可以有不同的硬度、厚度和浮雕深度；固体感光树脂版近年来发展很快，其具有厚度均匀、宽容度大能容纳精细高光层次、制版非常简单、制版收缩量小、耐印力高的优点。在现代柔性版印刷技术领域中，主要运用的是固体感光树脂版。下面将主要介绍固体感光树脂版及其制版工艺。

固体感光树脂版是一种预涂版，如同平版印刷使用的 PS 版一样。平时应储存在避光的硬纸盒内。使用时，按照制版尺寸大小，从盒内取出裁切，非常方便。图 6－3 所示为固体感光树脂版的结构。

(1)聚酯保护层。为磨砂片基，作用是防止感光树脂层被擦坏，并阻挡光线照射树脂层而发生光化反应，造成废版。

(2)感光树脂层。是版材的主体，其感光性能应稳定可靠，涂布均匀，厚度一致，平整度好。

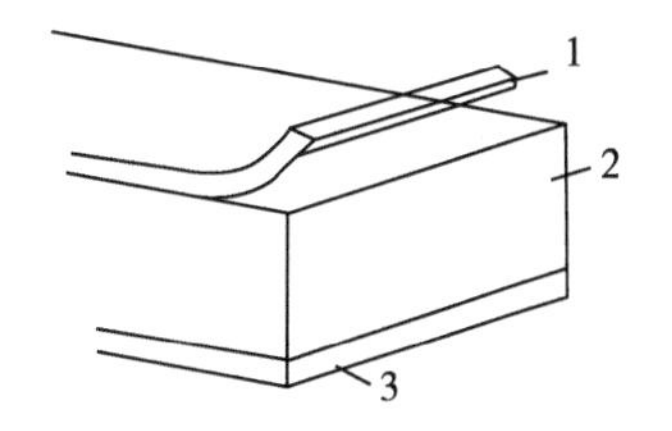

图6-3　固体感光树脂版结构

1—聚酯保护层；2—感光树脂层；3—聚酯支撑膜

(3)聚酯支撑膜。是固体版的基础，要保持版材尺寸稳定，没有伸缩性，包括版基自身的平整度、厚度一致性是非常重要的。

二、固体感光树脂版的制版工艺

柔性版印刷工艺流程主要包括制版和印刷两大步骤，制版工艺经过版材裁切、背曝光、主曝光、显影冲洗、干燥、后处理、后曝光、贴版上机印刷等过程。制版工艺过程如图6-4所示。

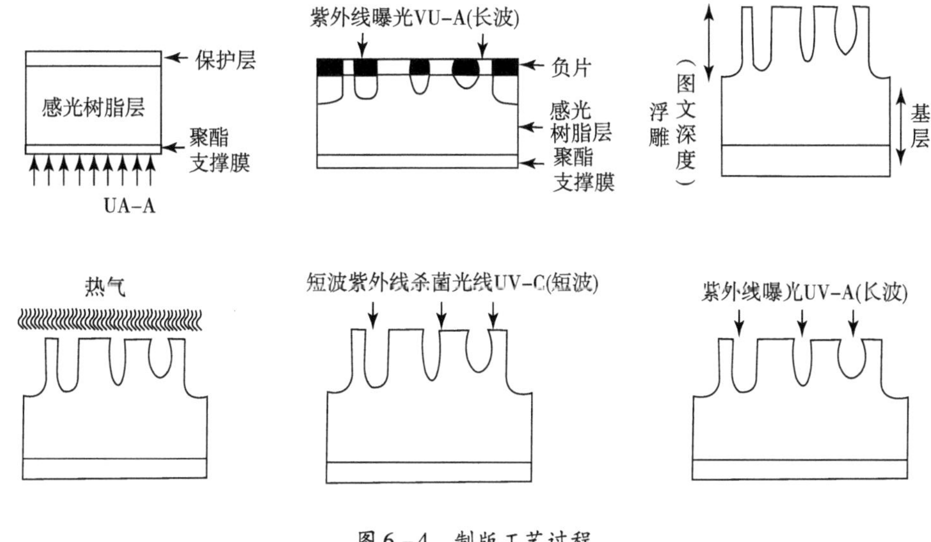

图6-4　制版工艺过程

1. 版材裁切

裁切时要根据阴图尺寸，版面预留12mm的余量。

2. 背曝光

背面曝光指从版材背面给予印版全面均匀的曝光，使印版背面的感光树脂经过光化学反应而形成硬化的底层。背面曝光的目的是建立印版的浮雕基础，确定底基的厚度，加强聚酯支撑膜和感光树脂层的黏着力。

曝光时间的长短应根据版材的型号、光源种类、图文的不同以及所需的浮雕高度，通过预先的曝光测试来确定。背面曝光时间的长短决定了版基的厚度，曝光时间越长，版基越厚。厚度不同的版材所需的背面曝光时间也不同，厚度越厚，曝光时间也应越长；所需印版的硬度越大，曝光时间应越长。

3．主曝光

主曝光也叫正面曝光，是通过阴图底片对版面的感光层进行曝光，从而建立印刷图文的过程。将背面曝光后的版材正面的保护层揭掉，与阴图胶片密合，抽真空后进行曝光。版材的感光树脂在紫外光的照射下，发生聚合交联反应而硬化，使见光区域（图文部分）的感光树脂成为不溶性物质，而未见光部位（非图文部分）仍保持原有的溶解性。

曝光的时间应根据版材型号、图像情况具体掌握，一般地，图像面积大曝光时间就长，图像面积小曝光时间就短。曝光操作不当会引起很多印版故障，例如，曝光过度会使印版凸起图像的坡度变小，造成印刷时字迹不清，容易糊版。

4．显影

柔性版显影是在专用的显影机内完成的。通过显影，将版材未见光部位（非图文部分）的感光树脂用溶剂除去，而见光部位（图文部分）硬化的感光树脂仍保留在印版上，形成凸起的浮雕图文。在显影过程中，未曝光部位的感光树脂在溶剂的作用下用刷子除去，刷下的深度就是浮雕的高度。

显影时间通常为几分钟至20分钟左右，如果显影时间过短，易出现浮雕浅、底面不平和出现浮渣等弊病；如果显影时间过长，容易出现图文破损、表面鼓起和版面高低不平。

5．干燥

用60℃以下的温风干燥，以防止温度过高引起的图像变形。也可以在室温下放置24小时，自然晾干。

6．后处理

用光照或化学方法对版面进行去黏处理。光照法是用紫外线对印版短时间光照以达到去黏；化学法是将版面图文朝上浸入配制好的去黏溶液里处理。

7．后曝光

是在版材充分干燥后，对印版进行一次全面、均匀的曝光，使高弹性的聚合物充分交联，以提高印版的耐印力。

三、计算机柔性版制版

与传统制版相比，计算机直接制版技术有以下特点。

（1）实现了无胶片直接制版。如平版胶印和凹印等，均已实现了无胶片直接制版。柔性版直接制版的实现不仅节省了胶片和冲洗药液的消耗，降低了制版成本，保护了环境，而且还为促进柔印技术的进一步发展提供了重要保证。

（2）消除了由负片引起的各种故障，从根本上避免了诸如漫散射现象、网点与实地高度不等，减小了网点增大和网点丢失，使印版图文部分更加趋于平衡，提高了阶调的再现范围，使印版质量有了显著提高。

(3) 用极小的 YAG 激光能量即可得到精细、清晰的印版。

(4) 直接制版技术适用于制作无接缝套筒印版，为壁纸印刷和包装、装饰材料印刷提供了有利条件。

目前已实用化的直接制版系统有激光成像直接制版方式和激光直接雕刻制版方式。

激光成像直接制版方式是用数字信号控制 YAG 激光产生的红外线，在涂有黑色合成膜的光聚合版材上，通过激光的照射，将黑色膜烧蚀而成阴图，即把图文部分的黑色膜烧蚀掉，露出树脂层，然后进行与传统制版工艺相同的曝光、显影、烘干、后曝光等加工，即制成柔性版。

激光直接雕刻制版方式是以电子系统的图像信号控制激光，直接在单张或套筒式柔性版材上进行雕刻，制成柔性版。

1. CDI 数字制版系统

杜邦公司利用数字成像输出技术和杜邦赛丽 DPS 版材联合研制的柔性版数字直接制版技术（简称 CDI 技术），可以将数字化信息直接转到激光光敏印版上。

(1) 基本构成

CDI 计算机激光直接制版机采用外鼓式双激光头结构，使用 60W 的 YAG 激光器产生红外线，可直接在 Cyrel DPS 或 DPH 专用版材上曝光，以烧蚀版材图文部分的黑色吸收层。

CDI 系统采用的版材是 Cyrel 专用的 DPS 或 DPH 版，该版材在版面上复合一层具有良好遮光性能的水溶性涂层，以替代传统制版中的阴图片，将数字图文直接转移到版材上，最后，再经背面曝光、主曝光、显影、去黏和后曝光等工艺过程，即可完成印版的制作。

(2) 工艺流程

CDI（数字直接制版）系统制版工艺流程如图 6-5 所示。

①版材的安装。曝光前，首先将专用版材安装在制版机的滚筒上，然后启动真空吸气装置，滚筒开始转动，吸气装置将版材吸附在滚筒体表面，并用胶带将版材的连接处密封，以达到充分密附。

盖好机盖，即可转入激光成像制版工序进行曝光。

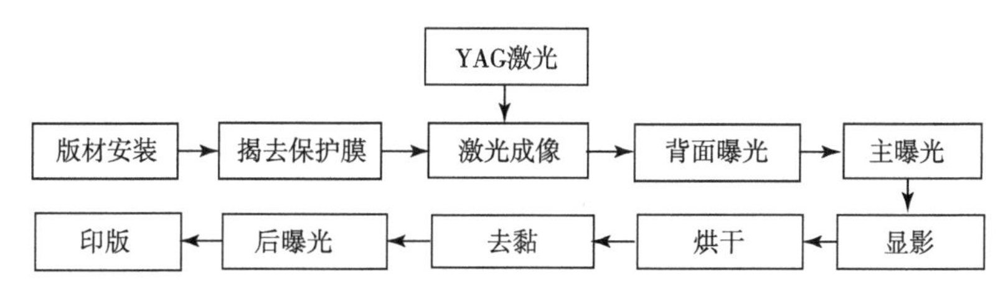

图 6-5　计算机直接制版工艺流程

②揭去保护膜。在激光成像之前揭去保护膜。为了防止灰尘、异物等黏附在版材表面，揭去保护膜后应立即进行激光成像曝光。

③激光成像。由 DTP 系统输入的数字信号，通过计算机控制的制版机 CDI 内的 YAG 激光，滚筒缓慢旋转，激光轴则沿滚筒轴向移动进行曝光，从而可将与图文部分相对应的版材上的黑色吸收层烧蚀，露出感光树脂层，完成由数字印刷图文到版材上的转移。

④激光成像后，其余各工序（从背面曝光到完成印版的制作）与传统制版相同，这里不再重复。

2. 激光成像直接制版系统

目前所使用的直接制版专用数字版材主要有两大类，即杜邦公司的 Cyrel DPS 或 DPH 版和巴斯夫公司的 Digiflex 版，其结构基本相同。

杜邦公司推出的数字固体感光树脂版，其感光树脂层上面还有一层薄而韧的高密度激光感应的黑膜层（LAMS）。

巴斯夫公司推出的 Digiflex 版材是在感光树脂层上面增设了黑色激光能量吸收层，当用 YAG 激光照射后，激光束将烧蚀破坏图文部分的黑色吸收层而露出树脂层，即形成逐点成像的印版图文。可以认为，黑色吸收层起到拷贝底片负片的作用。成像后，再进行与传统树脂版制版相同的曝光、显影、烘干、后处理等工艺过程，即可完成柔性版的制作。

3. 激光雕刻直接制版系统

激光雕刻直接制版系统的制版原理与激光雕刻凹版技术基本相同。该系统由桌面出版系统和激光雕刻系统组成。通过扫描原稿，用图像信号控制激光束直接在橡皮布滚筒或橡皮布滚筒套筒上印刷图文即可完成柔性版的制作。

激光雕刻柔性版最突出的特点是摆脱了柔性版传统制版和计算机直接制版中曝光、显影、干燥、后处理等一系列工艺过程，使制版工艺大为简化，减少了制版工艺环节，提高了印版质量的稳定性。

激光雕刻柔性版主要有以下三种形式。

（1）激光雕刻橡皮版。这是目前激光雕刻柔性版的主要形式，既可雕刻线条版，也可雕刻层次版，其加网线数一般不超过 120 线/英寸，主要用于纸张、塑料薄膜、不干胶标签和瓦楞纸板印刷。

（2）无接缝橡皮版。主要特点是可实现卷筒、无接缝连续印刷，以满足具有连续印刷图案的包装纸、壁纸、装饰纸等印刷的需要。

（3）无接缝橡皮套筒印版。这是无接缝橡皮版的一种特殊形式，是套筒式印版在柔印中的应用，具有重量轻、装卸方便、套印准确等特点，在国外已得到推广与应用。

制作数字化无接缝套筒印版时，一般应按以下步骤进行，如图 6－6 所示。

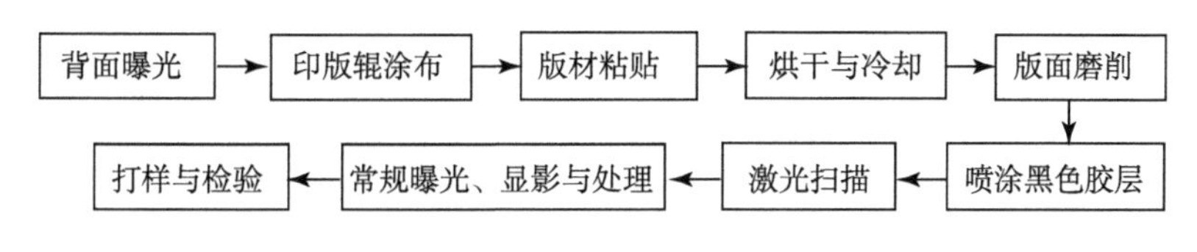

图6－6　数字化无接缝套筒印版的制作工艺过程

第四节　柔性版印刷油墨

柔性版油墨的外观为流动性良好的液体，这主要是为适应网纹辊对油墨转移的需要。目前柔性版印刷中主要使用三种类型的油墨：有机溶剂油墨、水性油墨和紫外线固化油墨。水性、有机溶剂油墨的干燥是物理过程，而紫外线固化油墨则是由光化学反应进行干燥。由于水性油墨无环境污染、价格低廉，因此，在我国和欧美等国家，水性油墨在柔性版印刷中占主导地位。水性油墨的最大特点是，油墨在干燥前可与水混合，一旦油墨干固后，则不能再溶于水和油墨，即油墨有抗水性。因此，印刷时要特别注意，切勿让油墨干固在网纹辊上，以免堵塞网纹辊的着墨孔，阻碍了油墨的定量传输，造成印刷不良。

1. 水基型柔性版油墨

（1）水基型油墨的特点

水基型油墨主要用于瓦楞纸箱、白板纸等吸收性材料上印刷。水基型油墨的最大的特点是以水作为主要溶剂，同时以乙醇或异丙醇作为辅助溶剂，用来调整油墨的黏度和干燥速度。水基型油墨具有无毒、无味，绿色环保等特征，符合现代化印刷的发展趋势。

水基型油墨连结料所用的树脂是碱溶性的丙烯酸树脂和顺丁烯二酸树脂，再加入少量的蜡以提高墨膜的耐磨性。油墨印刷到承印物表面上，在干燥过程中油墨连结料中的氨气挥发，形成不溶于水的树脂在承印物表面聚合干燥。

（2）水基型油墨黏度的控制

油墨的黏度是油墨内聚力的大小，指油墨流体分子间相互吸引而产生阻碍分子运动的能力，是水性油墨应用中最主要的控制指标。

如果水性油墨的黏度过低，会造成色彩变浅、网点增大加剧、高光部网点变形以及传墨不均等故障；如果水性油墨黏度过高，不仅会影响网纹辊的传墨性能，造成墨色不匀和颜色变浅，而且容易产生脏版、糊版、起泡和干燥不良等弊端。因此，对水性油墨的黏度值必须给予严格控制。

影响水性油墨黏度的因素主要包括三个方面，即油墨的温度、触变性和 pH 值。

①温度对油墨黏度的影响。温度对水性油墨黏度的影响有以下特点，如表6－1所示。

表 6－1　温度对水性油墨黏度的影响（4mm 射流杯）

温度/°C	10	20	30	35
油墨黏度/s	60	41	41	28

由上表数据可以看出：当温度小于 20℃时，随着温度的上升，油墨的黏度相应降低；当温度在 20～30℃时油墨的黏度可以保持在比较稳定的状态；当温度高于 30℃时，随着温度的上升，油墨的黏度又相应下降。

此外，印刷环境对印刷质量也会带来一定影响，一般来说，印刷环境的相对湿度应控制在 60%～85%的范围内，同时应注意以下几个环节：

a. 在冬季和夏季温差较大时，油墨黏度的变化较为明显。当温度较高时，因水分蒸发快，干燥速度也相应加快，因此，可适当提高印刷速度，当温度较低时，因水分蒸发慢，干燥速度也相应减慢，所以，为了高速印刷，应提高油墨的干燥速度，必要时可设置烘干装置。

夏季可将环境温度控制在 26℃左右，印刷效果较好，若温度超过 30℃，就会严重影响印刷效果；冬季可将环境温度控制在 15～20℃范围内，印刷效果较好，若温度低于 10℃，其印刷质量就难以保证。

b. 使用刮墨刀输墨系统时，如果温度过低，油墨的传墨量将失去稳定性。反之，如果温度过高，又会造成油墨黏度下降，导致墨层变淡。因此要保证印品质量的一致性，必须保持油墨黏度一致。

c. 水性油墨黏度的合理范围为 0.15～0.30Pa·s。

②触变性对油墨黏度的影响。触变性是指油墨在外力搅拌作用下流动性增大，停止搅拌后流动性逐渐减小而恢复原状的性能。油墨具有良好的触变性，有利于油墨的正常转移，并可提高油墨的转移率。影响油墨触变性的因素主要包括以下几个方面。

a. 颜料的性质。颜料的表面吸附性较强时，其油墨的触变性较大。如炭黑颜料，用臭氧对其表面进行氧化处理后，表面的吸附性会下降，因此，油墨的触变性要小一些。

b. 颜料的用量。颜料的用量越大，颜料分子相互吸引而絮凝，其触变性也就越大。

c. 颜料的颗粒形状。颜料呈片状和针状的油墨比呈粒状的触变性要大些。

d. 颜料的润湿性。颜料与连结料的润湿能力愈低，油墨的触变性则愈大。

要实现油墨的正常转移，应保持合适的触变性，不能过大或过小。否则，会造成油墨黏度的急剧变化，对油墨的印刷适性带来不良影响。

此外，根据印品的不同要求，可以对油墨的触变性进行适当调整。对于网目版、文字版和线条版印刷，油墨的触变性可大一些；对于大面积实地版印刷，油墨触变性可小一些。

③pH 值对油墨黏度的影响。pH 值处于正常范围时，油墨一般呈弱碱性，油墨的印刷适性较好，印品质量稳定。如果 pH 值过大或过小，不仅会影响油墨的黏度，而且还会影

响油墨的干燥性能。

当 pH 值高于 9.5 时，因碱性太强，油墨的黏度下降，干燥速度变慢，影响耐水性能；当 pH 值低于 8.5 时，即其碱性太弱，油墨的黏度升高，干燥速度加快，印版和网纹辊上会形成干固的油墨皮膜，产生脏版等故障。随着 pH 值的不断增加，油墨的黏度和干燥性都相应下降。

实践证明，水性柔印油墨 pH 值的合理范围为 8.5 ~ 9.5。在实际工作中，油墨的 pH 值主要靠氨类化合物来维持。为了保持 pH 值的稳定性，一方面应盖好油墨槽的上盖，避免氨类物质外泄；另一方面还要定时、定量地向墨槽中添加稳定剂。

2. 柔印 UV 固化油墨

UV 油墨，即紫外线固化油墨，即在一定波长的紫外线照射下能从液态变成固态的液体油墨。

（1）UV 油墨的特点

与溶剂型、水性油墨相比，UV 油墨具有以下特点。

①瞬时固化。UV 光波长范围为 10 ~ 400nm，可分为远 UV 光（10 ~ 200nm）和近 UV 光（200 ~ 400nm）。UV 固化系列所利用的光波范围为 250 ~ 400nm。如果墨层能被 UV 光充分照射，墨层即可实现瞬时固化，其固化时间仅需 10^{-2} 秒。印刷速度在 200m/min 左右，干燥时间仅为 3 秒左右。这样的固化速度为提高印刷速度提供了重要条件。

②印刷质量稳定，印刷品质量优异。UV 油墨只有在 UV 光照射下才会固化，可保持油墨黏度的稳定性以及墨层的牢固性和印刷色彩的一致性，同时使网点增大现象得到有效控制。

③有利于环境保护。UV 固化油墨不含挥发性有机溶剂，有利于工作环境和自然环境的安全保护。

④高性能的价格比。虽然 UV 固化油墨的价格较高，但是，因印品质量优异，墨量消耗较少、固化装置结构简单以及占地面积小等优势，UV 固化油墨的性价比明显高于其他油墨。

⑤UV 油墨安全可靠。由于 UV 油墨不含水和有机溶剂，经固化后墨膜强韧、结实，具有良好的耐化学性，加之柔印 UV 油墨的燃点就较高，不宜燃烧，使用安全可靠，可适用于食品、饮料、医药等包装印刷。

（2）UV 油墨的固化

UV 油墨以其独特的干燥方式，从根本上满足了印刷、印后加工时对油墨干燥性的不同要求。

UV 油墨的固化机理是：在 UV 光（波长为 360nm 左右）的作用下，光引发剂首先被激发，产生游离基或离子，即

$$R—R \xrightarrow{h\nu} R\cdot + R\cdot$$

这些游离基或离子与聚合物以及单体中的不饱和双键发生反应，形成单体基团，如

$$R\cdot + m \longrightarrow Rm\cdot$$

然后，这些单体基团开始进行连锁反应，即

$$Rm\cdot + m \longrightarrow Rmm\cdot + m \longrightarrow Rmmm\cdot \longrightarrow \cdots\cdots$$

也就是说，通过光化学反应生成有引发链式反应能力的自由基，使油墨中的不饱和多官能团预聚物、多官能团交联剂以及活性稀释剂发生链式反应并相互交联，从而生成有三维结构的光固化油墨皮膜。这个反应过程即可在瞬间内完成。

在柔性版印刷中，影响墨层固化的因素主要有以下几个方面。

①颜料的浓度。一般情况下，如果颜料本身对 UV 光具有较强的吸收能力，就会影响墨层的固化速度，特别是当颜料的浓度较大时，墨层的固化速度就会明显减慢。因此，对 UV 油墨颜料的浓度应加以限制，在满足印刷品色相基本要求的条件下，颜料的浓度值宜低不宜高。

②光固化促进剂。光固化促进剂是 UV 油墨经常使用的助剂，适量的加入固化促进剂可加速墨层的固化，但是，其添加量不宜过多，因加入固化促进剂过多，反而会阻碍墨层固化。因此，应控制添加剂的加入量，一般不超过 4% 。

③墨层厚度。印刷墨层厚度越薄，其固化性能越好。对承印物来说，对网目调印刷和线条、文字印刷，其墨层厚度一般不会太厚，大多在 3 ~ 5μm 范围内，对墨层的固化不会产生大的影响，但是，对色块或实地印刷，如果印刷的墨层厚度过大，就会影响油墨的附着性能。

④墨层吸收光量的大小。一般情况下，墨层吸收的 UV 光量越多，其固化性能越好，而吸收光量的多少取决于灯管的输出功率、灯管位置的高低以及光照时间的长短。因此，在实际工作中，应根据印刷要求，合理地调整灯管的输出功率、光照时间和灯管位置三者之间的关系，以保证墨层固化所需光量的大小。

⑤调整光照时的温度。UV 光照射时周围的温度高低对 UV 油墨的固化有较大影响。当周围温度升高时，墨层的固化性则越好。因此，当油墨转移到承印物上之后，在通过 UV 固化装置之前，对印刷品先进行预热，用红外线进行适当照射，在较高环境温度下完成墨层的固化，这样可改善油墨的附着性能。

（3）柔印 UV 油墨黏度的控制

柔印油墨的黏度不仅取决于油墨本身的性能，而且还与印刷图文的形式、承印材料的性能、网纹辊的技术参数、印刷速度以及印刷环境等可变因素有直接关系。如果油墨黏度过高，色彩将会变暗，油墨用量增加，还会影响油墨固化速度，并造成网纹辊供墨不足。反之，如果油墨黏度过低，不仅会使色彩发生变化，加剧网点增大，而且还会导致印刷质量下降，因此，除对油墨的实际黏度进行必要的测定外，还应在整个印刷过程中对油墨黏度进行有效的监控。

①颜料。颜料不仅起呈色和遮盖的作用，同时还会影响油墨的黏度。如果颜料浓度过高，颜料颗粒过大，则会提高油墨黏度，从而影响油墨转移性能，所以，应合理控制

颜料的浓度，提高颜料颗粒的精细度。黏度的控制范围为0.2～1.0Pa·s。

② 印刷图文形式。一般而言，网目调印刷和文字印刷，油墨的黏度应小些；实地印刷或色块印刷，油墨的黏度应大些。

③ 承印材料的表面性能。吸收性承印材料，如纸张纸板等，油墨的黏度应小些；非吸收性承印材料，如塑料薄膜、铝箔和金属板等，油墨黏度应大些。

④ 印刷速度。高速印刷时，油墨的黏度应低些；印刷速度较低时，油墨的黏度可高些。

⑤ 印刷环境。

a. 温度。如果工作环境温度过高，油墨黏度就会下降；反之，如果工作环境温度过低，油墨黏度则会升高。因此，必须合理控制工作环境的温度，其温度控制范围一般为18～25℃。

b. 相对湿度。如果工作环境的相对湿度过高，油墨会因吸湿过多而引起黏度的变化，所以应控制工作环境的相对湿度。

(4) 溶剂型柔性版油墨

溶剂型柔性版油墨主要用于塑料薄膜、铝箔和复合材料等非吸收性材料的印刷。油墨印刷到承印物表面后，依靠油墨中的溶剂挥发而干燥。在印刷后，墨膜内的溶剂如果没有挥发净，则会在印刷品叠在一起时重新溶解已经干燥的墨膜，使印刷品背面粘脏或粘连，产生故障。为避免出现这种现象，印刷机上都有热风装置，促使油墨在印刷完后能完全干燥。为了提高塑料薄膜等承印物的表面黏附性和牢固性，在印刷前，必须对聚乙烯或聚丙烯薄膜等承印物进行电晕处理。另外，在溶剂使用中，采用醇、烃和酯等的混合溶剂来改善溶解能力和黏着性，同时也能提高其表面附着能力。

第五节　柔性版印刷工艺

柔性版印刷使用的是高弹性印版和流动性好、低黏度快干燥油墨，采用的是短墨路的金属网纹辊供墨系统，虽印刷操作技术简单，但要获得高质量的印刷品还应该注意下面的几个问题。

一、柔性版的变形补偿

柔性版的高弹性使得印版在安装到滚筒上时弯曲变形，这种变形涉及印版表面图文的变形，如图6－7所示。印版的弯曲变形量随印版厚度的增加、印刷机印版滚筒半径的减小而增大。柔性版的版材厚度范围较大，一般在0.8～7mm之间，常

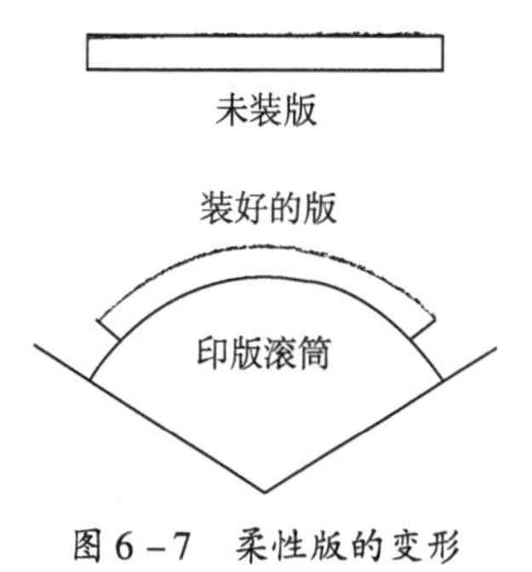

图6－7　柔性版的变形

用的版材厚度是1.7mm。柔性版印刷机为高速轮转机，印版滚筒半径较小，因而印版的弯曲变形量大。在印刷质量较高的印刷品时，必须对这种弯曲变形进行补偿。

彩色柔性版印刷使用的是带聚酯背衬的柔性版，晒版阴图胶片图像减少量可用下式计算：

$$减少百分比 = K/R \times 100\%$$

式中，K 值是和版材性能、结构有关的常数，一般由版材厂家提供，聚酯背衬柔性版的 K 值可参考表6-2；R 为印刷品最终得到的复制长度，可以用下式计算：

$$R = 2\pi(r + b + c)$$

式中，r 为印版滚筒的半径；b 是黏附印版的双面粘衬的厚度；c 是印版的厚度。

表6-2 聚酯背衬柔性版的 K 值

版厚/mm	1.34	2.5	3.04	3.44	4.05	4.54	5.07	6.08	7.38
K 值/mm	0.038	0.067	0.080	0.090	0.105	0.117	0.130	0.155	0.187

晒版阴图胶片图像减小量的计算公式是在印版弯曲变形、印版滚筒正常状态的情况下得出的。事实上，影响印刷实际长度的不仅仅是印版的变形，印刷时，卷筒纸或卷筒薄膜在张力的作用下也会拉长，而在沿滚筒的轴向会有收缩。在装版时，为了把印版牢固地粘在粘衬上，所施加的力也使印版产生额外的变形。因此，用公式计算进行晒版阴图胶片图像尺寸的补偿，未必能得到预期的印刷精度。所以，要得到精度高的印刷产品以及模切尺寸准确的包装装潢印刷品，还需要综合其他的补偿方法进行补偿。

目前，补偿的方法主要有以下四种：

（1）在原稿设计时，根据印版伸长率，在变向尺寸中减去相应的变量。

（2）拍摄晒版胶片时，采用变形镜拍摄，缩短变向尺寸。

（3）采用电脑制版，只需在设计完稿分色前，给一个单向缩放指令。

（4）采用滚筒式的晒版方法，即晒制印版滚筒与印版滚筒尺寸相同。

二、网纹辊的选择

1. 网纹辊概述

网纹辊的作用是定量均匀地向印版的图文部分传递其所需要的油墨。高速印刷时，可以防止油墨的飞溅。

最常用的网纹辊是金属材料的，在其表面雕刻有形状一致、分布均匀的微小凹孔，称之为网穴。金属网纹辊直接关系到供墨效果和印刷质量。网纹辊网穴的结构形状有尖锥形、格子形、斜线形、蜂窝状等，现在用得较多的是蜂窝状网穴。网纹辊的结构如图6-8所示。

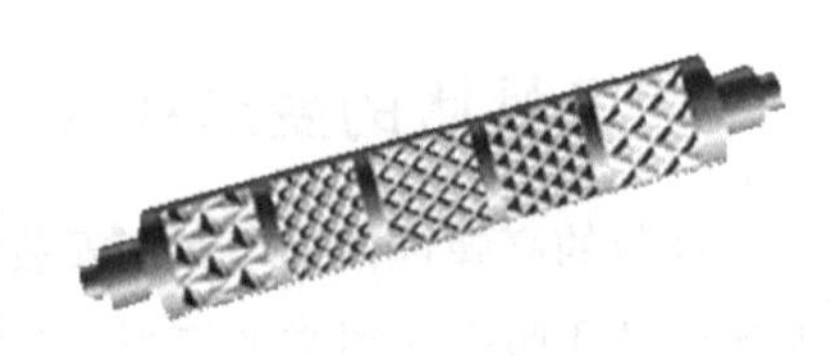

图6-8 网纹辊

按照网纹辊表面镀层或涂层材料，有镀铬辊和陶瓷辊两种。镀铬金属网纹辊造价较低，网纹密度（即网纹线数）可达200线/英寸以上，耐印力在1000万~3000万次；陶瓷金属网纹辊是在金属表面有陶瓷（金属氧化物）涂层，耐磨性高出镀铬辊20~30倍，耐印力可达4亿次左右，网穴密度可高达600线/英寸以上，适合印刷精细彩色印刷品。

2. 网纹辊的性能

（1）网纹线数。网穴间距最短的方向上每厘米长度内网穴的分布数量即为网纹线数，它表示网穴的分布密度。网纹辊的网纹线数影响其传墨量：网纹线数越大，表明网穴密度越大，网穴容积越小，传墨量越少。网纹辊的网纹线数代表传墨量的大小，网纹线数越高传墨量越少，适合印刷网点及细小文字；而网纹线数越低则传墨量越多，适合印刷大面积色块及粗体字。但应注意，传墨量过多会造成印刷字体堵塞、版面模糊不清；而传墨量过少则会产生图像色彩偏差、实地露白、着墨不均等现象。在瓦楞纸箱印刷中较常用的网纹辊线数多为180线/英寸到300线/英寸之间，具体要根据印品的精细程度而定。由于绝大多数印品都是既有实地、又有线条或网点，或者既有大满版，又有细小字体，因此，为满足不同层次产品的要求，最理想的解决办法就是在一台柔印机上配备不同线数的网纹辊，以满足不同精度印品的需要。

（2）网穴形状。一般是指网穴的立体形状，如图6-9所示。网穴形状有多种，尖锥形、格子形、斜线形、蜂窝状等。不同网穴形状的网纹辊即使网纹线数相同，其载墨量也会不同。原因是，网穴的形状决定了网孔容积的大小，容积越大载墨量越大。目前被推广采用的最先进的激光雕刻陶瓷网纹辊，可确保网孔的大小、形状、深浅都一致，网墙细、网孔容积大（网孔顶部与底部相比相差不大），载墨量多且均匀，达到最理想的传墨效果，这对于满版印刷、色彩鲜艳、吸墨量大的承印物来说是十分有利的。

（a）倒四棱锥形网穴及其截面图

（b）倒四棱台形网穴及其截面图

图6-9 常用网穴形状

（3）网穴排列角度。网穴的排列角度有30°、45°和60°。通常以45°和60°居多，陶瓷网纹辊较多采用六边形和60°网穴，因为这种形状的网穴最有利于墨量的释放。如图6-10所示。

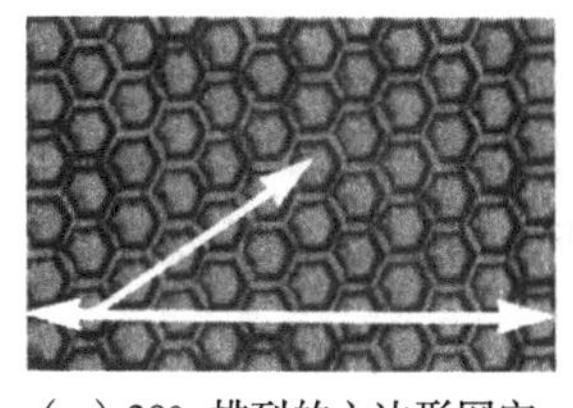

（a）30° 排列的六边形网穴

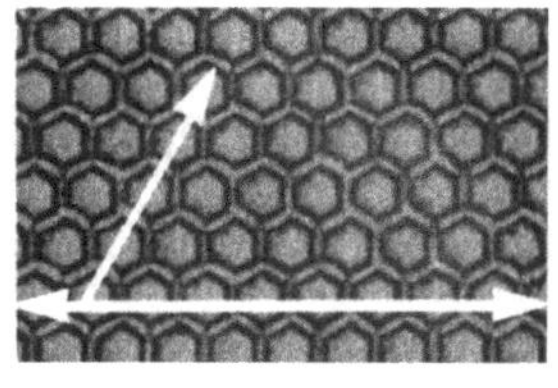

（b）60° 排列的六边形网穴

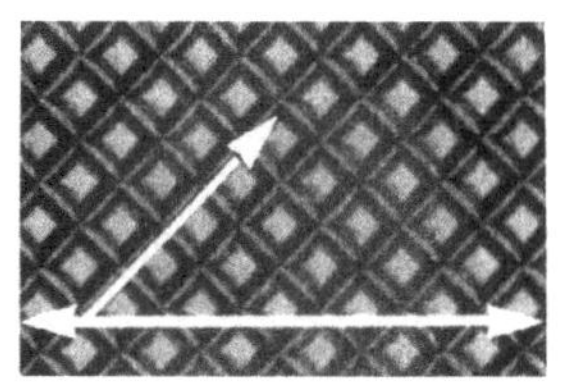

（c）45° 排列的棱形网穴

图6-10 常用网穴角度

3. 网纹辊的选择

在印刷彩色网线印刷品时，为了得到适当的墨量，网纹辊的网线密度必须和柔性版的网点线数相匹配。实践表明，网纹辊的网线密度是柔性版的网点线数的 3 ~ 4 倍为好。如使用 150 线/英寸（60 线/厘米）的柔性版，应选用 600 线/英寸的网纹辊，如果用 360 线/英寸的网纹辊，则因供墨量过大，从而发生“糊版”的故障。

表 6 - 3 为上海科利奥公司在制造网纹辊时，针对不同印品要求所选用的网纹辊网点线数。可供参考。

表 6 - 3　不同印品所选用的网纹辊网点线数

印刷形式	网纹辊网点线数/lpi	网穴容积（BCM/SQIN）
标签　不干胶商标		
浓色实地/上光	200 ~ 250	7.5 ~ 11.5
实地满版	200 ~ 300	6.5 ~ 8.5
实地/线条	250 ~ 360	5.5 ~ 7.5
线条/文字	300 ~ 400	3.5 ~ 4.8
文字/网线	360 ~ 550	2.5 ~ 3.5
层次版（< 120lpi）	40 ~ 500	2.0 ~ 3.0
层次版（> 120lpi）	600 ~ 800	1.4 ~ 2.2
软包装		
浓色实地/上光	150 ~ 200	9.0 ~ 12.0
实地满版	200 ~ 280	7.5 ~ 9.6
实地/线条	250 ~ 360	6.0 ~ 8.0
线条/文字	300 ~ 400	4.0 ~ 5.8
文字/网线	360 ~ 440	3.0 ~ 4.6
层次版（< 120lpi）	440 ~ 550	2.0 ~ 2.9
层次版（> 120lpi）	550 ~ 750	1.6 ~ 2.6
瓦楞纸板直接印刷		
上光	200 ~ 250	7.8 ~ 12.0
实地满版（刮刀）	200 ~ 250	8.5 ~ 11.0
实地满版（胶辊刮墨）	200 ~ 250	7.0 ~ 9.5
线条/文字（刮刀）	250 ~ 300	6.5 ~ 8.5
线条/文字（胶辊刮墨）	250 ~ 330	5.5 ~ 6.5
层次版（< 85lpi）	300 ~ 400	3.5 ~ 4.5
层次版（> 85lpi）	360 ~ 500	3.0 ~ 4.0

从表中可以看出，网穴容积的选择主要取决于印刷密度、刮墨类型和承印材料的种类。高网点线数的网纹辊可以形成更薄更均匀的墨层，能满足印刷层次丰富的印品的要求，尤其是满足其高光部分的需要，在印刷时能减少网点的扩大，保持恒定均匀的传墨量，当然这也对印版的制作、柔性版油墨的适印性能及网纹辊、印版的清洁提出了更高的要求。

此外，还需正确维护和适时清洗网纹辊，使网孔保持干净，以达到理想的载墨量和良好的印刷效果。

三、油墨的选择

柔性版印刷使用的油墨是低黏度快干燥的油墨，要根据产品的质量要求选择不同连结料和溶剂的油墨来印刷。例如，为了得到具有良好耐热性能和韧性印迹的印刷品，可以选用由丙烯酸醇类树脂为连结料的油墨；希望印刷品有良好的光泽，可选用以聚氨酯体系树脂为连结料的油墨。又如，在聚乙烯类非吸收性薄膜上印刷，可选择快干性、附着性好的乙醇溶剂油墨；若在瓦楞纸、书、报类纸张上印刷，可选择易清洗、无环境污染的水性油墨。

四、网点扩大

在柔性版印刷中，由于所用的感光树脂版的弹性比较大，而且在印刷过程中又需要施加一定的印刷压力，尽管在柔性版印刷中采用轻压印刷，但还是会导致印刷品上图像网点的扩大，并引起色彩和层次复制的变化。

在相同的原版网点覆盖率下，不同的网点线数、网点增大值不同。一般来说网点线数愈高，网点增大值愈大。从图 6 - 11 ~ 图 6 - 14 可以看出：用 150lpi 的柔性版印刷，原版 30% 的网点，在印刷品上的网点增大值约为 35% ；用 133lpi 和 120lpi 的柔性版印刷，原版 50% 的网点，在印刷品上的网点增大值约为 20% ；用 100lpi 的柔性版印刷，网点增大值约为 18% 。从四种网点线数的网点扩大情况来看，选用低网点线数的柔性版印刷，能得到鲜艳清晰的印刷质量，从而获得有反差感的印刷品。但是，网点线数过低时，印刷品的细微层次和清晰度欠佳。因此，制作柔性版晒版负片时，选择 100 ~ 133lpi 的网点线数，对原稿的层次进行调整，使它与柔性版阶调再现的范围相适应，采用较低的印刷压力，是获得高质量印刷品的基本条件。

对于网点扩大的补偿，可以在扫描仪端完成，也可以在照排机上完成，最好在照排机上完成，曝光后生成的小网点的边缘形状比较整齐，质量比较好。

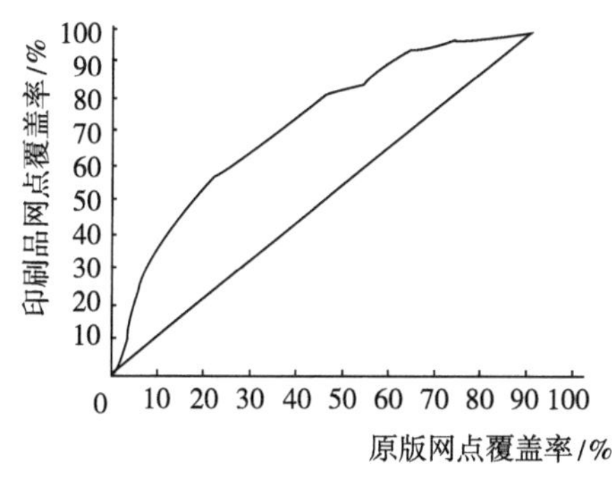

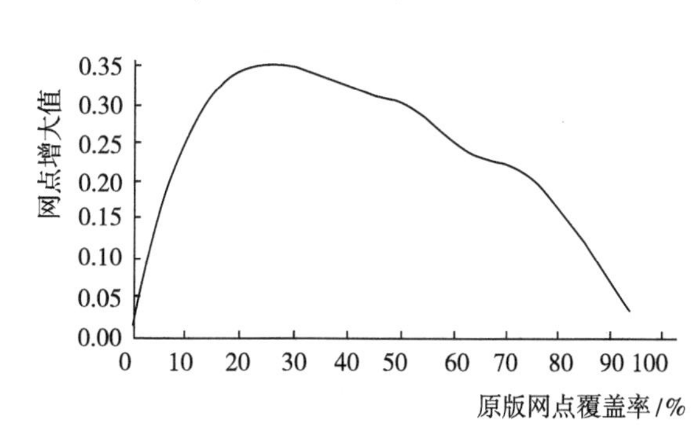

图 6 - 11 150lpi 柔性版印刷的阶调再现

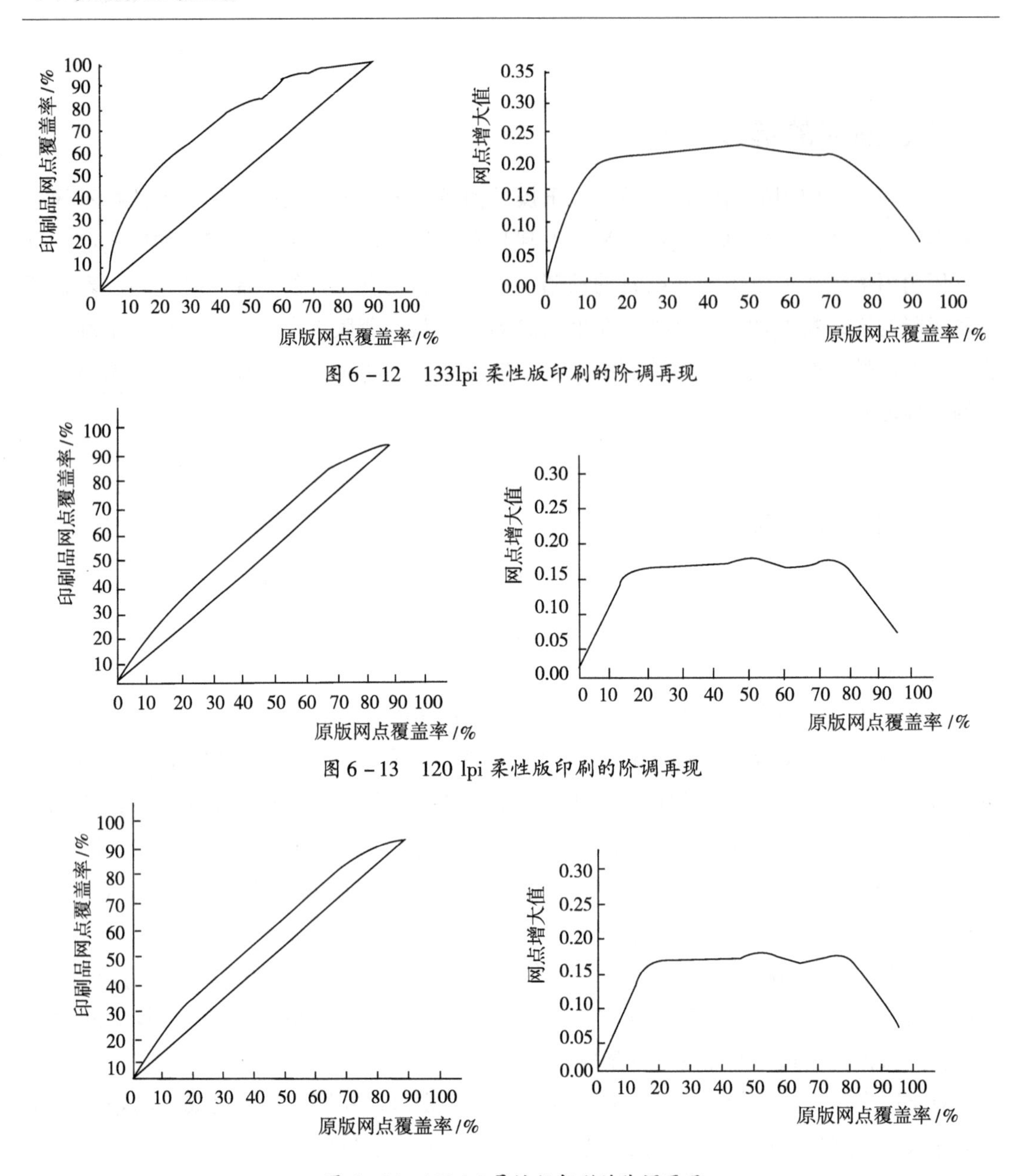

图 6-12　133lpi 柔性版印刷的阶调再现

图 6-13　120 lpi 柔性版印刷的阶调再现

图 6-14　100 lpi 柔性版印刷的阶调再现

五、刮墨刀的调整

刮墨刀起到刮除网纹辊表面多余油墨的作用。为了保证供墨效果和提高网纹辊的使用寿命，要调整好刮墨刀与网纹辊形成的角度，一般在 30°～40°之间。在保证有效控制输墨量的前提下，刮墨刀与网纹辊的接触压力应尽量小，经测量，在工作状态时，刮墨刀在网纹辊上的线压力一般在 28～56mN/cm。在正常的压力下，刮墨刀和网纹辊表面之间会存在一层极薄的油墨，这层油墨有润滑剂的作用，可减轻刮墨刀对网纹辊的磨损。

为保持油墨润滑作用对网纹辊耐磨性的保护，绝对不允许网纹辊与刮墨刀在干燥状态下摩擦。网纹辊与刮墨刀之间的压力应尽可能低，如果压力过大，也会加剧网纹辊的磨损。

六、双面胶带的选择

柔性印版需要依靠一种专用双面胶带粘贴在印版滚筒的表面，才能形成一个完整的印刷滚筒。目前普遍使用的双面胶带是一种具有弹性的压敏性粘接材料，由聚乙烯发泡基材，两面涂有不同黏性的丙烯酸酯胶黏剂，有单面或双面剥离纸保护。在柔性版印刷过程中，所选用贴版双面胶带会直接影响到印刷品的印迹质量。

柔性版常用的双面胶带厚度为0.38 mm、0.50 mm两种规格。按基材的密度不同可划分为以下几种（以3M双面胶带为例），即：

（1）低密度1115型。适合网线版和细线条印刷。

（2）中密度1015型。适合文字、线条和实地印刷。

（3）高密度411DL型。适合实地印刷。

（4）新产品1815M型。它介于1015型与411DL之间，可替代411DL使用。

印刷厂家一般都要准备三种不同密度的双面胶带，以适合不同印版图文的印刷需要。

七、印刷色序

不同的印刷色序会产生不同的印刷效果。在决定印刷色序时，必须考虑许多相关因素，归纳起来有以下几点：印刷机的种类；印刷品上颜色的重要性；套印精度的要求（即哪一块印版的套印精度要求最高）；纸张的性质；油墨的性质；油墨叠印的方式（即是湿式印刷的油墨叠印还是干式印刷的油墨叠印）；颜色的深浅；印版上图文面积的大小以及作业方面的问题等。

彩色印刷品的种类繁多，尤其是包装装潢印刷品，在考虑印刷色序时，除上述因素外，更应该根据印刷品各自的特点来安排印刷色序。常见的有以下几种：版画的色序应严格按照原稿的色序印刷；专色实地背景色版，可放在最后印，以保证图文墨色均匀、不蹭脏；有价证券、票证应先印底纹、再印边框；印金的产品必须先印底色，然后再印金墨；色数多的印刷品，为了保证套印精度，可以先印图文面积小而又不叠色、无套印准确度要求的色版；一些包装装潢印刷品的主体字、图像要保持鲜明，不能被其他颜色遮盖时，应该后印。

柔性版印刷机为多色印刷机，油墨的叠印是以湿叠干的方式进行的，印刷的产品以装潢印刷品为主，有文字、图像、网线、实地，有的还需要印金、银和上光。因此，柔性版印刷的色序非常灵活，在决定印刷色序时，不能孤立地考虑某一因素，要对印刷品的具体要求进行分析，以求得最佳的印刷色序。例如可以先印网线版，接下来印实地，再印金，最后上光。有些印刷品的墨色较深，受网纹辊传墨量的限制，达不到墨层厚度要求时，可用另一印刷单元再将此色重印一次。

八、印刷压力

柔性版印刷压力主要体现在两个方面：一是网纹辊与印版滚筒之间的压力；二是印版滚筒与压印滚筒之间的压力。由于印版的柔软性，因此柔性版印刷是一种轻压力印刷，远远小于平版印刷、凹版印刷的压力，否则会造成印版的严重变形，使得网点扩大严重，影响印刷品的色调再现性。无论是网纹辊对印版的油墨传递力，还是印版对承印材料的压印力，都要求以小为主，即“点到为止”。这样才能保证印迹质量，尤其是网线版印刷的网点质量。

第六节　柔性版印刷常见故障及排除方法

目前，柔版印刷工艺已日臻成熟。在国外，占有的市场份额不断扩大，已成为最有竞争力的印刷方式。在我国，90 年代开始引进机组式柔印机，目前国内引进的柔印生产线数量不少，但由于各种技术水平因素造成柔性版印刷的故障较多，下面就常见的故障和排除方法进行介绍。

一、实地印刷有针孔

主要原因：

双面胶使用不当。

解决方法：

①加大压力，但有时不能彻底解决。

②将墨调稀，加大油墨的流动性。

③采取印刷两遍的方法，但需要注意套版准确。

④工艺参数相同的网纹辊线数低，储墨量大，对减少针孔有利。

⑤双刮刀网纹辊系统，印刷速度不宜太快。

二、网点中心有针孔

主要原因：

①印版滚筒与压印滚筒之间的压力过小。

②制版时溶剂未彻底挥发，干燥时间不够，印版放置时间不足。

③油墨的黏度小。

解决方法：

①适当增加压力。

②控制印版干燥时间，保证印版表面足够干燥。

三、细小网点脏污

主要原因：

压力过大。

①精度差的机器，在不该发生压力突变的情况下压力加大，即在一次调整了压力之后，机器在运转中压力变化较大。

②印版的突变造成压力的突变，使印刷压力增大。

解决办法：

①选择合适的印版网线与网纹辊线数的比例。

②选择合适的双面胶。应采用低密度双面胶，利用其比较软的特点缓冲异常冲击，减少网点变形。

四、糊版

主要原因：

①印版浮雕太浅。

②印刷压力过大。

③供墨量太多。

④油墨黏度过高。

⑤油墨干燥太快。

解决方法：

①重新制版，并适当地减少背曝光时间，增加印版浮雕的深度。

②适当减轻印刷压力。

③适当减少供墨量。

④降低油墨的黏度。

⑤降低热风干燥的强度，适当减慢车速，或者加入适量的慢干剂。

五、粘脏

主要原因：

①油墨干燥不充分。

②油墨黏度太高。

③复卷张力太大。

解决方法：

①提高干燥温度，或者加入适量挥发速度快的溶剂。

②降低油墨的黏度。

③降低复卷张力。

六、印迹边缘轮廓

主要原因：

①印版不平整，有磨损。

②压印过度。

解决方法：

①调节金属网纹辊、印版、压印滚筒相互之间的压力，将接触压力减少到最小。

②调节版面高低（垫版），包括版面研磨和背面粘贴纸带。

③根据图文情况调节油墨。

七、套印不准

主要原因：

①张力不当。

②印刷色序安排不当。

③机械振动或者机械偏差。

④承印材料不平整。

⑤印刷车间内温湿度不当，烘干箱温度过高，纸张尤其是塑料薄膜收缩严重。

解决方法：

①调节放卷和收卷张力。

②重新调整印刷色序，将套准要求严格的色安排在相邻的色组紧挨着印刷，以防出现偏差，必要时可适当地在双面胶下再垫一层或两层透明胶带。

③检查机械部件，并调整相应的机器部件。

④调节张力，或者更换承印材料。

⑤降低干燥温度，并尽量保持车间内恒温、恒湿，有条件的话，在车间内安装空调器。

八、叠色效果不佳

主要原因：

①前一色油墨干燥不充分。

②后一色油墨的黏度过高。

解决方法：

①加入适量的挥发快的溶剂，提高前一色油墨的干燥速度。

②降低后一色油墨的黏度。

九、油墨起泡

主要原因：

印刷速度太快，而且未使用消泡剂或者消泡剂用量不足。

解决方法：

加入适量的消泡剂，或者适当降低印刷速度。

十、静电故障

主要原因：

①气候和环境。气候寒冷和空气干燥是产生静电的主要原因，我国北方气候寒冷干燥，在冬季最易出现静电问题。

②材料之间、材料同传动辊之间的摩擦、接触再分离也会产生静电，如薄膜面料分离时，其内部的电子转移到另一种材料上，电子转移的结果是薄膜表面出现静电。

解决方法：

①控制印刷车间湿度和温度。在印刷车间安装加湿器，使理想的温度为 20 ~ 22℃，相对湿度为 50% 。

②在机器上安装静电消除器。静电消除器有铜金属线法和静电刷两种。

复习思考题六

1. 柔性版印刷为何要进行缩版处理？如何计算缩版系数？

2. 简述柔性版制版工艺。

3. 简述柔性版制版过程中三次曝光的作用和处理方法。

4. 简述数字柔性版制版的特点及方法。

5. 水基型柔印油墨的 pH 值对印刷有何影响？如何控制水基型柔印油墨的黏度和 pH 值？

6. 网纹辊的技术参数有哪些？如何合理地选用网纹辊？如何保养网纹辊？

7. 如何正确选用刮墨刀？

8. 如何选用贴版胶带？

9. 如何控制柔性版印刷压力？

10. 如何确定柔性版印刷的色序？

11. 如何排除柔性版印刷中出现的针孔、粘脏、套印不准？

12. 如何预防柔性版印刷中出现静电问题？

第七章　凹版印刷

【内容提要】 本章主要介绍凹版印刷的基本原理；凹版制版工艺；凹版印刷机的种类；凹版印刷作业；凹版印刷常见故障及排除。

【基本要求】

1. 了解照相凹版印刷机的种类及其特点，掌握电子雕刻凹版的制版工艺。
2. 掌握以纸张、塑料为主的凹版印刷过程中的印刷压力、张力、干燥温度、油墨黏度的控制等主要工艺问题。
3. 了解凹版印刷正确的作业方法、印刷机各部分的监控方法以及印刷后的结束工作等。
4. 能分析凹版印刷常见故障产生的原因，并了解故障排除方法。

凹版印刷是一门非常古老的印刷工艺，可追溯到15世纪初。现代照相凹版商业化的创始人是卡尔·克利希，它发展至今已有100多年的历史了。凹版最早被叫做Intaglio（意大利文），是刻下去的意思，现在被称为Gravurc。

凹版印刷品墨层厚实、墨色饱和均匀、色彩鲜艳明亮、层次清晰丰富、真实感强，凹印方式的承印物范围广、印版耐印力强、设备维护保养相比其他印刷设备方便。凹版印刷是包装印刷的主流，在烟标、塑料薄膜、证券印刷方面取得了绝对的市场份额，在特种印刷领域也占据着重要地位。随着凹版制版工艺的发展，凹印材料、设备的研发，凹版印刷会发挥更重要的作用。

第一节　概述

一、凹版印刷的应用范围及特点

从世界范围看，特别是欧美市场，凹印主要应用于四个领域：出版领域、包装领域、纺织领域和装饰领域。凹印市场份额占杂志和产品目录印刷市场的30%～40%，占包装印刷市场的35%～45%，占图书印刷市场的25%。

1. 出版

出版领域要求制版速度快、滚筒幅面大（可达到4.8米）、处理的信息大，多通道（最多16个通道）同时雕刻，再现精度高。

2. 包装

包装领域要求滚筒幅面为0.3～1.2米，制版质量高，尤其对烟包类产品，信息变化量大；对精细文字和色彩要求较高。

3. 纺织

纺织领域要求滚筒幅面一般为1.6～2.8米，用于转移印花，主要以专色复制6色技术为主，精度要求不高，但墨量要求较大，一般使用54～60线/厘米的粗网线。

4. 装饰

装饰领域要求滚筒幅面一般为1～4米，用于木纹纸、地板革等材质，单元图案较大，主要进行3～5种颜色的专色印刷，而且对色彩的再现准确性要求很高。

在我国，目前凹印方式主要应用在包装印刷和特种印刷两个领域，主要有以下几类：

1. 纸包装

烟盒、酒盒、酒标、药盒、保健品包装盒等。

2. 塑料软包装

食品包装；化妆品、洗涤用品包装；医药包装，PTP铝箔、SP复合膜等。

3. 特种印刷领域

钞票、邮票、证券等。

二、凹版印刷的优缺点

目前，我国不同印刷方式所占市场份额已发生了明显变化，胶印占42%左右，凹印占22%左右，凸印占20%左右，柔印占8%左右，其他印刷占8%左右，如图7－1所示。

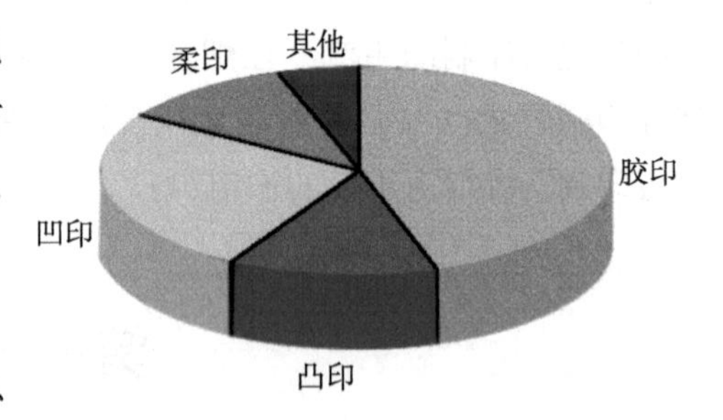

图7－1 不同印刷方式的应用现状

凹版印刷的优点主要体现在以下四个方面：

(1) 墨层厚实、饱和度高，墨色均匀、鲜艳

凹版印版上图文部分下凹的深浅随原稿色彩浓淡不同而变化，因此凹版印刷是常规印刷中唯一可用油墨层厚薄表示色彩浓淡的印刷方式，能够依靠网穴结构、墨层厚度不同来表现墨色的浓淡。印刷品的墨层厚度可达到1～50μm，所以密度变化范围大，层次丰富、色调浓厚，适合表现连续调，制作精美高档画册。此外，印刷品质量稳定，不同批次的印刷品墨色均匀一致。

（2）适用的承印材料非常广泛，其印刷品适应范围也很广

随着科学技术的发展，目前国内外凹版印刷的范围越来越大，可以选用油墨在纸张、塑料薄膜、纺织品、真空镀铝纸（金、银卡纸）、金属箔、玻璃纸等各种纸基、非纸基材料上进行印刷，还可以广泛使用无毒环保的水性油墨和UV油墨，符合烟包印刷绿色环保的要求。凹印包装主要应用于食品包装、化妆品包装、烟酒包装、医药包装及工业产品包装等市场。

（3）印刷工艺简单，耐印力高，印刷效率高，综合加工能力强

与胶印工艺相比，凹印的印刷原理非常简单。凹版滚筒使用无胶片、数字化电子束或激光雕刻制版，印版质量非常好，而且非常稳定，耐印力可达300万~400万印。印刷操作简单，墨色均匀一致，没有水墨平衡和水墨乳化等平版印刷的复杂故障。凹印印刷速度可达到300m/min以上，墨层干燥快，可及时进入加工工序，高速卷筒纸轮转凹印机带有联机上光、模切、压痕、压凹凸、烫印等后加工工位，效率高，精度高，综合加工能力强。

（4）具有防伪性

雕刻凹版印刷的图文有明显的浮凸感，安全证件和大面额钞票的印刷都需要雕刻凹版印刷工序。

凹版印刷的缺点主要体现在以下三个方面：

（1）在传统印刷中，凹印的图像和文字使用相同的分辨率，导致文字和线条有毛刺，不够细腻。

（2）凹印工艺原理的简单性也带来了其他问题，比如人工劳动强度大、凹印滚筒制作成本高、烦琐（凹印滚筒要经过胚滚加工、滚筒打磨、滚筒制作、镀铜、镀铬等工艺）等；而且凹版印刷滚筒的重量较大，需要特殊的传送和搬运装置。

（3）由于凹印制版中的电镀工艺不可避免，因此容易带来环境污染。传统凹印油墨中的苯、甲苯、二甲苯等气体会对环境产生污染，目前已逐渐采用酒精稀释的水基型油墨来取代传统的凹印苯墨，因此在环保方面也逐渐得到改善。

三、凹版印刷的发展

在整个印刷行业快速发展的背景下，国内外凹版印刷的范围越来越大，正朝着多色（可达12色）、高速（300m/min以上）、自动化（套准自动控制等）、联机化（印刷与加工流水线作业）等方向发展。主要体现在以下几个方面：

（1）制版技术方面，超精细雕刻技术对文字和图像使用了不同的分辨率，使文字和线条的再现达到了非常高的精度；激光直接制版技术的诞生，使制版更轻松、更随意、更有效地制造出高清晰度的边缘效果（尤其针对细小的文字），同时又不需要化学腐蚀等不易人为控制的工艺过程；电雕机速度的提升以及在滚筒准备、工艺流程和数码打样等

方面稳定的控制，大大缩短了电雕制版的周期，使凹印印刷更具有竞争力。

(2) 印刷油墨方面。凹印环保型水基油墨以及联机在线处理（模切、烫金等）使凹印印刷在包装印刷中具备了较强的竞争力。

(3) 印刷机械方面。大幅面印刷机、无轴传动技术、远程诊断检测功能的研发与应用更广泛。

第二节　凹版印刷工艺原理

凹版印刷的非图文部分即空白部分在一个平面上（网墙），图文部分即着墨部分相对于空白部分凹陷下去形成网穴。图7－2所示为电子雕刻的网穴与网墙。

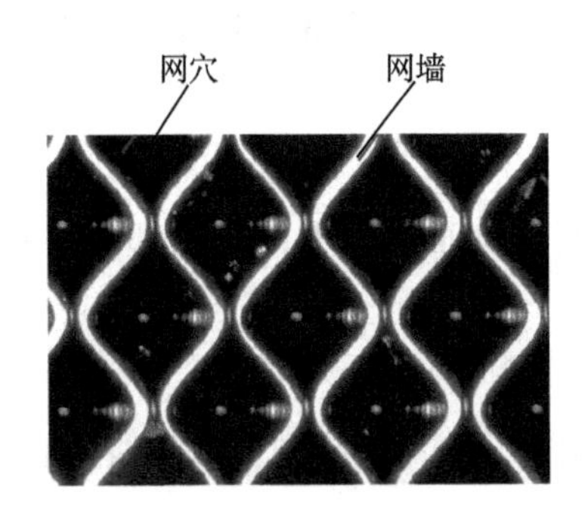

图7－2　电子雕刻的网穴与网墙

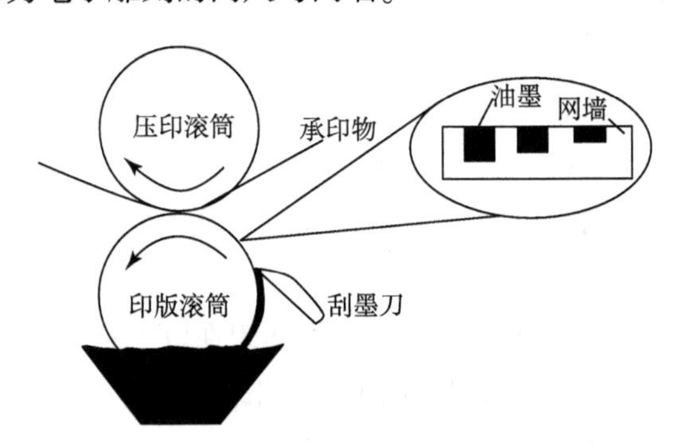

图7－3　凹版印刷过程示意图

印刷时，先使整个印版滚筒浸没在墨槽中或用传墨辊传墨，使凹下的图文部分充满油墨，然后用刮墨刀刮去附着在空白部分的油墨，保留填充在网穴里的油墨。然后，利用一个较高的印刷压力以及承印材料和油墨之间的黏附力，将油墨从网穴中转移到承印物表面，完成印刷。图7－3所示为凹版印刷过程示意图，图7－4所示为凹版印刷原理图。

如果图文部分凹进得深，填入的油墨量多，压印后承印物表面上留下的墨层就厚；图文部分凹下得浅，所容纳的油墨量少，压印后在承印物表面上留下的墨层就薄。印版墨量的多少与原稿图文的明暗层次相对应。凹版印刷使用网点面积率和网穴深浅共同作用来表现阶调层次。

凹版网穴大致有三种类型，如图7－5所示。图7－5（a）为网穴凹陷深度可变，网穴开口面积不变；图7－5（b）为网穴凹陷深度不变，网穴开口面积可变；图7－5（c）为网穴凹陷深度、网穴开口面积同时可变。

在各类凹版中，照片凹版（影写版）和近年来出现的激光电子雕刻机制作的凹版，其网穴属于第一类网穴。照相加网凹版的网穴属于第二类网穴，这种凹版是通过网穴面积大小的变化，即其印刷品是通过“网点”面积变化表现明暗阶调层次的。

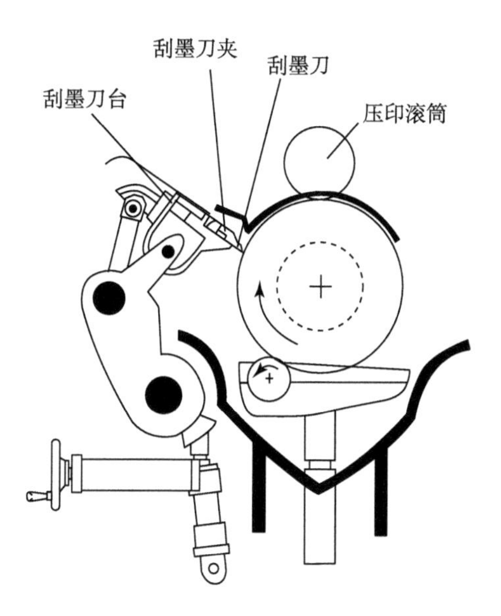

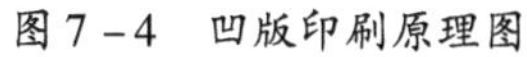

图7-4　凹版印刷原理图

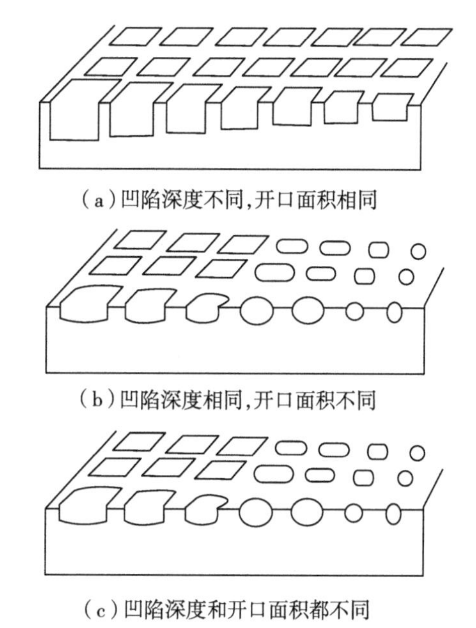

(a)凹陷深度不同,开口面积相同

(b)凹陷深度相同,开口面积不同

(c)凹陷深度和开口面积都不同

图7-5　凹版网穴的类型

第三节　凹版制版

凹版制版是在印版滚筒上直接成像。凹印产品的质量很大程度上取决于高精度的印版滚筒。凹版制版主要包括滚筒的制作和滚筒成像两个部分，通常所说的凹版制版是指凹版滚筒的成像。

一、凹版制版的工艺流程

凹版制版要经过图文处理和页面拼版、滚筒体的制作、滚筒镀铜、印版图像的制作、腐蚀或雕刻形成网穴、镀铬处理。详细地讲，要经过下面这些步骤完成整个凹版制版过程。

（1）从凹版印刷机卸下已印完了的凹印滚筒。

（2）清洗去除凹印滚筒上的残余油墨。

（3）去除铬层。

（4）使用化学电镀方法或机械加工方法剥去图文层。

（5）镀铜准备。

（6）电镀铜层。

（7）对滚筒表面抛光。

（8）腐蚀或雕刻（在凹印滚筒表面生成图文）——印版图像制作阶段。

(9) 试印（打样）。

(10) 修正滚筒。

(11) 镀铬准备（去脂、除氧、预热，有时还需要抛光）。

(12) 镀铬。

(13) 用细磨石或砂纸对滚筒表面抛光。

(14) 滚筒存放或直接安装在凹印机上。

图 7－6 所示为采用电子雕刻机的凹版制版全过程。

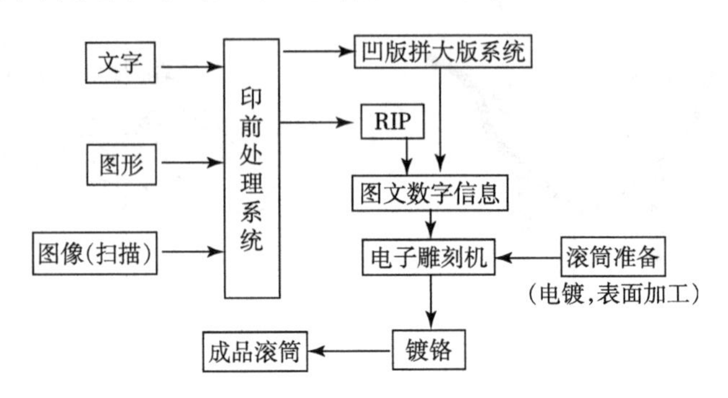

图 7－6 采用电子雕刻机的凹版制版过程

二、凹印滚筒的制作

1. 凹印滚筒的结构

图 7－7 所示为一个凹版印刷的印版滚筒，滚筒的结构如图 7－8 所示。最内层是铁芯或钢芯，主要起支撑滚筒的作用。接着是镍层，它的作用是为了提高镀铜的质量。镀铜层被中间的隔离层隔开，隔离层下面的叫底基铜层，上面的叫制版铜层。隔离层的作用是为了重复利用印版滚筒，当再次利用滚筒时只需要剥离制版铜层。制版铜层在成像过程中形成网穴，它对印版滚筒的寿命、印刷质量有着直接影响。成像后的滚筒还需要镀一层铬，主要是提高印版表面的硬度、耐磨性，从而保证印版的高耐印力。

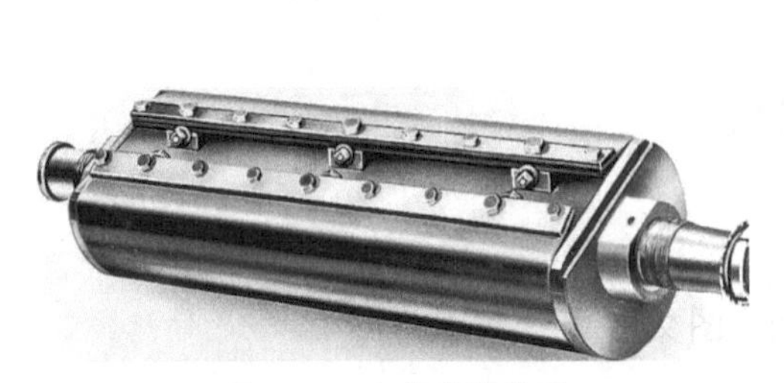

图 7－7 凹印滚筒外形

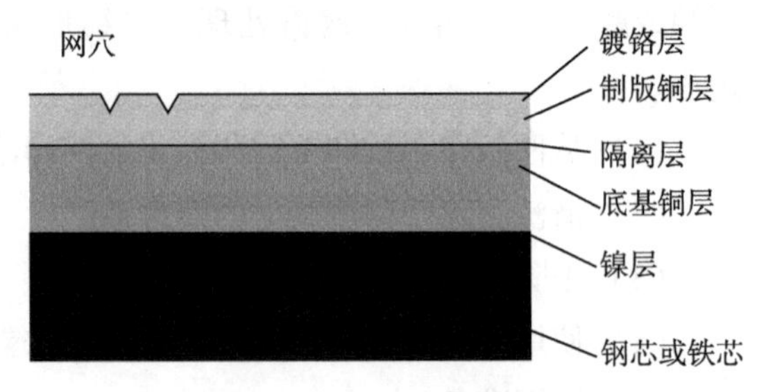

图 7－8 凹印滚筒的结构

2. 滚筒体的制作

凹印滚筒筒体的制作是一个高成本的机械加工以及电镀过程，成本很高。

制造滚筒筒体的材料大致可分为有色金属和黑色金属两大类，有色金属材料有铜和铝合金。目前国内主要采用黑色金属即钢铁材料。钢铁材料有铸铁、碳素钢等。铸铁在铸造过程中容易产生孔隙和气泡，造成滚筒表面出现砂眼和凹坑。另外铸铁滚筒的强度低、韧性差，需要在制作过程中增加滚筒壁的厚度，所以滚筒的质量增大，会增加雕刻机、印刷机的负荷，影响使用寿命。碳素钢又分为低碳素钢、中碳素钢和高碳素钢。低碳素钢含碳量小于0.25%，强度较低，不适合制造滚筒。中碳素钢含碳量在0.25%～0.6%之间，具有较高的强度、韧性等特点，适合制作滚筒。高碳素钢具有较高的强度、硬度和良好的弹性，但是可塑性和可焊性较差。

凹版滚筒按照滚筒直径的大小，可以用无缝钢管直接进行加工，也可以用钢板卷压成筒状并焊接然后进行加工。滚筒的长度和周长是根据凹版印刷机的尺寸大小决定的。

3. 镀镍

由于凹版滚筒的筒体一般是铁质的，不能直接镀铜（镀铜要在酸性溶液中进行），所以要先镀镍，在凹版筒体表面形成一层金属镍。

4. 镀底基铜

接着在滚筒表面镀上一层底基铜，使凹印滚筒直径达到指定的直径数值。凹版使用硫酸盐镀铜，镀液的主要成分是硫酸和硫酸铜。硫酸铜用来提供铜离子，硫酸能够防止硫酸铜水解、提高镀液的导电能力等。铜层厚度要求达到最佳，而且均匀一致，厚度高低误差应小于0.03mm。

5. 镀制版铜

制版铜层（表面铜层）硬度是底基铜层硬度的两倍（相当于维氏度的HV200），所以制版铜层具有良好的切割性能，便于机械雕刻直接接触进行加工。当印版印刷完成后，需要把制版铜层剥离，然后再重新镀制版铜层。为了能够顺利地把制版铜层从底基铜层上剥离下来，在两者之间需要浇注隔离溶液形成隔离层，隔离溶液有酸性和碱性两种。

铜层太厚，造成铜料浪费；太薄，使用雕刻机时容易磨损雕刻针。

6. 为了减少图文磨损和撕裂，所有滚筒在蚀刻或雕刻后，都必须再镀一层坚硬的铬层来提高印版滚筒的耐印力，使其能够承受刮墨刀及油墨中颜料的频繁摩擦。因此，剥离制版铜层前要先用盐酸去除铬层。

三、印版滚筒成像

凹版滚筒成像技术发展主要经历了腐蚀和雕刻这两个阶段，如图7－6所示。腐蚀凹版制版包括传统照相凹版制版和照相直接加网制版，目前在凹印生产中已经极少采用这两种成像工艺。雕刻凹版制版主要包括手工雕刻凹版制版、机械雕刻凹版制版、电子雕刻凹版制版和激光雕刻凹版制版。20世纪80年代初，电子整页拼版系统生成的数字图文信息开始应用于凹版的直接电子雕刻，目前电子雕刻制版成为凹版制版的主流，激光雕刻凹版制版是发展方向。本书主要介绍雕刻凹版制版法。

从雕刻的技术手段上，凹版雕刻技术分为电子雕刻和能量束雕刻两大类。其中，电子雕刻按照驱动方式分为电磁驱动雕刻和压电晶体驱动雕刻两类。在能量束雕刻中，又分为激光雕刻和电子束雕刻两类。图 7 – 9 所示为凹版制版的分类。

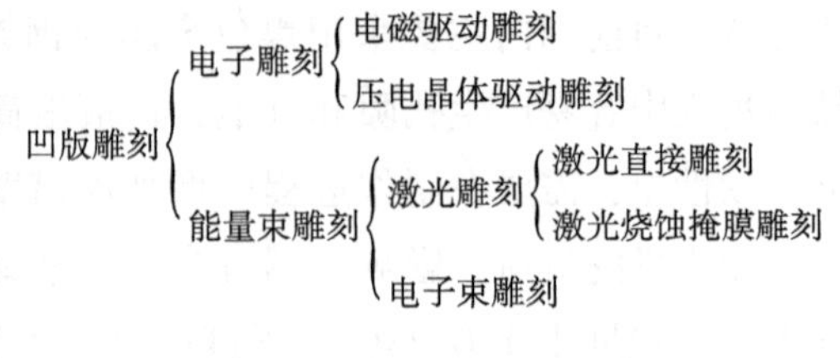

图 7 – 9　凹版制版的分类

1. 电子雕刻制版

(1) 电子雕刻制版的基本原理

电子雕刻改变了以往腐蚀形成的凹孔，而是由钻石雕刻刀直接对凹版铜面进行雕刻而成。其工艺是先将原稿电分为网点片或连续调片，通过扫描头上的物镜对网点片或连续调图像进行扫描，其网点大小或深浅程度是由扫描密度的光信号大小转换成电信号大小后输入电子计算机，经过一系列的计算机处理后，传递变化的电流和数字信号控制和驱动电雕钻石刻刀，在镜面铜滚筒表面上雕刻形成大小和深浅都不同的凹版网孔，凹印滚筒匀速旋转，金刚石雕刻针（图 7 – 10）高频率移动（4 ~ 8kHz），以不同的深度直接刻入镀铜层，在滚筒表面雕刻出深浅不同的网点。对应于原稿的光亮部分，网点既浅又小；而对应原稿的暗调部分，网点既深又大。雕刻出来的铜屑被吸掉，网穴开口边缘的毛刺被刮刀刮除。其雕刻原理如图 7 – 11 所示，图 7 – 12所示为电子雕刻机实物图。

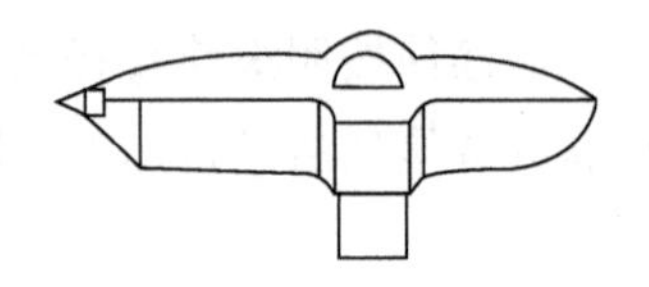

图 7 – 10　金刚石雕刻针示意图

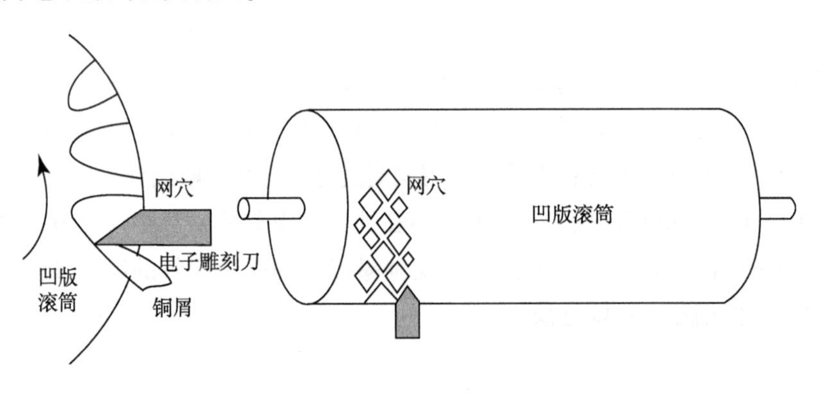

图 7 – 11　电子雕刻原理示意图

电子雕刻常用的加网线数是 40 ~ 120 线/厘米，常用的加网角度有 30°、38°、45°、60°，网点形状为菱形。电子雕刻的网穴深度最深在 60μm 左右，能够真实反映原稿的层次，用它印出来的图文非常清晰。同时其制版过程比腐蚀凹版工艺所需要的时间大大缩短，效率比较高。

现在世界上主要的电子雕刻系统生产商有德国 HELL、美国 Ohio、瑞士 MDC 和日本网屏公司等。

电子雕刻经历了传统有胶片电子雕刻和现代无胶片电子雕刻两个阶段。

①传统有胶片电子雕刻。传统有胶片电子雕刻系统主要由扫描系统和雕刻系统两部分组成。扫描滚筒和待雕刻的滚筒互相联结，在扫描滚筒上通过光学方法来扫描溴化银胶片（印刷图像的正片）的各个层次和密度，并将这些图像数据转变为电信号，从而控制雕刻针进行雕刻。

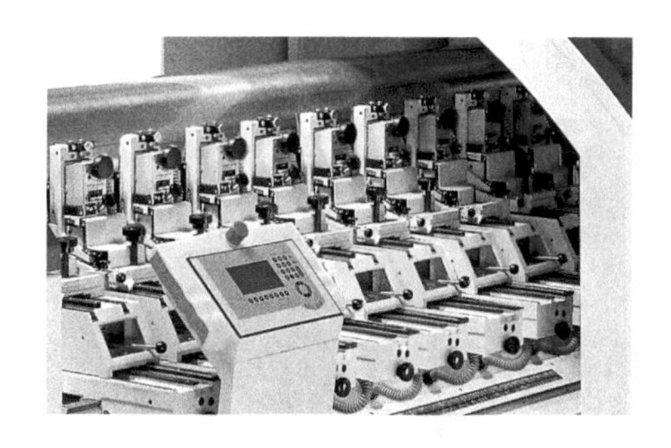

图 7－12　电子雕刻机

现在电子雕刻凹版多采用分体式的电子雕刻系统制版，即扫描系统和电子雕刻系统分离，分别和图像工作站的输入、输出接口相连。扫描仪能扫描阳图、阴图底片。工作站具有多种图像处理功能，对图像可进行整体、局部的色彩修正、剪切、组合和缩放、色彩渐变等。

②现代无胶片电子雕刻。基本原理是先对彩色原稿，包括反射片、透射片等进行扫描，将数据送入计算机，计算机使用各种软件，如 Photoshop、CorelDRAW、Illustrator 等对图片进行修版、色彩校正、层次校正、剪切等处理，然后在排版系统中完成图片拼贴、排字、分色，最终生成四个或多个分色 TIFF 文件，然后通过网络送到电子雕刻控制工作站。电子雕刻控制工作站调入要雕刻的色版文件，同时给出指定雕刻参数、网角、网线等，电子雕刻机的计算机根据参数编制相应的雕刻程序，然后启动电雕机开始雕刻。电子雕刻控制工作站根据电雕机状态，自动将不同的分色文件数据送给雕刻头进行雕刻，直到完成全套凹版。

相比有胶片的电子雕刻，无胶片的电子雕刻具有以下优点：

a. 省略制作分色胶片的工序，降低了制版的误差。

b. 避免了人工拼版的复杂，提高了制版的质量。

（2）电磁驱动雕刻

电磁式雕刻是用电磁场驱动雕刻刀，雕刻凹版网穴的技术。在凹版制版过程中，电磁式雕刻技术避免了化学腐蚀过程造成的不稳定性。雕刻速度从 4000 网穴/秒提升到 8000 网穴/秒，甚至 12800 网穴/秒，是凹版雕刻中的重要技术。

电磁式雕刻凹版形成的网穴深度和面积都可变，深度大的网穴，其开口面积也大。由于凹版油墨的流动性高，网穴至少在一个方向上需要具备“网墙”。因此，在凹版版面上，网穴的最大面积率不可能达到 100%，为了尽可能增大网穴面积率，在雕刻的圆周方向上将网穴雕通，形成纵向的“通沟”。图 7－13 所示为网墙与通沟。

（3）压电晶体驱动雕刻

压电晶体雕刻和电磁式雕刻不同之处在于采用压电晶体堆驱动雕刻刀。基本工作原理是：在不同电压作用下，压电晶体的伸缩变形量不同，根据变形造成的驱动力推动雕刻刀。图 7－14 所示为压电晶体驱动雕刻示意图。

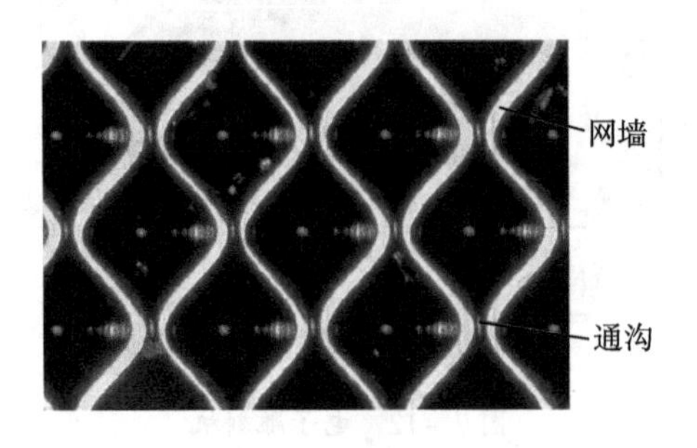

图 7－13　网墙与通沟

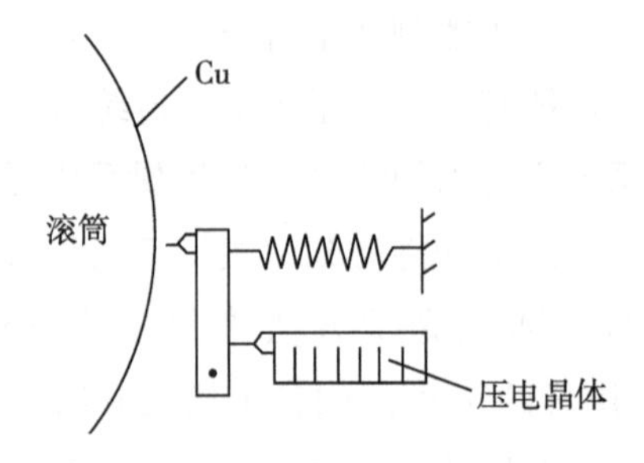

图 7－14　压电晶体驱动雕刻示意图

2．能量束雕刻制版

（1）激光直接雕刻技术

激光直接雕刻凹版制版就是凹版印刷的计算机直接制版技术（凹印的 CTP 技术）。激光雕刻凹版工艺诞生于 1995 年，MDC 公司将激光直接雕刻镀锌滚筒的技术推向市场，2004 年 HELL 公司推出激光直接雕刻铜层和铬层的雕刻机。

激光直接雕刻凹版的基本原理是，首先制作好镀锌的凹版滚筒，然后数字图像信号控制波长很短的高能激光脉冲直接作用于凹版滚筒表面的锌层，使锌层熔化或部分汽化，最后清除残余物，形成下凹的网穴。图 7－15 所示为激光雕刻网穴形成示意图。不同的数字图像信号对应着不同强度的脉冲信号，最终形成不同深度的网穴。雕版完成后，滚筒经过打磨、清洁等工序，最后镀铬。印刷后，采用与铜滚筒方法相同的方法去除凹印滚筒的外层以便下次制版。图 7－16 所示为激光雕刻的原理示意图。

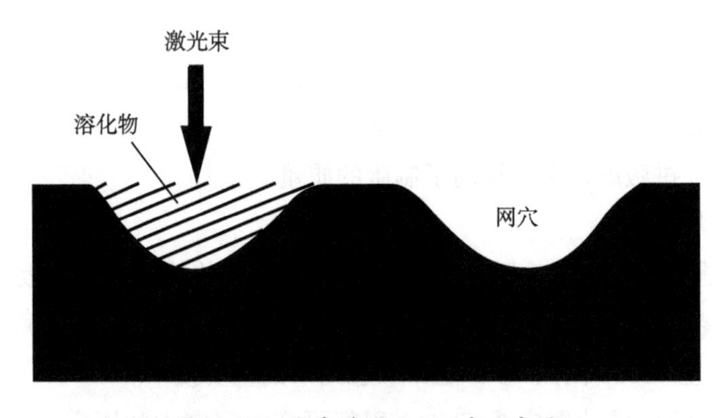

图 7－15　激光雕刻网穴形成示意图

激光直接雕刻凹版制版的优点：

①它属于非接触的雕刻技术，效率很高。

②除了精细字体的锯齿效应，印刷品非常精细。

激光直接雕刻凹版制版的缺点：

①目前只能形成深度不同的网穴，面积不可变。

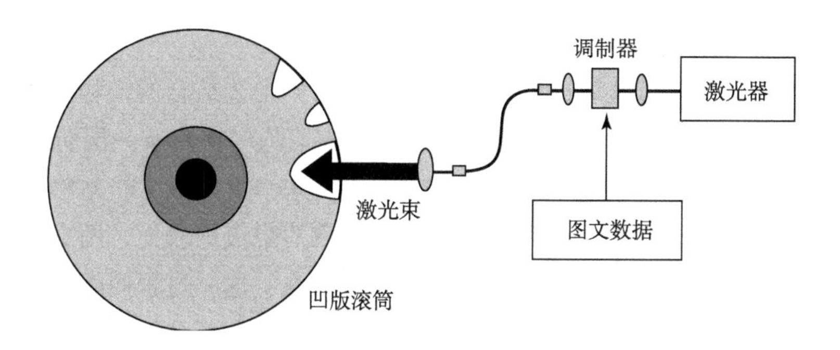

图 7－16　激光雕刻的原理示意图

②需要在真空下进行，同时为了提高镀层表面对激光的吸收性，需要镀锌而不是镀铜，所以制版价格非常昂贵。

综上所述，表 7－1 列出了电子雕刻和激光雕刻工艺参数比较。

表 7－1　电子雕刻与激光雕刻工艺参数比较

雕刻形式	网点形状	最大网穴深度	网线范围	加网角度	雕刻精度
电子雕刻	菱形	60μm 左右	35～120 线/厘米	30°～60°	一般
激光雕刻	方形、圆形、六边形、椭圆形等	200μm 左右	5～250 线/厘米	0°～360°	较高

电子雕刻凹版产生的网点形状比较单一，而激光雕刻的网点形状除了机器预设的方形网点、圆形网点、椭圆形网点、六边形网点、线性网点外，还可以人为编辑任一形状网点，可以根据不同稿件选择不同的网点形状，制定更加合适的雕刻制版工艺。电子雕刻的网穴呈 V 字型，而激光雕刻的网穴为 U 字型，所以其体积、储墨量和上墨量都更大，转印效果也更佳，如图 7－17 所示。网穴的形状决定了激光雕刻凹版含墨量大，油墨容易转移，印品墨层厚实。

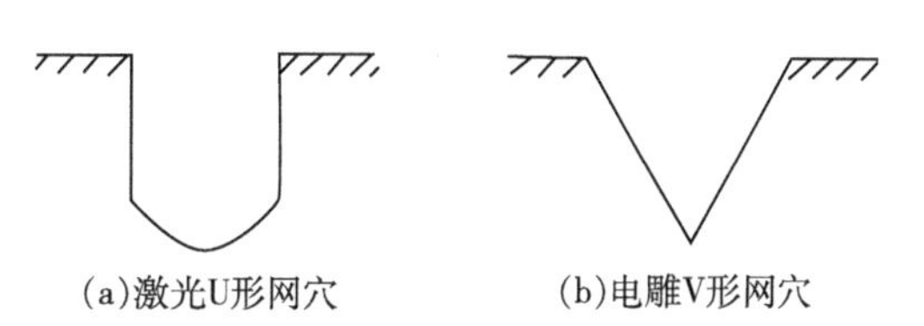

图 7－17　激光雕刻网穴与电子雕刻网穴形状

电子雕刻技术在塑料包装、纸张包装、装饰印刷领域已经相当成熟，而激光雕刻机的引入使得凹版印刷领域进一步得到拓展，提高了印刷品的质量，激光凹版技术适用于以下方面：

①激光雕刻凹版由于网穴深，含墨量大，雕刻均匀等，适用于网纹辊、涂胶辊、涂色辊、压纹辊等。

②适用于烟版、水松版等文字、线条特别细小，但要求清晰度高的印版，大多数烟盒外膜上金拉丝的小文字就是由激光雕刻机来完成的。

③广泛应用于货币、证券、票务等高精度印刷品。

④适用于做各种防伪版。

(2)激光蚀刻凹版制版

激光蚀刻凹版制版是传统腐蚀凹版制版工艺同雕刻工艺结合的产物。基本原理是首先对镀铜滚筒表面进行彻底地清洗处理，然后在其表面均匀地涂布一层防腐蚀胶（“掩膜”），胶层的厚度可根据工艺要求的不同而定。接下来，由拼版工作站将印前工序制作好的文件转换成雕刻数据，使用激光雕刻机的激光束灼烧滚筒表面，图文部分的胶层直接灼烧，瞬间汽化形成网点；非图文部分胶层依然存在，这一过程叫做激光刻膜。然后把印版滚筒放在腐蚀槽里用三氯化铁腐蚀液进行腐蚀，图文部分没有胶层，所以就被腐蚀形成凹下去的网穴，非图文部分由于有胶层的保护依然保留，然后再用清洗液洗去非图文部分的胶层，最后再镀铬增加印版滚筒的耐印力。图 7－18 所示为激光蚀刻凹版制版原理示意图。

烧蚀的分辨率可以高达 5080dpi，文字和图形的精细程度高于普通的机电式雕刻。

(3) 电子束雕刻技术

电子束雕刻是利用高能电子流烧蚀凹版网穴，它的雕刻原理是用数万伏高压的电场产生高能电子束，通过电场和磁场的作用，使电子束在 6μs 内达到所需要的强度和尺寸，在滚筒表面将铜液化和部分气化，用刮刀去除网穴周围的残留物，可以得到所需要的凹版网穴，图 7－19 所示为电子束雕刻原理示意图。

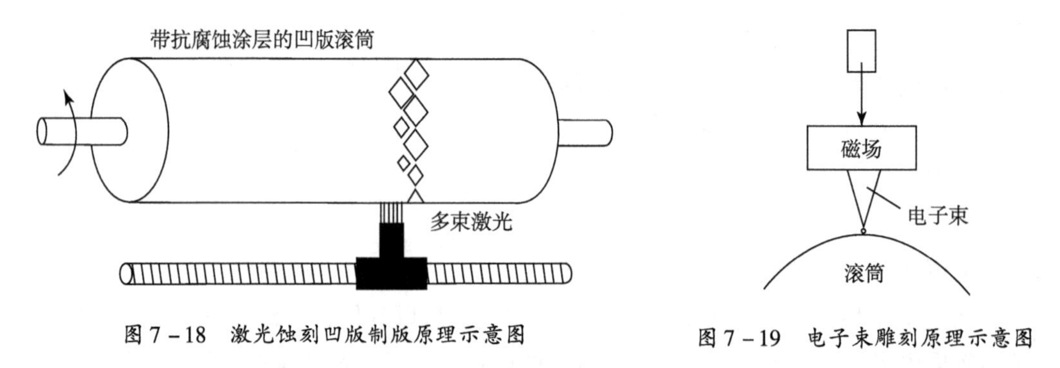

图 7－18　激光蚀刻凹版制版原理示意图　　图 7－19　电子束雕刻原理示意图

四、凹版制版技术的发展

(1) 全自动凹版滚筒电镀加工。全自动生产线在全线集中 PLC 或微机程序控制，工作效率高，操作人员少，占地面积少，质量稳定，设备使用寿命长。

(2) 无胶片印版电子雕刻工艺、激光雕刻工艺得到迅速发展，凹版制版逐步实现数字化、自动化。

(3) 数字直接打样技术迅速发展。凹版打样在凹印中起着非常重要的作用，数字直接打样技术的应用使得凹印生产效率更高，更可靠方便。

第四节　凹版印刷工艺过程

凹版印刷的工艺流程一般为：按照工作任务单和样张的要求领取油墨、承印物，安装印刷滚筒，调整压印滚筒，调整压印滚筒上的包衬物，使印版上各部分的压力一致，调整刮墨刀对印版的角度和距离，开机试印，试印样张合格后车间主管人员和客户签字，正式印刷。

一、凹版印刷材料

1. 凹版油墨

（1）雕版凹版油墨

雕版凹版油墨属于氧化结膜干燥型油墨，主要用于有价证券、货币、邮票、重要文件等不易复制、伪造的印刷品。其中颜料为10% ~25%，树脂连结料中的树脂为20%，干性植物油为25% ~50%，油墨油为15%，填料为30% ~50%，辅助剂为0.3% ~4%。

雕刻凹版油墨具有稠度大、屈服值大、黏性小、墨丝短、不带油腻性、墨层厚度较高（可达15μm）的特点。油墨中的颜料具有良好的耐光、耐热、耐水和耐油性，油墨有一定的凝聚力和附着力。雕刻凹版油墨在印刷中应注意以下两点。

①雕刻凹版油墨适用于5000印/小时以上的中速凹版印刷机上印刷专用纸张（纸币纸、证券纸和邮票纸等），也可印刷胶版纸、凹版纸、铜版纸。在高速凹版印刷机上印刷时，油墨黏度不宜过大，过大刮墨刀刮墨出现故障。

②雕刻凹版油墨在印刷中应保持一定的稠度和黏度，但是油墨的黏着性不能过大，否则在印刷过程中就不易将空白部分的油墨全部刮去，这样既影响印刷品的清晰度，又会产生粘脏故障。

（2）水基型凹版油墨

水基型凹版油墨是一种无毒、无污染、无刺激味、无燃烧危险的环保、安全的新型油墨，最适用于印刷食品包装。水基型凹版油墨主要组成材料是：颜料10% ~20%，水性连结料中的水性树脂液65% ~75%，蒸馏水12% ~18%，辅助剂3% ~5%，其他添加剂1% ~2%。

水基型凹版油墨除符合安全、环保要求外，在墨性上，具有油墨浓度高、性能稳定、印刷适性好、印迹附着性好、干燥符合要求、耐水、耐碱、耐乙醇和抗磨性能优良等特点，适用于金卡纸、银卡纸、涂布纸、铸涂纸、瓦楞纸、不干胶纸、纸箱、纸品包装袋和书刊杂志以及塑料薄膜等印刷品。水基型凹版油墨在印刷中应注意以下几点。

①水基型凹版油墨中水性溶剂的表面张力大，挥发性慢，对纸张的渗透性大，干燥

时间长，因此在出版用纸、包装用纸、瓦楞纸等纸质材料上印刷，特别是进行套色印刷时，要配置相应的干燥装置，特别要控制好烘箱温度和印刷速度，并加强印刷操作检查等措施，以避免或减少印刷故障的发生。

②水基型凹版油墨都存在不耐碱、不抗乙醇和水、光泽度差、印刷中容易使纸张产生伸缩与变形等缺点，因此印刷前需对印刷用纸进行必要的调湿适应处理，使印刷用纸的平衡水分值达到最佳状态，保持纸张的印刷稳定性。

③水基型凹版油墨的表面自由能高，该油墨在聚乙烯等塑料薄膜上难于很好地润湿和印刷，因此，在印刷前对聚乙烯等塑料薄膜进行表面处理是顺利进行水基型油墨凹版印刷的关键。

聚合物塑料薄膜表面处理方法有以下几种：

a. 溶剂清洗和侵蚀。用乙醇、碱水、乳化液等进行。

b. 腐蚀。用机械的方法进行喷砂腐蚀。

c. 化学蚀刻处理法。

d. 火焰处理法。

e. 电晕处理法。

2. 凹印承印物

（1）纸张。主要有白卡纸、铜版纸、证券纸、邮票纸、印钞纸、水松纸、铝箔纸等。

（2）塑料薄膜。常用的塑料薄膜主要有聚乙烯薄膜、聚丙烯薄膜、聚氯乙烯薄膜、聚酯薄膜、聚苯乙烯薄膜、尼龙薄膜、玻璃纸。除此以外，还有聚偏二氯乙烯薄膜、醋酸酯薄膜、聚乙烯薄膜等。

（3）复合材料。复合材料是两种或两种以上的单一材料经过一定的加工使之复合在一起。复合材料一般由纸、塑料薄膜、铝箔等复合而成。常用的有全息激光箔，铝箔复合材料等。铝箔复合材料的种类较多，根据用途不同，与铝箔复合的材料及厚度也不同，如表7－2所示。

表7－2　铝箔复合材料的种类及用途

铝箔复合材料的种类	应用
铝箔/纸	香烟
铝箔/蜡/纸	水果糖
玻璃纸/铝箔	糖果
铝箔/聚乙烯	巧克力、药品
玻璃纸/聚乙烯/铝箔/聚乙烯	茶叶、药品
纸/聚乙烯/铝箔/聚乙烯	汤
聚酯/铝箔/聚乙烯	果品、蒸煮食品
聚乙烯/纸板/聚乙烯/铝箔/聚乙烯	牛奶、水果汁

二、凹版印刷机

由于凹版印刷机都是圆压圆式的轮转机，通常又称为轮转凹印机。凹版印刷的分类方式较多，按照用途可分成三类：书刊凹印机、软包装凹印机、硬包装凹印机。书刊凹印机用来印刷杂志、书刊、画报等，配有折页装置；软包装凹印机用来印刷玻璃纸、塑料薄膜、铝箔、纸等包装用材料，配备复合、上光、模切等装置。

按照印刷方式可分为单张纸凹印机和卷筒纸凹印机，卷筒纸凹印机使用更多。按照印刷色数分类，可分为单色凹印机和多色凹印机。按照印刷色组排列位置分类，可分为卫星式凹印机和组合式凹印机。卫星式凹印机几个色组共用一个压印滚筒，组合式凹印机每个色组呈水平排列成流水线。

1. 单张纸凹印机

单张纸凹印机作业灵活、准备时间短、浪费少、套准精度高、容易与其他印刷方式进行组合，适应现代社会对印刷周期短、印品质量高、工艺复杂的要求。

2. 卷筒纸凹印机

卷筒纸凹印机根据印刷品用途不同，常配有一些辅助设备来提高印刷和印后加工的实际效率。例如：作为纸盒类（如烟包）印刷用凹印机，配备有进行模切压痕纸盒的印后加工设备；作为书刊印刷用凹印机，在收纸部分设有折页装置。

卷筒纸凹版印刷机由开卷（输纸）部分、着墨部分、印刷部分、干燥部分和收卷（收纸）部分组成，机组式卷筒纸凹版印刷机基本结构如图 7－20 所示。

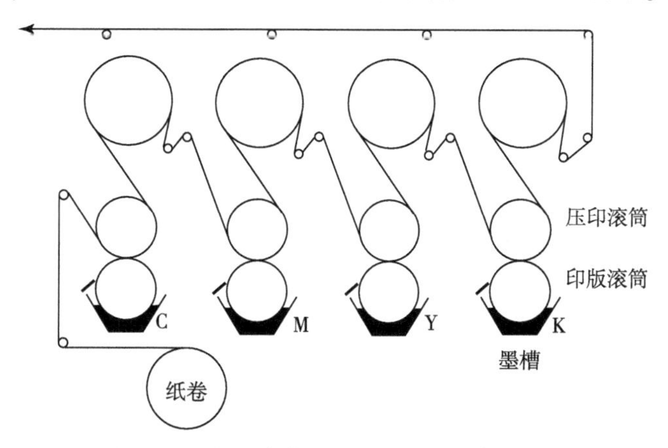

图 7－20　机组式卷筒纸凹版印刷机基本结构

（1）输纸、收纸装置

由于卷筒纸凹版印刷往往是长版活，为了提高生产效率，凹版印刷机的输纸部分大多采用双臂给纸和收纸的方式，从而实现凹版印刷机不停机输纸和收纸。

（2）着墨装置

凹版印刷机的着墨装置有输墨和刮墨两部分组成。输墨方式分为开放式和密闭式两种。开放式又分为直接着墨和间接着墨。

开放式直接着墨方式是将印版滚筒的1/3直接浸在油墨槽内，涂满油墨的印版滚筒转到刮墨刀处，将多余的油墨刮去，经与纸张压印后完成一次印刷。间接着墨方式是由一个传递油墨的胶辊，将油墨涂布在印版滚筒表面，再由印版滚筒上的刮墨刀将多余油墨刮去，经与纸张压印后完成一次印刷。利用间接着墨方式着墨，能增强印品高调部分的再现能力，并减少油墨的残余，高速凹版印刷机大多采用此种着墨方式。密闭式着墨方式是将印版滚筒置于封闭的容器内，由喷嘴将油墨喷淋到滚筒上，刮刀刮下的油墨再循环使用，这样可防止溶剂挥发、减少污染、降低成本、保持印刷质量稳定。

凹印机的刮墨部分是由刀架、压板和刮墨刀片（0.15～0.30mm 的弹簧钢片）组成。刮墨刀片的厚度、刀刃角度以及刮墨刀与印版滚筒之间的角度可以调节，一般刮墨刀与印版滚筒接触的角度以30°～60°为宜。

（3）印版滚筒

凹版印刷的图文是直接雕刻在印版滚筒上，每换一次版需要换一次印版滚筒（大多为照相雕刻凹版），因此，每台凹版印刷机都备有较多的印版滚筒作周转使用。为了装卸方便，印版滚筒应能做径向移动，在印版滚筒空转时，与压印滚筒脱离接触。纸张凹印机的印版滚筒直径要比塑料等软包装印刷凹印机的大（一般大50～80mm）。

（4）干燥装置

每个凹印色组上均设有干燥装置，称为色间干燥装置。色间干燥装置的作用是保证承印材料进入下一印刷色组前，前色油墨完全干燥，以免产生粘连，同时尽可能排除油墨中溶剂。干燥装置由干燥箱、进风机、排风机、温度控制系统、冷却辊以及热源等部分组成。如图7－21所示。

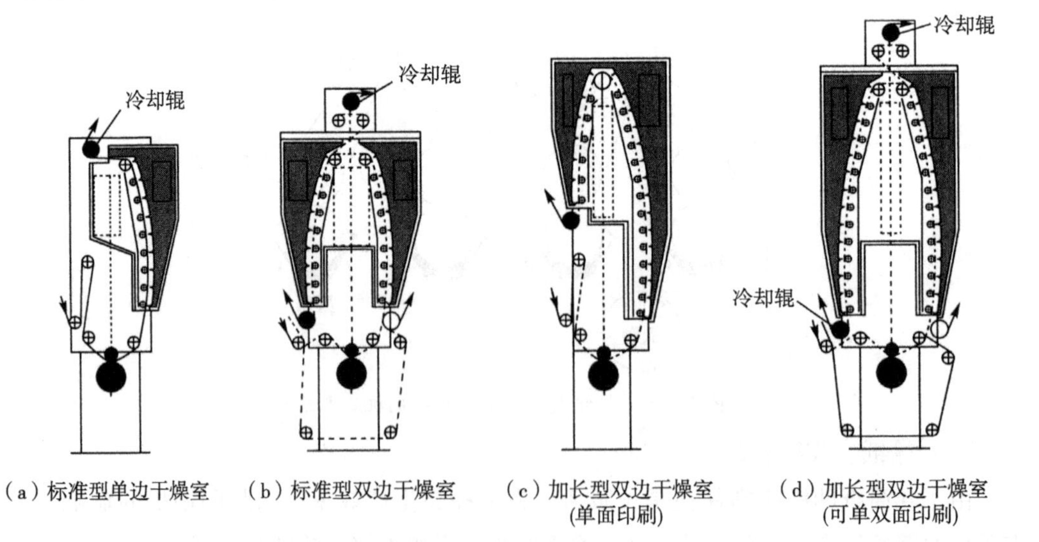

（a）标准型单边干燥室　（b）标准型双边干燥室　（c）加长型双边干燥室(单面印刷)　（d）加长型双边干燥室(可单双面印刷)

图7－21　干燥箱的结构形式

干燥箱的主要参数包括独立干燥室数量、料带路径最大长度、最大进风量、喷嘴处热风最高温度、喷嘴空气最高速度、喷嘴数量和冷却辊数量等。

凹印机的各干燥室均采用独立的温度控制。同时，在每个干燥室出口处都安装了一个冷却辊，其目的是为了使受热承印材料的温度恢复到常温水平，既可以加速油墨固化，又可以使料带热变形有所改善。冷却辊一般是双层结构，冷却水从传动侧进出，在冷却辊内部循环，端面有旋转接头。冷却辊通常由料带靠摩擦力驱动。冷却辊需要满足诸如进水温度（一般为16～18℃）、过滤度、压力、允许温差、最大硬度、pH值、最大耗水量等条件。应该尽可能采用闭环式冷却水循环控制系统，以节约能源，同时保证水温恒定。

三、凹版印刷工艺

凹版印刷由于印刷机自动化程度很高，制版质量好，工艺操作比平版印刷简单，容易掌握，基本工艺流程如下。

1. 印刷前准备

凹版印刷前的准备工作包括：详细了解付印施工单，准备承印材料，准备油墨，准备印版，准备刮墨刀等。

（1）详细了解施工单

首先要了解产品质量要求、用途，然后核对规格尺寸和名称。认真检查对蓝图、样张的改动情况或批示，然后再检查客户对样张的要求及改动情况，核对工艺传票对规矩边的尺寸、承印材料、油墨的要求，还要核对质量员对版面要求及处理情况，再进一步检查版面图文的正确性。

（2）准备承印材料

凹版印刷的承印材料的种类很多，主要有纸张、塑料薄膜等。用于凹版印刷的塑料薄膜有很多种，有OPP、BOPP、CPP、LDPE、HDPE、PVC、PET、PA、PS等，许多薄膜外观相似，上机前应仔细核对，以防用错。对薄膜的辨别可以通过外观观察和采用燃烧的方法。

绝大多数塑料薄膜为非极性分子，其临界表面张力值较低，有些薄膜，如PE等，印刷前需进行电晕预处理来提高印刷适性，且要进行表面张力测试。目前，印刷厂大多采用表面张力测定液来测定薄膜与处理后的效果，其方法是：用脱脂棉球蘸上已知表面张力的测定液涂在已被电晕处理后的薄膜上，涂布面积为30mm^2左右，若在2s内收缩为水珠状，则表明薄膜电晕处理强度不足。

（3）准备油墨

领取的油墨最好提前一天放到印刷车间存放，使用前应对油墨进行充分搅拌，再兑入溶剂稀释，直到油墨被调到适合印刷的黏度。所选用的溶剂为油墨配置时的相应溶剂，不同的溶剂配比会使油墨的干燥速度不同，因此，应根据车间温度、印刷速度等实际生产条件选用合适的溶剂配比。

凹版印刷中专色墨的使用比较频繁，应事先根据客户要求的颜色配制小样，并进行刮样试验，取得油墨的配比，再根据该配比配制印刷所需要的油墨。专色墨的配制应遵循以下原则：

①尽可能选用与油墨厂生产的色相相同的定型油墨，以保证颜色调配所需的油墨饱和度。

②若要用几种颜色油墨配制，应尽量选用颜色接近定型油墨的油墨为主色。

③尽量减少油墨的品种，因为油墨品种越多，消色比例越高，明度和饱和度则越低。

④配制浅色墨时，应以白墨为主，少量加入原色油墨。

⑤避免混合使用不同厂家、不同品种的油墨，以减少对油墨光泽度、纯度和干燥速度的影响。

⑥用铜金粉、银粉和珠光粉配制时，其含量以不超过总量的30%为宜。

溶剂要根据所选用的油墨来选用。油墨生产厂家一般都会提供其油墨的快干、中干、慢干等三种溶剂配比，印刷厂可根据车间温度、印刷速度等实际生产条件选用合适的溶剂配比。

（4）准备印版

印刷前，应根据印版滚筒号领取印版，并根据产品版号清单仔细校对。为了减少印版上机后可能出现的差错，印刷前应对印版进行仔细检查。如果是彩色版要进行印版色别的检查；层次版要检查网点层次情况是否整齐、完整；文字印版线条必须完整无缺，不能断笔少道或多点余线，否则应增添或砂磨掉（或补掉）；检查印版滚筒表面是否有碰伤、划伤、铬层脱落、露铜、锈斑等损坏；检查相应的键槽是否清洁，选择与其相符的闷头，要求闷头表面清洁。

（5）准备刮墨刀

①刮墨刀。刮墨刀能够将印版表面多余的油墨刮掉，使腐蚀或雕刻的网穴内留下必要量的油墨，在印刷压力的作用下转移到纸或薄膜上，完成印刷。刮墨刀系统是保证印版滚筒精确传墨的关键，因此刮墨系统可以称之为凹版印刷的精华或心脏，是保证印刷质量的关键。刮墨刀在凹印中起到刮掉油墨的作用，但它并不能完全刮净油墨，相反地，未刮去的那一层极薄油墨起到了润滑剂的作用，能够降低刮墨刀与版面的摩擦力，不会损坏版面而且能够延长刮墨刀的寿命。

凹版式印刷机的刮墨刀装置是由刀架、刮墨刀和压板组成。刮墨刀一般为特制的弹性钢片，宽约 40 ~ 80mm，厚度有 0. 1、0. 15、0. 2、0. 25mm 等，实际生产中一般采用 0. 15mm，刮墨刀两边应比印版滚筒长 2cm 左右。压板是比刮墨刀稍窄的钢片，厚为0. 3 ~ 0. 5mm，刮墨刀和压板均安装在刀架上。图 7 – 22 所示为刮墨刀的结构。

图 7 – 23 所示为凹版印刷机上的刮墨刀装置。

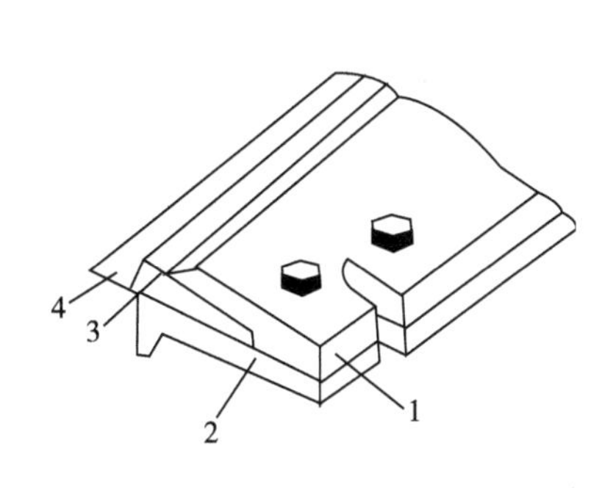

图7－22　刮墨刀的结构

1，2—夹持板；3—压板；4—刮墨刀

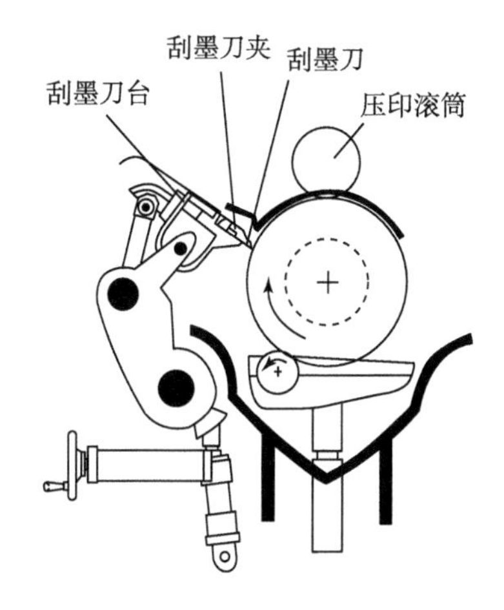

图7－23　凹版印刷机的刮墨刀装置

目前，刮墨刀的刃口主要有两种，如图7－24所示。常见的是图7－24（a）所示的刮墨刀。这种刮墨刀刃口形状的截面是一致的，保证了与印版滚筒的接触部分面积始终一致。图7－24（a）所示的刮墨刀随着使用时间增加，接触面积不断改变，导致刮墨效果不良。采用图7－24（b）所示的刮墨刀，其刃口角对印刷质量有着很大的影响。如果把刮墨刀刃口角磨成≥30°，刀刃比较坚固，但弹性差，刮墨效果不好，使印刷品亮调部分出现深浅不匀的现象。如果刀刃磨得过薄，刃口角磨成＜18°，虽然刮墨的效果很好，但会被从油墨和纸张上脱落到刮墨刀上的硬质微粒（或者沙子）所损坏，或被印版磨损，刀刃上出现小月牙状的伤痕，这将会在印刷品上留下很细的道子，即出现与纸边边缘成某一角度的直线。因此，刮墨刀刃视印刷产品、油墨、承印材料和印刷机转速等因素而定，研磨的角度在18°～30°之间变化。

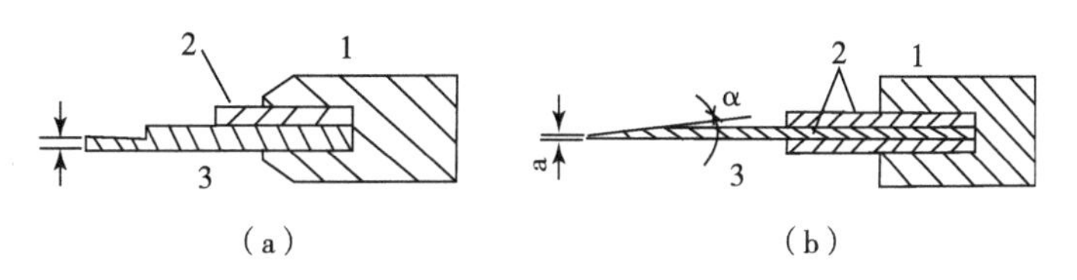

图7－24　刮墨刀的刃口形状

1—刀座；2—垫片；3—刮墨刀；a—支撑线；α—刃口角

②刮墨刀的安装。刮墨刀在安装前，必须清洁压板和刀架，防止墨块影响刮墨刀的平整度，并杜绝油墨间的污染。安装刮墨刀时，一般是压板伸出刀架15～25 mm，刮墨刀比压板多伸出5～8mm。

安装刮墨刀时，利用刮墨刀装置上附设的能对刮墨刀刃进行调节的装置，以保持刀刃与印版滚筒的母线相平行，使刮墨刀均等地压紧在整个印版滚筒的母线上，达到刮除印版空白表面上油墨的目的。为了将油墨从印版滚筒表面刮除，刮墨刀与印版滚筒接触的方式十分重要，比如刮墨刀的接触角度、刮墨刀边缘以及所施加的刮墨刀压力的大小等。

当刮墨刀固定好后，便可以对刮墨刀进行轴向平行度的调节了。首先启动印刷机慢速空转，并同时启动供墨系统，然后初步调节刮墨刀与印版滚筒的接触位置及接触角度。使刮墨刀轻轻地压在印版滚筒上，再观察印版滚筒两边的墨量是否均匀。如果不均匀，则调节刀体左右两侧的进退，尽可能使印版滚筒两边的油墨刮得均匀后再锁定刮墨刀。最后，要对刮墨刀的角度及压力进行准确调节。刮墨刀加在印版滚筒上的压力是根据需要设定的，通常是 100 ~ 200N/m。设定压力的原则是在不影响印刷质量的前提下尽量降低刮墨刀的压力。这是因为刮墨刀压力越大，刮墨刀与印版滚筒之间的摩擦力越大，容易损坏刮墨刀和印版滚筒。

影响刮墨刀压力的因素：印刷速度；印版滚筒加工精度；刮墨刀加工精度；油墨黏度；油墨对刮墨刀的冲击力；刮墨刀接触角等。一般说来，印刷速度越快，需要的刮墨刀压力相应也越大。在相同的刮墨刀角度下，刮墨刀压力越大，其刮墨性能越好，但并不是越大越好，过大的印刷压力不但会造成印版滚筒的迅速磨损，还会极大地削弱刮墨刀的刮墨作用。

安装刮墨刀时，还要注意刮墨刀安装的角度，即刮墨刀与印版滚筒在接触点上的切线所构成的角度，用 α 表示。当 $\alpha < 90°$ 时，如图 7 – 25（a）所示，称为正向安装；当 $\alpha > 90°$ 时，如图 7 – 25（b）所示，称为反向安装。这个角度越大，对刮墨刀刮除印版空白部分油墨的效果越好，但刮墨刀刃也损坏得越快。正向安装时，在刮墨刀和印版滚筒表面形成楔形积墨区，由于油墨这一流体压力的作用，刮墨刀有被抬离滚筒表面的趋势，并在积墨区内容易积累一些杂质颗粒，对刮墨刀和印版滚筒造成不均匀的磨损。相比而言，反向安装刮墨效果好，但刮墨点与压印点的距离较大，对挥发型油墨的转移较为不利。在凹版印刷中，主要采用正向安装，接触角一般为 70°。增大接触角，容易将版面的油墨刮净使图文清晰，适合细小线条、文字的印刷，但可能产生墨层过薄，印刷油墨光泽度差等现象，还容易损伤印版滚筒。如果印版滚筒偏心，则会相互损伤。如果减小接触角，印刷墨层厚重，有利于油墨的整体转移，印品光泽度好，但是图文边角容易模糊，同时油墨中的杂质容易进入刀缝，引起印刷刀丝等印刷故障。图 7 – 25 所示为刮墨刀的安装角度示意图。

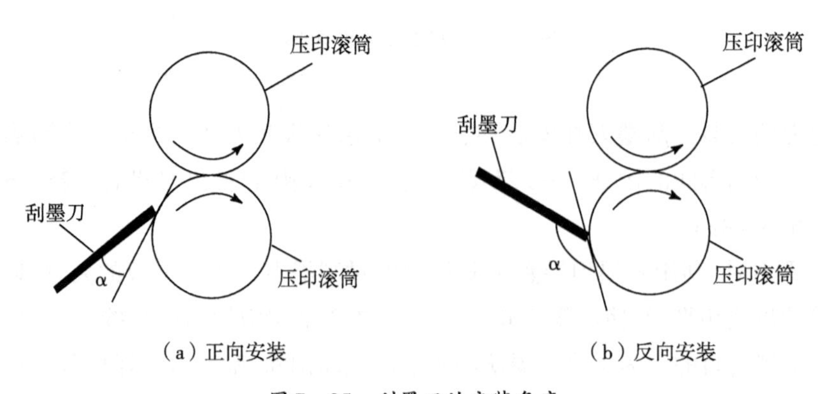

图 7 – 25　刮墨刀的安装角度

为保证良好的刮墨效果，刮墨刀还应做轴向往复移动，并在加压装置作用下，使刮墨刀紧压在印版滚筒上。刮墨刀往复移动的行程一般为30～60mm，行程次数为印版滚筒转数的1/6～1/10。常见加压装置有四种：蜗轮蜗杆加压、重锤加压、弹簧加压、空气加压。蜗轮蜗杆加压是通过螺杆调紧或调松来完成刮墨刀与印版滚筒之间压力的调节；重锤加压是通过改变重锤在杠杆上的位置产生压力的不同来调节；弹簧加压是通过弹簧的压力来调节，这三种加压方法压力不易控制。而空气加压适用于高速凹印机，它是借助气压对活塞的移动达到调节压力的目的。压力值可根据阀门设定，在气压表上能观察到所设的压力值，停机时压力随之消失，对印版和刮墨刀起保护作用。

2. 上版、穿料

安装印版时，应根据套印色序正确准备每一个印版滚筒，做好预套版工作。上版操作中，要将印版滚筒和印刷机的连接处紧固地连在一起，防止正式印刷时印版滚筒有松动现象。要求印版滚筒相对导辊居中，左右水平，运转自如，无上下跳动。上版时要特别注意保护好版面不要被碰伤，应用溶剂仔细清洗每一个印版滚筒，此时溶剂为印刷该产品所使用的溶剂。

若是进行卷筒料的印刷，印刷前还有一件非常重要的工作，就是穿料。首先在放卷轴上居中装好料卷，将放卷轴张力开关调到穿料档或关闭张力开关后进行穿料。最好让承印材料穿越印刷机的每个机组、每根导辊（翻转架除外），以保证承印材料运行的最大稳定性，尽量避免穿错和漏穿。

3. 印刷参数的设定

在印刷产品之前，根据每个产品的工艺要求，需要在印刷机上设定一系列的印刷参数。

（1）干燥温度

干燥温度对印品质量有很大的影响，温度过高，将引起承印材料尤其是非耐热承印材料的收缩变形；温度过低，油墨干燥将不彻底，引起反黏。各种承印材料的耐热差别很大，温度的设定要依据材料而定。在实际生产中，如在PVC薄膜上印刷，温度一般调节为40～55℃，而在OPP薄膜上印刷，干燥温度则应调节为60～75℃。多色印刷时，第一色温度不宜过高，过高会引起承印材料收缩变形而影响第二色套印，以后各色干燥温度可逐渐升高。

在实际生产中，干燥速度的调节应综合考虑多方面的因素，如印刷速度、印品的整体油墨、是否有金属墨、承印材料的耐热性等，来确定一个较合适的干燥速度。

（2）印刷张力

张力控制机构是卷筒印刷机一个很重要的机构，张力控制准确与否，在很大程度上决定印刷品套印质量。一般机组式凹版印刷机有四段张力控制，分别是：放卷张力、进给张力、牵引张力、收卷张力。它们控制了承印材料在放料、印刷、收卷过程中运行的稳定性，稳定的张力能使承印材料在机组间稳定地运行，进而保证了印刷的套印精度。

张力的控制主要凭经验，一般根据承印材料拉伸变形的特性、料卷的宽度和厚度来确定。薄膜印刷的张力控制比纸张更重要。张力的设定，首先应根据薄膜的种类和抗拉伸强度来确定，如 CPP、PE 的拉伸强度较弱，薄膜容易拉伸变形，因此张力相应小一点，而 PVC、BOPP 等拉伸强度较强的薄膜，张力相应大一点。薄膜种类一定的情况下，薄膜的宽度和厚度也是确定张力大小的重要因素，宽幅薄膜应比窄幅薄膜的张力大，厚薄膜比薄薄膜的张力大。

（3）印刷压力

印刷压力对印刷质量的影响非常重要，必须根据印刷的具体情况进行调节。一般地，承印材料表面平滑度越低，印刷压力越大；承印材料厚度越厚，印刷压力也越大。

（4）各色组平衡辊位置归零

各色组平衡辊是为调整版子间图案不平行而设的，一般情况下应保持平衡辊与各导辊平行，防止因不平行而影响图案套准。

（5）印刷色序的安排

若在纸张上进行彩色印刷，印刷色序一般为：黄—品红—青—黑。而若在塑料薄膜上印刷，如果是透明薄膜，往往要以白墨铺底，即为五色印刷，用以衬托其他色彩。另外，还分为里印和表印两种印刷方式，里印的印刷色序一般为：黑—青—品红—黄—白；表印的印刷色序一般为：白—黄—品红—青—黑。

对于专色版印刷，一般采用先浅后深的次序，浅色墨先印，可以使深色墨叠印后呈色效果明亮。对于采用叠色方法印刷的专色，主色、副色的色序是副色先印，主色后印。

4. 正式印刷

在正式印刷过程中，要经常抽样检查，检查印品网点是否完整，套印是否准确，墨色是否鲜艳，油墨的黏度及干燥速度是否和印刷速度相匹配，是否引起刮墨刀刮不均匀，印品上出现道子、刀线、破刀口等现象。若出现问题，应及时进行纠正、调整。

5. 印后处理

印后处理主要包括：回收油墨，印版滚筒、刮墨刀、墨槽的清洗，印张的整齐，印刷机的保养以及作业环境的清扫。

第五节　凹版印刷过程中的常见故障及解决方法

相比胶印，凹印的工艺简单，没有复杂的水墨平衡问题，在凹版印刷中的故障主要涉及印版、油墨、承印物、刮墨刀、静电五个方面。

一、网点丢失

也称小网点不足，指在层次版印刷中出现的小网点缺失现象，常见于纸张印刷。

主要原因：

印版滚筒网穴堵塞；压印滚筒表面不光洁或硬度不合适；油墨内聚力偏大；纸张表面比较粗糙。

解决办法：

加大印刷压力；使用硬度较低的压印滚筒；降低油墨黏度，同时提高印刷速度；选择一些对印版亲合性较弱、对印刷基材亲合性较强的油墨；如可能，可开启静电辅助移墨装置（ESA）；必要时，更换表面粗糙度低的材料。

二、油墨溢出

油墨实地部分产生斑点、花纹。

主要原因：

相对凸印和胶印而言，凹印油墨黏度非常低，流动性过大，容易导致油墨溢出；印刷速度低，油墨干燥太慢或有静电。

排除方法：

添加原墨及调整剂，以提高油墨黏度，降低流动性，也可以提高印刷速度或改变刮墨刀的角度。

三、油墨在网穴中干燥并埋版

油墨的干燥速度太快造成油墨在网穴中干燥。

主要原因：

油墨颜料颗粒较大、异物混入、油墨固着剂再溶性差、油墨黏度过高、印版着墨孔过浅等。

排除方法：

降低油墨的干燥速度，增加油墨的溶剂量，改善油墨的再溶性，清除异物，降低油墨的黏度。同时还应防止干燥装置的热风吹至版面，引起网穴内油墨的干固。

四、印刷品发糊、起毛

印刷品图像层次并级、发糊，图文边缘出现毛刺。

主要原因：

主要是静电造成的。

排除方法：

应去除承印物及油墨的静电，提高承印物的湿度，或在油墨中添加极性溶剂、调整剂，提高油墨的黏度，适当提高印刷速度。

五、叠色不良

先印的油墨有排墨性。

主要原因：

叠色各油墨黏度不匹配，叠色用的油墨干燥速度不匹配。

排除方法：

可以降低油墨的黏度，减慢叠印油墨的干燥速度。

六、反印及堆墨

印刷品的反面，因堆放而粘有油墨。

主要原因：

油墨中的溶剂含有少量的高沸点的成分，致使溶剂蒸发速度过于缓慢，油墨中增塑剂及可塑性树脂过多，干燥装置不佳，印版着墨孔过深，印刷车间内相对湿度过大等。

排除方法：

选择溶剂脱离性好的树脂，减少油墨中的增塑剂、可塑性树脂的含量，适当加入反印防止剂，油墨中使用的溶剂尽量用沸点范围狭窄的溶剂。改进干燥装置，提高干燥效率。使用着墨孔浅的滚筒，并改善环境条件。

七、刮痕（刀丝）

印刷品上有刮痕。

主要原因：

刮墨刀损伤、刮墨刀加压不适当、刮墨刀角度不正确、油墨中混入异物、油墨黏度过高、油墨附着力太强、颜料粒子过于粗硬，印版滚筒有刮痕、凹凸不平、修正不良等。

排除方法：

使用不含异物的油墨，使用剩墨前先过滤，调整油墨的黏度、干燥性、附着性，使用优质的刮墨刀，调整刮墨刀的压力及角度，修正印版滚筒。

八、油墨水化

空气中的水分进入油墨中，产生蹭粘、析出树脂、凝胶化等现象，引起油墨光泽度降低、浓度减小、转移不良、容易糊版等故障。

排除方法：

最好不用过分快干的溶剂，并减少油墨与空气的接触机会。

九、墨色浓淡不匀

印刷品上出现周期性墨色变化。

主要原因：

刮墨刀调节不当。

排除方法：

校正印版滚筒的圆度，调整刮墨刀的角度、压力或更换新的刮墨刀。

十、堵版

油墨干固在印刷版的网穴中，或印版的网穴被纸毛、纸粉所充塞的现象。

排除的方法：

增加油墨中溶剂的含量；降低油墨干燥的速度；采用表面强度高的纸张印刷。

十一、颜料沉淀

印刷品上的颜色变浅。

主要原因：

油墨的分散性不好，油墨搅拌不足。

排除方法：

使用分散性好、性能稳定的油墨印刷。在油墨中加入防凝聚、防沉淀的助剂。调节搅拌墨槽里油墨的频率。

十二、油墨脱落

用手或机械力摩擦印在塑料膜上的油墨容易脱落。

主要原因：

油墨附着性差。

排除方法：

防止塑料薄膜受潮，选择与塑料薄膜亲和性好的油墨印刷，对塑料薄膜重新进行表面处理，提高表面张力。

十三、飞墨

印刷时，不时有墨点飞溅到料带上，污染印刷表面。

主要原因：

刮墨刀压力太大；刮墨刀破损、有缺口；印版滚筒防溅装置未密封好。

解决办法：

适当减小刮墨刀压力；打磨或更换刮墨刀；调整好防溅装置。

十四、静电引起的故障

使用塑料薄膜卷印刷时容易积累大量静电，背面黏结的可能性增大。

印刷图案（特别是文字）边缘出现“静电须”，铺底白墨与彩色墨交接处有空隙现象，印刷实地时有时出现印刷不均匀现象。

由于静电吸附作用，环境中的灰尘不断地由薄膜转移到墨槽内，产生位置不定的细刀线、浅网点缺失等现象。

故障原因：

塑料凹版印刷中用量最多的是聚乙烯，聚丙烯等薄膜，不含极性物质，电阻高，导电性差。在印刷及收卷等过程中由于摩擦或静电场的作用，薄膜表面会产生大量的静电，如果不能及时得到释放，就会形成静电积累。

凹版印刷压力大，在高速印刷过程中，由于不断摩擦，不可避免地会产生静电。

解决方法：

关键是如何释放积累的静电。可以通过以下几种方法：

①检查静电释放装置，提高印刷机的导电能力。

②增加生产环境的湿度，加快电荷的释放速度。

③在油墨中加入适当的抗静电剂。

十五、溶剂残留超标

印刷品中有机溶剂残留量大，并伴有臭味发生。

主要原因：

油墨成分选择不当；油墨涂膜的干燥条件或干燥机效率不良；薄膜树脂成分和性质缺陷。

解决办法：

选用溶剂类型和比例适当的油墨；适当调整干燥温度和机器速度；选择不同种类的薄膜。因此，应从薄膜生产厂取得有关残留倾向的预备知识。

复习思考题七

1. 凹版网穴有几种类型？各有什么特点？
2. 简述凹版滚筒的基本结构。如何准备凹版滚筒？
3. 简述电子雕刻制版原理及工艺。
4. 凹版印刷需要控制的主要参数有哪些？如何控制油墨的黏度？
5. 使用水性凹印油墨需要注意哪些方面？
6. 凹版印刷的色序如何确定？
7. 聚合物塑料薄膜表面处理方法有哪些？
8. 凹版印刷后处理工作主要有哪些？
9. 凹版印刷中出现的刀丝、油墨溢出、堵版现象如何解决？
10. 凹版印刷中的飞墨产生的主要原因是什么？如何解决？

第八章　丝网印刷

【内容提要】本章主要介绍丝网印刷工艺原理；丝网印刷制版工艺；丝网印刷机的种类及其结构；丝网印刷作业；丝网印刷常见故障及排除。

【基本要求】

1. 掌握丝网性能要求，理解丝网的技术参数对印刷的影响，并能正确选择丝网。
2. 掌握网框种类及其性能，能正确选用网框的种类及尺寸。
3. 掌握绷网的性能要求，绷网的工艺及方法。
4. 掌握丝网制版的性能要求，感光制版工艺及方法。
5. 了解丝网印刷机的种类及特点。
6. 掌握刮墨刀种类及其性能要求，能正确选用刮墨刀的种类及尺寸。
7. 以平面丝网印刷为主的印刷作业主要工艺参数对印刷质量的影响及控制。了解正确的作业方法、印刷品的干燥方法、印刷后的结束工作等。
8. 能分析丝网印刷常见故障产生的原因，并了解故障的排除方法。

孔版印刷与凸版印刷、凹版印刷、平版印刷并称现代四大印刷术。孔版印刷术的印刷方法有誊写版印刷、打字蜡版印刷、镂空版印刷、喷花印刷、丝网印刷。其中，丝网印刷是孔版印刷术中的一种主要印刷方法，且丝网印刷应用范围广泛、普遍，因此，本章主要介绍丝网印刷工艺。

第一节　概述

一、丝网印刷的特征

丝网印刷由于有其独特的优点，因此，承印物和应用范围非常广泛。表 8－1 列出了丝网印刷的应用范围。

表 8-1　丝网印刷的应用范围

承印物	塑料	包装制品、容器、玩具、书包、塑料袋、标牌
	金属	标牌、面板、表盘、元器件
	纸张	广告、商标、壁纸
	木制品	标志牌、体育用品、漆器木制工艺品、玩具
	玻璃	各种成型制品、瓶子、杯子
应用行业	印染	针织品、纺织品、服装、旗帜、背包、箱子
	电子	印刷线路板、厚膜印刷
	工艺美术	丝印版画、名人字画、油画
	商业装潢	家用电器、日用五金
	陶瓷装饰	贴花纸、直接装饰
	出版印刷	盲文书籍、书刊封面
	建筑行业	各种壁纸、壁画

我国应用丝网印刷广泛的是电子工业、陶瓷贴花工业、纺织印染行业。近年来，包装装潢、广告、招贴标牌等也大量采用丝网印刷。

丝网印刷大致有以下特点：

1. 墨层厚覆盖力强

丝网印刷的油墨厚度可达 30～100μm，因此，油墨的遮盖力特别强，可在全黑的纸上作纯白印刷。此外，可利用油墨层厚的特点进行诸如电路板及油画的印刷。用发泡油墨印刷的盲文点字，发泡后墨层厚度可达 300μm。当然墨层厚度也是可以控制的，一般条件下网印的墨层厚度约为 20μm，特殊的厚膜印刷可达 1000μm，薄的极限为 6μm。可见，网印的墨层不仅厚，且可调范围也广。

2. 不受承印物大小和形状的限制

一般印刷只能在平面上进行，而网印不仅能在平面上印刷，还能在特殊形状的异型物上及凹凸面上进行印刷，而且还可以印刷各种超大型广告画、垂帘、幕布或者超小型、超高精度的特品，并且可以在曲面或球面上印刷，这种印刷方式有着很大的灵活性和广泛的适用性。

3. 版面柔软印压小

丝网印版柔软而富有弹性，印压小，所以不仅能在纸张、纺织品等柔软的承印物上进行印刷，而且能在加压容易损坏的玻璃、陶瓷器皿上进行印刷。

4. 适用各种类型的油墨

丝网印刷具有可以使用任何一种涂料进行印刷的特点，如油性、水性、合成树脂型、粉体等各种油墨均可使用。

5. 耐光性能强

由于丝网印刷可印制厚的墨层，可使用各种黏结剂以及各种色料，因此它可以通过简便的方法把耐光性颜料、荧光颜料放入油墨中，使印刷品的图文长久保持光泽，不受气温和日光的影响，甚至可在夜间发光。

6. 印刷方式灵活多样

丝网印刷同平、凹、凸印刷一样，可以进行工业化的大规模生产。同时，它具有制版方便、价格便宜，印刷方式多样、灵活，技术易于掌握的特点。

二、丝网印刷的现状

近年来随着工业技术的发展，由于各种新型材料不断出现，丝网印刷发展速度很快，网印已跨入了平印、凸印、凹印的行列，被称为平、凹、凸、网四大印刷。网印在很多工业中已成了不可缺少的一个环节，网印材料和设备已经有了一定的水平。

随着国民经济的发展，丝网印刷技术逐渐被纺织、电子、塑料等工业部门所采用。尤其是近年来与国外广泛开展了技术交流，丝网印刷的设备厂、材料厂不断出现，举办了各种展销会、培训班、技术交流会，大大提高了网印技术水平，网印新产品不断出现。

第二节　丝网印刷工艺原理

丝网印刷是一种古老的印刷方法。丝网印刷由五大要素构成，即丝网印版、刮印刮板、油墨、印刷台以及承印物。其印刷的基本原理是：丝网印版的部分孔能够透过油墨，漏印至承印物上形成图文；印版上其余部分的网孔堵死，不能透过油墨，在承印物上形成空白。传统的制版方法是手工的，现代较普遍使用的是光化学制版法。这种制版方法，以丝网为支撑体，将丝网绷紧在网框上，然后将阳图底版密合在版膜上晒版，经曝光、显影，印版上不需过墨的部分见光形成固化版膜，将网孔封住，印刷时不透墨；印版上需要过墨的部分显影时网孔打通，印刷时油墨透过，在承印物上形成墨迹，如图 8－1 所示。

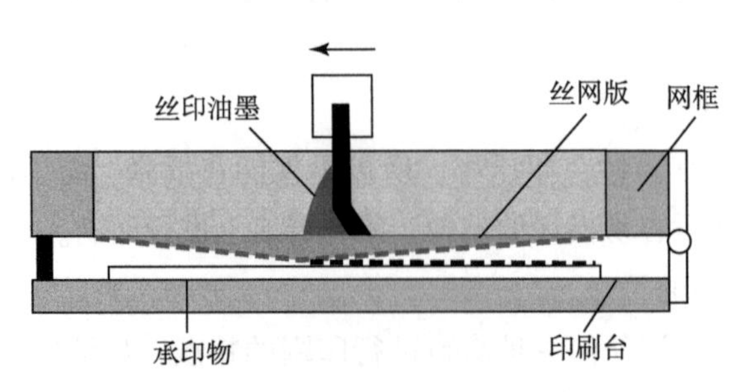

图 8－1　丝网印刷原理示意图

印刷时在丝网印版的一端倒入油墨，油墨在无外力的作用下不会自行通过网孔漏在承印物上，当用刮墨板以一定的倾斜角度及压力刮动油墨时，油墨通过网版转移到网版下的承印物上，从而实现图像的复制。

第三节　制版工艺

丝网印刷制版是丝网印刷的基础，若制版质量不好，就很难印刷出质量好的产品。印刷中出现的故障往往与制版工艺技术和制版中选用的材料不当有关。因此要想做出质量好的丝网印版，必须根据制版工艺的要求，正确掌握制版技术，严格选用制版材料进行制版。

一、制版材料及设备

1. 丝网

(1) 丝网

丝网（Screen Fabric）是丝网印刷的基础。作为丝网版胶膜层的支持体，印刷用的丝网要具有薄、强、有均匀的网孔和伸缩性小的条件，一般采用机织物作丝网，如图8－2所示。

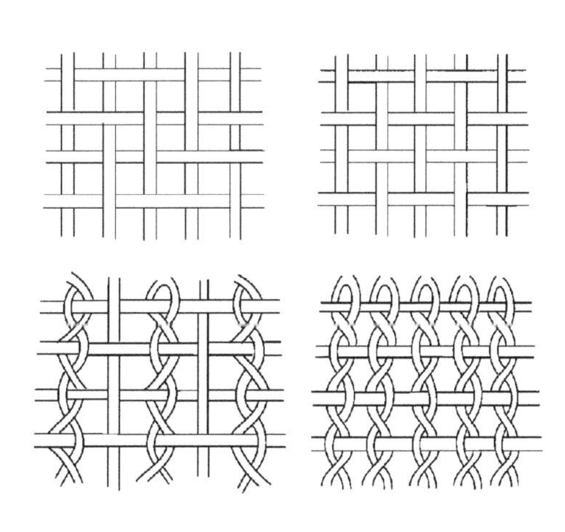

图8－2　丝网结构

丝网的目数、开度、开口率等性能关系到印刷制版的好坏，关系到印刷品的质量。丝网目数指的是每平方厘米丝网所具有的网孔数目，目数越高丝网越密，网孔越小，油墨通过性越差；反之，目数越低丝网越稀疏，网孔越大，油墨通过性就越好。丝网的开度是用网的经纬两线围成的网孔面积的平方根来表示（通常以微米为单位），丝网的开度对于丝网印刷品图案、文字的精细程度影响很大。但是，同样的开度，由于织成丝网的材料和操作方法的不同，印刷效果也有好有坏。丝网开口率是指单位面积的丝网内，网孔面积所占的百分率。

(2) 丝网的选用

丝网印刷的制版、印刷工艺对丝网有如下的基本要求：

①抗张强度大。抗张强度大，丝网耐拉伸，可制高张力网版。

②断裂伸长率小。伸长率大，平面稳定性差，但网印需要一定的张力，即伸长率也不能为零，而是以小为好。

③回弹性好。回弹性是指丝网拉伸至一定长度（如伸长3%）后，释去外力时，其长度的恢复能力。

④耐温湿度变化的稳定性好。软化点高的丝网，才能适应热印料网印的要求；吸湿率小，制版质量才能稳定。

⑤油墨的通过性能好。

⑥对化学药品的耐抗性好。丝网在制版和印刷过程中，会遇酸、碱及有机溶剂，对此，应有足够的耐抗性。

目前，最常用的丝网品种是尼龙（也称锦纶）丝网和聚酯（也称涤纶）丝网，金属丝一般只在特定条件下使用，蚕丝丝网已基本淘汰。丝网种类很多，可根据不同的性质分类，如表8－2所示。蚕丝丝网、尼龙（锦纶）丝网、聚酯（涤纶）丝网、不锈钢丝网在印刷性能上各有利弊，各类丝网的相关性能详见表8－3。

表8－2　丝网的种类

以材料分类	蚕丝、尼龙、聚酯、不锈钢、镍板
以编织结构分类	织物、打孔板、电镀积层板
按编织方法分类	平纹织、半绞织、全绞织、斜纹织及拧织
以丝的形状分类	单丝、线、两者混用
以网目数分类	粗目、中目、细目
以丝的粗细分类	薄、厚
以丝网的颜色分类	黄色、橙色、红色、深红色

表8－3　各种丝网性能比较

项目	蚕丝丝网	尼龙（锦纶）丝网	涤纶（聚酯）丝网	不锈钢丝网
强度的变化	强度不太大，与尼龙的强度大约相同，因生丝含有丝胶，所以线的结节性好	可织成精细度高的、开度小的丝网	与尼龙的强度近似，其他情况与尼龙丝网相同	可做细目丝网，在小开度丝网上有特殊的用途。在线径相同的丝网中，不锈钢丝网强度最大
伸长率的变化	伸长率很理想，如张力过大，恢复就困难，图样易发生变形	伸长率一般，容易产生松弛。若是强力丝，回弹性非常理想，适于丝网印刷	普通丝的伸长率大，但强力丝则小。回弹性能好，适于丝网印刷	伸长率大，如加拉力就会很快伸长，但回弹力近似零。受冲击易破裂，凹陷后不能复原
开度（孔宽）问题	丝网有细、中、粗三种开度，可根据用途选用，丝本身质量不均，不适于精细产品的印刷	开度在31～161微米之间的最适合印刷。用的是无变化的圆骨的尼龙丝，品种多，用途广	与尼龙一样有细、中、粗之分，品种较多。单线及捻线印刷性能稍有区别	开度小的性能好，开度大的绷网困难，而且使用也不方便

续表

项目	蚕丝丝网	尼龙（锦纶）丝网	涤纶（聚酯）丝网	不锈钢丝网
与胶片的黏合性	蚕丝网适用于挖剪制版法和照相制版法，与胶片黏合性能好，利用价值大，蚕丝网表面粗糙，线本身有良好的吸湿性能	与蚕丝相比表面具有良好的平滑性，吸湿性小，黏合性稍差。但因聚酰胺具有亲水、亲溶剂性，在实际应用中与丝无多大差别	比尼龙吸湿性小，与胶片的黏合性较差。如将表面进行处理可供使用	吸湿性等于零，贴合最困难。若将表面用碱粗化或以强力溶剂进行表面处理，可提高与胶片及乳剂的黏合性能
油墨的透过性能	丝无疏水性，油墨的透过性较好。但由于开度不均，故不适于印刷细微的产品	丝疏水性能略大，但因表面是由均一、圆滑的细线织成，由于油墨的透过性能良好，油墨硬些也可以使用。但应防止因静电作用产生的透墨不匀的现象	与尼龙效果相同，但由于丝网是交织的，透墨性较差	由于无伸张弹性，加压刮印后，回弹性差。所以即使有良好的透墨性，在加压刮印时仍易粘脏。网较厚时，对透墨性有一定影响
耐水性	如长时间浸水，丝表面的胶质物因吸水而膨胀。若加温吸水性增加，引起画面不鲜明，因此应避免此种情况出现	耐水性能好，不膨胀，但稍有伸长。若经高温加工处理，可克服这种缺点	耐水性能好，湿润时的强度无变化。伸长率小，绷网可在水中进行	耐水性能好，有较好的耐药品性能（特殊的除外），可放心使用
耐油性	少许膨胀，但不影响油墨的透过，印刷量大时，应注意强度的减小	耐油性好，强度不变化，适合多量印刷。但应注意由于油墨的作用会使版膜与丝网剥离	有良好的耐油性，即便加温也不膨胀。但与胶片的黏合性能比尼龙差，丝网本身的性能有时受其他因素的影响，应加以注意	耐油性好，但也有疏油性，因此对印刷有影响。所以丝网的表面要充分清洁

在选用丝网时，不仅要考虑丝网性能，而且还要考虑承印物种类和材料选择。当承印物为衣服、围巾、领带、书包等时，可选用尼龙丝网；当承印物为明信片、壁纸、日历等时，可选用厚尼龙丝网；当承印物为玻璃器皿、金属容器、木材、陶瓷、塑料制品、玩具时，可选用单丝尼龙丝网、薄涤纶丝网、不锈钢金属丝网；当承印物为集成电路、半导体元件、绝缘布、电视元件等时，可选用涤纶丝网、不锈钢丝网。

2. 丝网网框

(1) 网框的结构与特点

丝网网框是支撑丝网用的框架。各类网框各具特点，详见表 8－4。网框的结构如图 8－3所示。

表8－4　各类网框的特点

类别	网框的特点
木质网框	制作简单、重量轻、操作方便、价格低、绷网方法简单等。这种网框适用于手工印刷。但这种木制材料的网框耐溶剂、耐水性较差
中空铝框	操作轻便、强度高、不易变形 、不易生锈、便于加工、耐溶剂和耐水性强、美观等，适于机械印刷及手工印刷
钢材网框	牢固、强度高、耐水性好、耐溶剂性能强等，但其笨重、操作不便，因此使用较少
塑料网框	热塑性塑料框之框条，采用复合材料，外管为塑料，内芯为木材。塑料具有热塑性能，可用热压法将丝网粘固其上；木芯则保证网框的强度
组合网框	是以强力聚酯或玻璃纤维为框材的一种可自由组合的网框。两种材料的强度都很高；框角由结构特殊的角连接，装拆十分简便，可由少量的框材组装出多种尺寸的网框
异形网框	可用于曲面（包括球体及椭圆体等异形体）印刷，此类网框考虑其绷网和经济上的原因，多采用木框

（2）网框的选用

网框是制作丝网印版的重要材料之一，网框选择的合适与否对制版的质量和印刷质量都有着直接的影响。

为了保证制版、印刷质量及其他方面的要求，可根据以下条件选择网框。

①抗张力要强。网框的材料应具有能耐丝网张力的充分强度，因为在绷网时，丝网对网框产生一定的拉力，这就要求网框要有抗拉力强度，若强度不够，框就会挠曲，就会变形，就印不出好的印刷品。

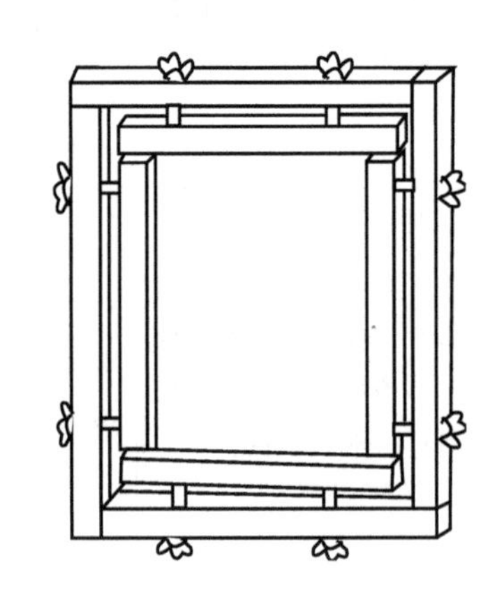

图8－3　网框的结构

②应作预应力处理。绷网后因网框的弯曲变形会对丝网的张力稳定性产生影响，为减小这种影响，可对网框做预应力处理。处理的方法有两种：一是根据拱形结构的强度原理，将网框制作成图8－4（a）那样的凸形；另一种方法是在做气动拉网的同时做预应处理，即拉网器的前端紧顶着框架四周外侧，网框受到顶力的作用而弯曲成图8－4（b）那样。

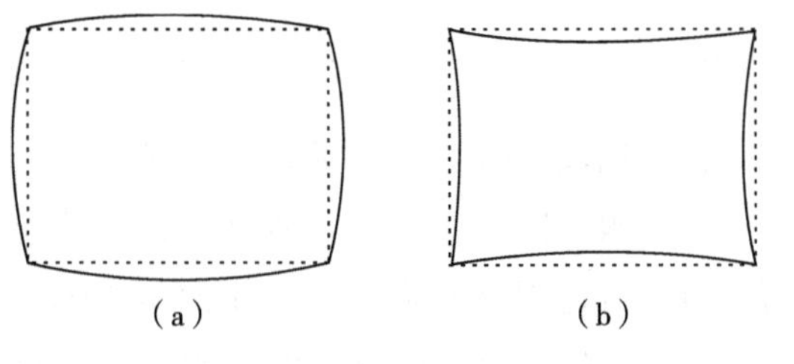

图8－4　网框的预应力处理

③坚固耐用。为了保证网框的重复使用，减少浪费，从而要求网框坚固耐用，不发生歪斜等。

④操作轻便。在保证强度的条件下，尽量选择轻便，利于操作使用的网框。

⑤黏合性好。与丝网黏结的网框处要粗糙些，以确保丝网的黏结。

⑥尺寸合适。根据印刷尺寸的大小确定合适的网框尺寸，以便于操作。网框内尺寸

应比印版图文部分大些，这样既便于印刷又利于油墨透过量的准确度。

3. 网印感光胶及感光膜

丝网印刷制版用的感光材料，按其存在的形态区分有感光胶和感光膜；按其组成的材料性质区分有重铬酸盐系、重氮盐系、铁盐系等；按其用途区分有丝网感光胶、丝网感光膜、封网胶、坚膜剂、剥膜剂、显影剂等。

（1）网印感光胶的主要成分

网印感光胶的主要成分是成膜剂、感光剂、助剂。

①成膜剂。成膜剂起成膜作用，是版膜的主要成分。它决定着版膜的粘网牢度和耐抗性。网印感光胶常用的成膜剂有：水溶性高分子物质如明胶、蛋白及 PVA（聚乙烯醇）等。

②感光剂。感光剂在蓝紫光照射下，能起光化学反应，且能导致成膜剂聚合或交联的化合物。感光剂决定着感光胶的分光感度、分辨率及清晰性等性能。

③助剂。成膜剂和感光剂是配方的主体成分，但有时为调节主体成分性能的不足，尚需另加一些辅助剂，如分散剂、着色剂、增感剂、增塑剂、稳定剂等。

（2）网印对感光材料的基本要求

网印制版对感光材料的要求是：制版性好，如便于涂布；有适当的感光光谱范围，一般宜在 340～440nm，感光波长过长，制版操作和印版储存需在严格的暗室条件，波长过短，光源的选择、人员的防护将变得较为困难；感光度高，可达到节能、快速制版的目的；显影性能好，分辨率高；稳定性好，便于储存，减少浪费；经济、卫生、无毒、无公害。

另外，感光材料形成的版膜应适应不同种类油墨的性能要求；具有相当的耐印力，能承受刮墨板多次刮压；与丝网的结合能力好，印刷时不产生脱膜故障；易剥离，利于丝网版材的再生使用。

4. 张网机

张网机是丝网印刷制版用的专用配套辅机，用于往丝网框架上粘绷丝网。在张网机四边各装有几个绷夹，绷夹夹住丝网的边缘，采用压缩空气牵动，使丝网在有一定的张力下，向框架上粘贴。

常用的有手动式张网机、机械式张网机、气动式张网机，其各自的特点如表 8－5 所列。

表 8－5 各类张网机的特点

类别	特点
手动式张网机	操作简便，张力不均匀
机械式张网机	传动拉网，张力均匀，高张力，生产速度快
气动式张网机	具有操作简便，拉网张力均匀，拉网面积可随着调整，可同时加工多个网版，提高了生产效率。张网过程中丝网不与网框产生摩擦，减少了破损的几率，提高了经济效益

5. 丝网晒版机

丝网晒版机是丝网制版的主要设备之一，专供晒制丝网版用，由于在晒制丝网版时，丝网有框架，因此，通常的晒版机不适用。

晒版时，为了使丝网能与底片紧密接触，须在丝网上放一块厚的海绵，尺寸与框架的内框相近，底片玻璃片基如果小于框架，应采用同样厚的玻璃进行衬垫，垫后的总面积不应小于框架的面积，以防止压紧抽气时使丝网拉长或丝网被底片玻璃片基割破。为防止透过丝网射到海绵上的光被海绵反射到丝网上，造成不应有的感光，在丝网与海绵之间要加一块黑色绒布，以提高晒版质量。

6. 网印刮板

丝网印刷的刮板，起着使油墨通过网孔转移到承印物上的重要作用。丝网印刷的刮板是由刮板柄和刮板胶条组成，通常有手动刮板和机用刮板之分，其结构如图 8－5 和图 8－6 所示。

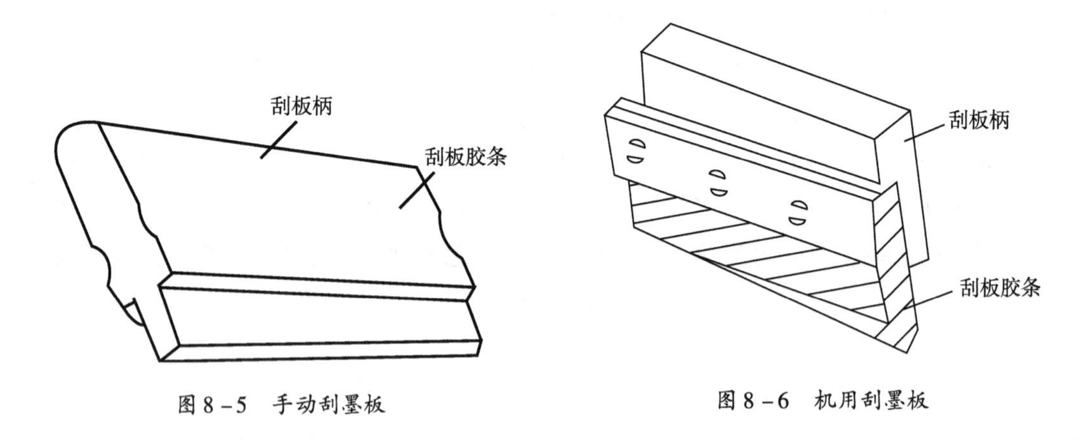

图 8－5　手动刮墨板　　　图 8－6　机用刮墨板

在丝网印刷中，刮板分为刮墨板和回墨板，统称为刮板。两者的区别及作用如表 8－6所列。

表 8－6　各类刮板的作用

类别	作用	特点
刮墨板	是将丝网印版上的油墨刮挤到承印物上的工具	刮板由橡胶条和夹具（手柄）两部分组成，有手用刮板和机用刮板之分。手工印刷时，只使用刮墨板，回墨用刮墨板完成
回墨板	是将刮墨板刮挤到丝网印版一端的油墨送回到刮墨起始位置的工具	回墨板多为铝制品或其他金属制品

为了达到理想的网印效果及精度，网印工作者对于丝网印刷刮板的选择、使用、保养，以及刮板的品种、规格、性能、特点等都应该有所了解。

(1)刮墨板的功能

刮墨板亦称刮刀，是用来刮挤网版上的油墨，使之漏印在承印面上的一种工具。具体来说，刮墨板有四个功能，如图 8－7 所示。

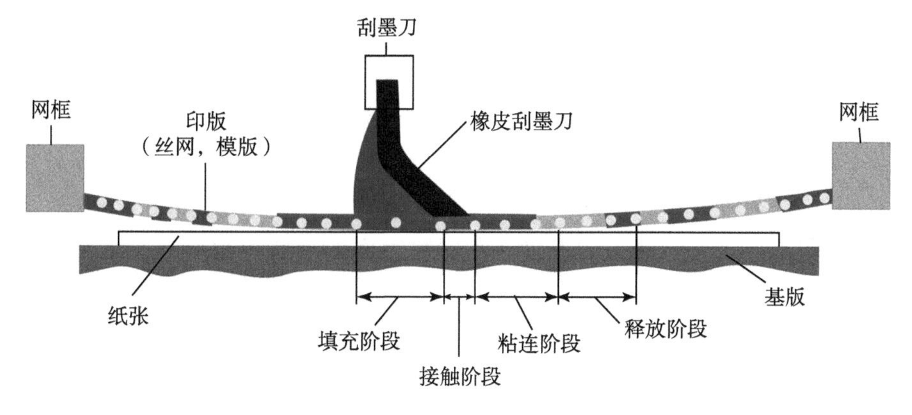

图 8－7　刮板的功能

①填墨作用。刮板刮印时，不仅能使油墨漏印至承印物上，同时能将油墨充分地填入网版过墨部分的网孔内。

②刮墨作用。刮板运行时能将网版面上的油墨刮得尽可能的干净。

③压印作用。刮板运行中，在刮墨的同时，给刮板一定的力，使网版与承印物呈线接触，完成刮印。

④匀墨作用。印刷时，刮墨板挤压油墨透过网孔转移到承印物上形成图文，同时把墨从网版的一端刮到另一端。为了使再次刮印时有足够的油墨，回程时由回墨板匀墨。

(2) 刮板的形状

刮板的刃口即头部的形状基本有三种：方头、尖头、圆头，如图 8－8 所示。综合油墨黏度、印刷方式、刮板材料、承印物形状、承印物材料、印刷精度要求等诸因素，选用不同的刃口形状。通常，方头刮板的刃口为 90°，手、机两用，磨修方便，使用最为广泛，一般用于印刷平面承印物；尖头刮板的刃口有 45°、60°、70°等几种形状，一般用于曲面印刷，在不考虑油墨黏性、黏度的条件下，刮板刃口的角度越小，则透过印版的油墨就越少，其印迹亦越清晰；圆头刮板的刃口形状为圆弧状，一般用于纺织物的大面积满地印花或油墨黏度较低、印刷精度要求不高的印刷品的刮印。

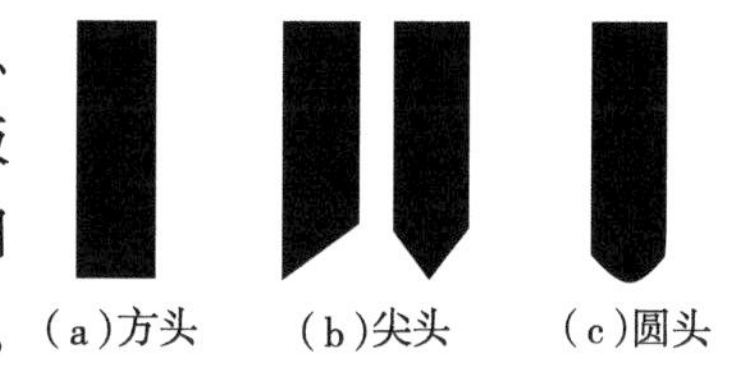

图 8－8　刮板的刃口形状

(3) 刮板的操作与维护

①刮板的操作。在网印机上，一般装有刮板运动装置和刮板回墨装置。手动印刷时，用一个刮板进行这两个动作。刮板的操作方法有以下几种，如图 8－9 所示。图 8－9 (a)：在 50°～70°之间，向靠近自己的一方刮动，回墨时在 110°～120°之间，往前方刮动。图 8－9 (b)：刮动方法同图 8－9 (a) 一样，只是推动刮板端头进行回墨刮。图

8－9（c）是一种刮板的操作与图 8－9（b）完全相反的方法，向前推进刮板进行印刷，回墨时向反向刮动。

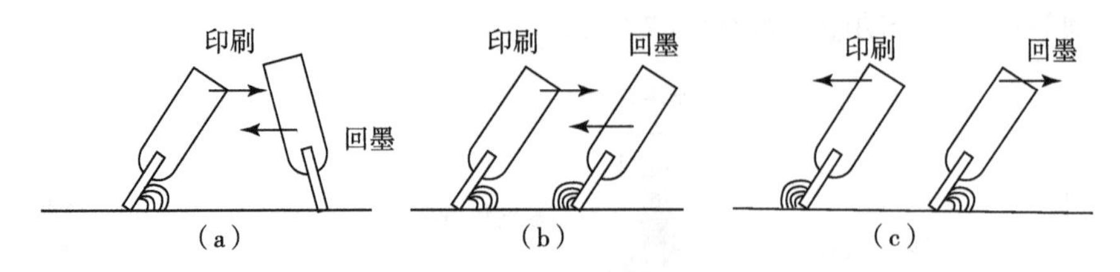

图 8－9　刮板的操作方法

上述三种印刷方式对于油墨的黏度、承印物表面的形状等都有各自的特点。用手操作刮板时，可自由转变刮板角度进行印刷。

②刮板的维护。为了得到良好的印刷效果，必须保证刮板的精度。在印刷前，先要检查刮板胶条刀口的平直。停印时要用棉丝粘适量的溶剂轻轻把它擦拭干净，不可用墨刀去刮铲胶条上的余墨，以免损伤胶条刀口，切不可把残墨留在胶条上结皮。刮板使用后洗净，应放置一段时间，这样可使胶条得到收缩恢复，将表面的溶剂挥发，以延长其使用寿命。

二、制版工艺过程

无论哪种印刷方式，印刷工序的最初阶段都是整稿，丝网印刷也不例外。与此同时，承印物的质地、形状、印数及制品的使用目的等都需明确。根据使用目的不同，印刷图案的精度、图像的质量要求也将有变化。对于室外展示物将特别要求其耐气候性及耐用性等。丝网印刷工艺如图 8－10 所示。

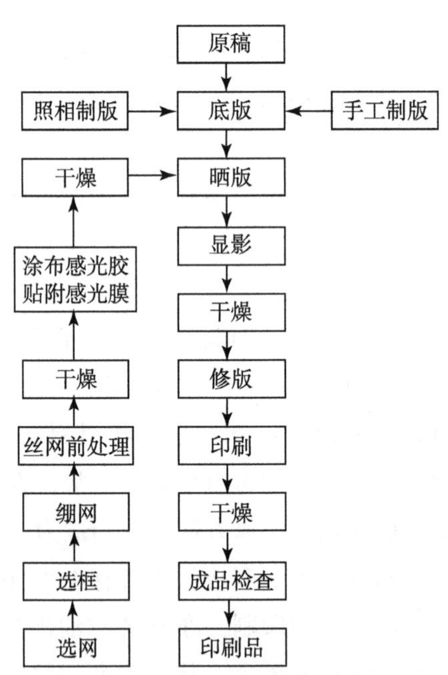

图 8－10　丝网印刷工艺过程

（1）选网。通常在选用丝网时可根据承印物材料选择。

（2）选框。网框是制作丝网印版的重要材料之一，网框选择的合适与否对制版的质量，以及对印刷质量都有着直接的影响。

（3）绷网。绷网工艺是把丝网以一定的张力绷紧并固定于网框上，以作为丝网印版图文的支持体。绷网是网印的重要工序，绷网质量直接关系着制版、印刷的质量。

①绷网的工艺过程。工艺流程如图 8－11 所示。

a. 绷网要首先按照印刷尺寸选好相应的网框，把网框与丝网黏合的一面清洗干净。

b. 如果是第一次使用的网框，需要用细砂纸轻轻摩擦，使网框表面粗糙，这样易于提高网框与丝网的黏结力。如果是使用过的网框也要用砂纸摩擦干净，去掉残留的胶及其他物质。

c. 清洗后的网框在绷网前，先在与丝网接触的面预涂一遍黏合胶并晾干。

d. 拉紧丝网，使丝网与网框紧贴。在两者接触部分再涂黏合剂。

e. 干燥后再松开外部张紧力，剪断网框外部四周的丝网。

f. 用单面不干胶纸带贴在丝网与网框黏结的部位，起保护作用。

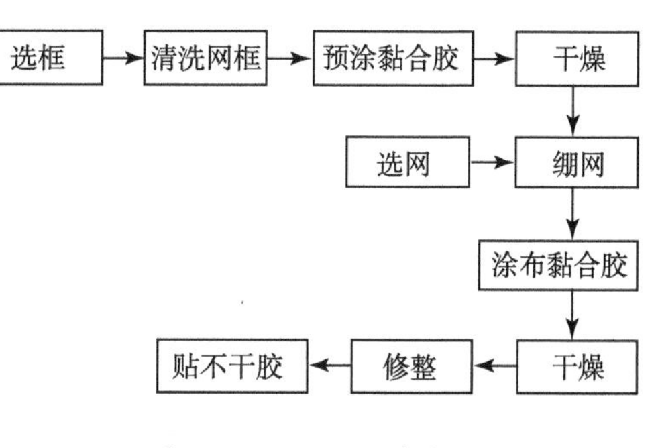

图 8－11 绷网工艺流程

g. 用清水或清洗剂冲洗丝网，晾干待用。

②绷网方法。绷网的方法有手工、机械或气动绷网。手工绷网是利用简单的杠杆工具等单向或双向对丝网施加拉力进行粘网固定；机械绷网是依靠机械绷网机构四方对丝网拉紧进行粘网固定；气动绷网是依靠气动拉网器的绷网机均匀地从四周对丝网绷紧进行粘网固定。

③绷网要领。在绷网时，应该注意绷网角度和绷网张力。

绷网角度是指丝网的经、纬线（丝）与网框边的夹角。绷网有两种形式，一种是正绷网，另一种是斜交绷网。正绷网是丝网的经、纬线分别平行和垂直于网框的四个边。即经、纬线与框边呈 90°。采用正绷法能够减少丝网浪费。但是，在套色印刷时采用这种形式绷网制版容易出现龟纹，所以套色印刷应当采用斜交绷网。采用斜交绷网，利于提高印刷质量，对增加透墨量也有一定效果。其不足是丝网浪费较大。尽管套色印刷时应采取斜交绷网，但在实际绷网时，为了减少浪费，一般复制印刷品多数工厂仍采用正绷网。在印刷精度要求比较高的彩色印刷中，有时采用斜交绷网法。绷网角度的选择对印刷质量有直接的影响，绷网角度选择不适合，就会出现龟纹。一般复制品的印刷，常采用的绷网角度是 20°～35°，在印刷高分辨率的线路板时，由于使用的丝网目数较高，所以绷网角度相匹配，才能有效地防止龟纹。

绷网张力是影响网印质量的重要因素之一。丝网张力与网框的材质及强度、丝网的材质、温度、湿度、绷网方法等有关。通常绷网时一边将丝网拉伸，一边用手指弹压丝网，一般用手指压丝网，感觉到丝网有一定弹性就可以了；在使用绷网机以及大网框绷网时，一般都使用张力仪测试丝网张力。

另外，额定张力还应考虑作业条件，如精度要求、温湿度变化、水洗冲力、网距大小、刮印拉伸、油墨的抗剪切力及承印物表面的起伏等，都有可能引起丝网张力的升降，因此在定标时应予顾及。表 8－7 列出不同印刷任务时的额定张力，供读者参考。

表 8－7　不同印刷任务时的丝网张力

丝网类型	印刷任务类型	额定张力（N/cm）
涤纶丝网或镀镍涤纶网	电路板及计量标尺等高精度任务	12～18
	多色丝印	8～16
	手工丝印	6～12
尼龙丝网	平整物体	6～10
	弧面或异形物体	0～6

三、制版的工艺方法

丝网印版的制作方法很多，约有几十种，根据制作方法和材料不同可分为手工制版法、金属版制版法以及感光制版法；根据版膜与丝网的关系可分为直接制版法、间接制版法及直间法制版法。丝网印版的制作分类情况见表 8－8。

表 8－8　丝网印版的制作方法分类图表

分类依据	类型	特点
根据制作方法和材料不同	手工制版法	手工制版一般指的是完全用手工操作的一种最原始的网印制版法
	金属版制版法	在圆网丝印及某些精密电路或网点丝印中需用到金属印版。金属印版的版膜是金属的
	感光制版法	感光制版法是利用感光胶（膜）的光化学变化，即感光胶（膜）受光部分产生交联硬化并与丝网牢固结合在一起形成版膜，未感光部分经水或其他显影液冲洗显影形成通孔，而制成丝网印版的
根据版膜与丝网的关系	直接法	直接法是往绷在框架上的丝网的网眼上直接涂布感光液，经晒版、显影制成丝网印版
	间接法	间接法是在涂有感光层的胶片上进行制版，然后把它转印到丝网上
	直间法	直间法（或混合法）是上述两种方法的结合，先将感光胶片用水、醇或感光胶粘贴在丝网框架上，经热风干燥后，揭去感光胶片的片基，然后晒版，显影处理得到丝网印版。

多种多样的制版方法为多种多样的网印产品的制版提供了选择余地，丝网印版的基本结构如图 8－12 所示。

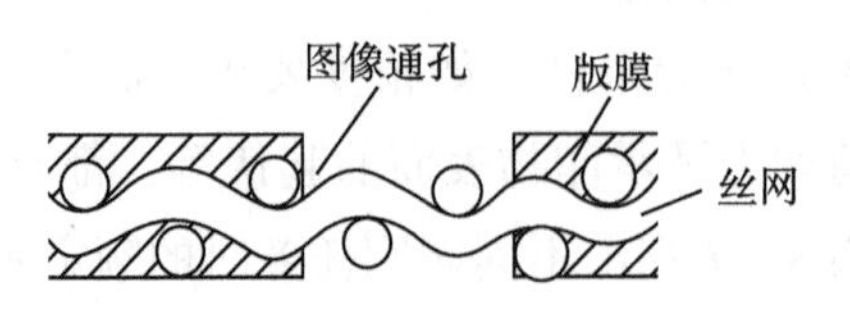

图 8－12　丝网印版的结构

下面分别详细地介绍各种制版方法。

1. 感光制版法

感光制版法是利用感光胶（膜）的光化学变化，即感光胶（膜）受光部分产生交联硬化并与丝网牢固结合在一起形成版膜，未感光部分经水或其他显影液冲洗显影形成通孔，而制成丝网印版的。此种制版法质量高，效果好，经济实用。

阳图底版密合在丝网感光胶（膜）上，曝光时图文部分遮光，感光胶（膜）不发生化学变化，可被显影液冲洗掉；空白部分的感光胶（膜）见光发生交联硬化，不能被显影液冲洗掉，故形成版膜。

由于感光制版方法是现代丝网印刷中最主要的制版方法，下面将详细全面地介绍感光制版方法。感光制版法分直接法、间接法、直间法（混合法）三种，从本质上讲三种制版方法的技术要求是一样的，只是涂布感光胶或贴膜的工艺方法有所不同。

（1）直接法

①特征。直接法是往绷在网框架上的丝网上直接涂布感光液，经晒版、显影制成丝网版，是一种使用最为广泛的方法。这种制版法是把感光液直接涂布在丝网上形成感光膜，感光材料的成本低廉且工艺简便。另外，这种方法的缺点是涂布、干燥需要反复进行，为得到所需的膜厚，需要一定的涂布、干燥作业时间。

②直接法制版工艺流程。在准备好原材料的基础上先对丝网进行前处理，经过感光膜形成、晒版、显影、干燥、版膜的强化及修正、封边等工序，最后对制好的印版进行检查。工艺流程如图 8 – 13 所示。

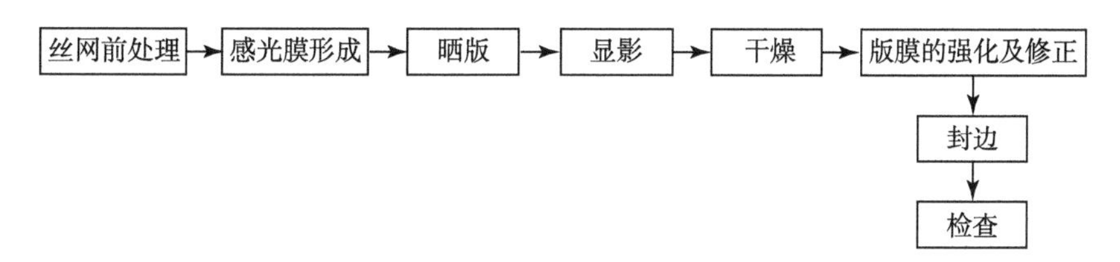

图 8 – 13　直接法制版工艺流程图

（2）间接法

①特征。间接制版法是在 0.06 ~ 0.12 毫米薄的透明或半透明的塑料片基上涂布以明胶为主体的感光乳剂制成感光膜。把阳图底版与感光膜密合在一起，经曝光、显影形成图像，再将图像转移到绷了丝网的框上，干燥后揭去片基制成版膜，这种制版方法称为间接制版法。

间接法比直接法更容易得到精细的版，图形边缘光洁，不需要特殊的网框，也不需要专用晒版机。具有操作简便、节省时间的长处。其缺点是版的寿命较直接法短，费用高，版膜在转贴过程中容易伸缩，因此会影响套合精度。

②间接法制版工艺流程。首先将阳图底版密合在具有感光性能的感光膜上，经晒版、硬膜处理、显影制成图像后，再向丝网上转贴，等其干燥后揭去胶片片基、堵眼即可形

成印版。其工艺流程如图 8－14 所示。

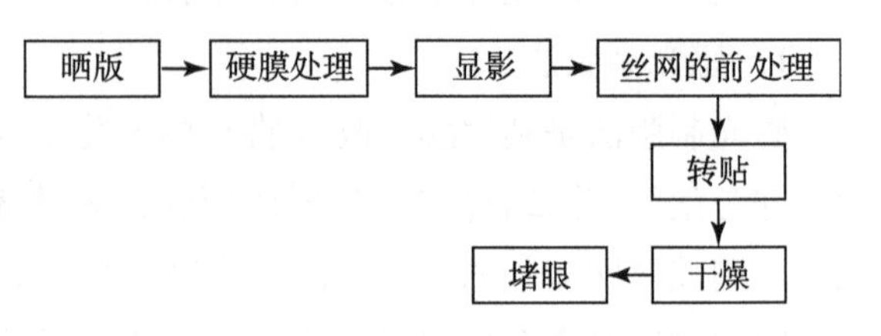

图 8－14　间接制版法工艺流程图

（3）直间法

①特征。直间制版法是直接制版法和间接制版法混合使用的合称，即先将感光膜用水、醇或感光胶贴到丝网上，干燥后撕掉感光膜上的聚酯片基，密合阳图底版，曝光、冲洗显影、干燥制成印版，这种制版方法称为直间法。

直间制版法与直接制版法及间接制版法的不同之处是：直间法是通过膜片的厚度来获得丝网印版的厚度，而直接法是靠多次涂布感光胶来获得丝网印版的厚度，直间制版法是先贴膜后晒制，而间接制版法是先晒制后贴膜。

直间制版法制版用事先做好的一定的厚度涂成的感光膜，可节省涂布时间。另外，事先将感光胶涂布在片基上，所以保证了丝网印版的平整度。

②直间法制版工艺流程：将绷好的网框平放在感光膜的膜面上，使感光膜与丝网黏合，经风吹干燥后揭去片基。经显影、干燥后制出丝网印版。直间法的转贴膜是在曝光前，显影和直接法相同。其工艺流程如图 8－15 所示。

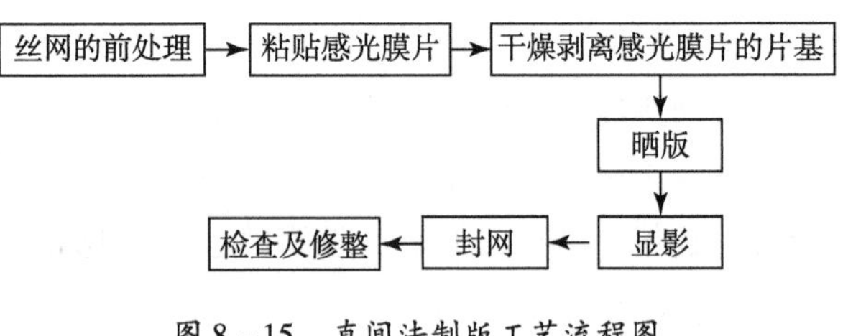

图 8－15　直间法制版工艺流程图

（4）三种制版法的比较

直接、间接、直间制版法是现代丝网印刷中最主要的制版方法。前面介绍了各种制版法的操作程序，但是这三种制版方法都有其特点和不足。在实际应用中，可根据印刷品的用途及丝网印版尺寸和印刷具体要求，扬长避短，确定采用哪一种制版法。表 8－9 对三种制版方法的主要特点和不足进行了比较。

表 8－9　三种制版法比较

项目	直接制版法	间接制版法	直间制版法
操作过程	涂感光胶于丝网版的两面→晒版→显影→修整	晒感光膜片→固化→显影→贴膜→干燥→揭去片基→修整	贴膜→干燥→揭去片基→晒版→显影→修整
工序	先涂后晒	先晒后贴	先贴后晒
显影	常温清水	固化处理后温水显影	常温清水
感光材料	感光胶	感光膜	感光膜
操作	反复涂胶，较费时间	操作复杂	以贴代涂，操作简便
膜层厚度	可以调节	厚度固定	一般固定，也可增厚

续表

项目	直接制版法	间接制版法	直间制版法
印版质量	胶网结合牢固，耐印，易出现锯齿现象，涂层过厚则细线条不易清晰	线条光洁，但膜层不够牢固，耐印力低	介于直接、间接两种方法之间
适用范围	费用较低，用途最广	费用较高，适用于要求较高的少量印品印刷	费用较高，转贴膜版有一定技术难度
耐机械力	很好	好	差
耐印力	5万~10万印	1万、3万、5万印感光剂贴膜、水贴膜、感光胶贴膜	3000~5000印
图像清晰性	差或好	好	很好
分辨率	稍差	好	好
制版工时	长	短	中
价格	廉	中	贵
适用性	能印不平整面	能印平面和曲面	只能印平整面

①直接制版法的主要特点和不足。直接制版法主要工序是先涂布感光胶后晒制，由于涂布采用手工反复涂布，操作比较简单，膜厚可以通过涂布次数来调节，但是涂布比较费时间。采用直接制版法制作的丝网印版，胶膜与丝网结合比较牢固，耐印力较高。但是分辨率不是太高，图像边缘容易出现锯齿状现象，网膜较厚时，细线清晰度容易受影响。

②间接制版法的主要特点和不足。由于间接制版法主要采用的是先晒制感光膜再与丝网贴合的工序。同时显影时需要用双氧水活化处理，再经温水显影，这种制版方法操作比较复杂，但是版膜厚度均匀、稳定，采用间接制版法制作的丝网印版，分辨率比较高，图文线条光洁，但耐印力较低，不如直接制版法所制出的版膜的耐印力高。同时膜层与丝网结合牢度也相对较差。

③直间制版法的主要特点和不足。由于直间制版法主要采用的是在丝网上用感光胶贴合感光膜，然后进行晒制的工序，所以操作比较简便，制版时间短，膜厚可以固定，也可随意增厚。采用直间制版法制作的丝网印版，分辨率和耐印力都比较高。

2. 计算机直接制版法

计算机直接制网版技术是丝网印刷中图像载体的数字化生产，直接通过计算机控制，在模版或丝网上输出。大多数计算机直接制网版系统使用喷墨技术，在丝网上喷涂蜡或油墨。

首先，丝网必须采用封闭层/乳化剂（模版材料）做衬底，印刷图像通过喷墨的油墨（成膜物质）加在衬底涂层上。然后，采用常规曝光来固化模版材料。油墨覆盖区域的未固化涂层用水洗去，干燥后，模版/丝网印版就可以准备印刷了。分辨率大约600dpi（已经有1000dpi的系统）。在大幅面应用中（如目前计算机制网版的最大幅面2m×3m），通常采用150dpi的分辨率就足够了，加网线数18～20线/厘米。

最高效的模版生产方法，是通过激光在涂布乳剂的丝网上直接曝光。激光束破坏图像区域的乳剂层，非图文区域乳剂固化（UV光）。这种方法只适合金属网，而不适合常用的聚酯丝网。它只用于特殊情况，主要是纺织品和瓷砖。

第四节　丝网印刷工艺

丝网印刷的承印物虽然广，但其网印的工艺流程大致相同。制作好印版，准备好承印物和印料，调试好设备就可试印刷调节，最终得到栩栩如生的各种印刷品了。

一、丝网印刷准备工作

1. 承印物的准备

为使承印物具备相当的印刷适性，在印刷开始前，要对承印物进行印前处理。如纸张等对温湿度敏感的承印物，印前要进行吊晾，使承印物的温湿度与印刷环境的温湿度达到平衡，以保证套色印刷的精确性。

那些极性小的塑料承印物，因其墨膜难以粘牢，所以在印刷前应做机械、物理或化学的粗化、氧化或极性化处理。

表面为非吸收性的承印物，如金属、玻璃及塑料等，一旦粘有灰尘和油脂，就会影响印迹的牢度，故印前需做清洁处理。

对过于柔软、容易变形的承印物，如布、绵纸等，为便于印刷时的规矩套准和定位。印前需要做裱贴等定型处理；对某些翘曲不平的硬塑料片，如PVC及有机玻璃片等，为使其平整，印前需做热定型处理。

2. 网印油墨以及调配

（1）网印油墨

对于不同承印材料的印刷油墨也是不相同的，主要可分为纸类丝网油墨、织布类丝网油墨、塑料类丝网油墨、金属类丝网油墨和玻璃类丝网油墨等。丝网油墨中的一个最突出的问题是墨层较厚，影响油墨的干燥速度，因此丝网印刷的印刷速度受到限制。丝网油墨的干燥形式通常以氧化聚合干燥和挥发干燥为主。目前开发使用的紫外线辐射固化油墨和电子束固化油墨对丝网印刷的油墨干燥和印刷速度将起促进作用。

丝网印刷油墨具有稠度大、黏度小、流动度适中的特点，黏度通常控制在3～12Pa·s之间。这样能使油墨在施压下容易透过网孔，形成印迹，其墨膜厚度在8～30μm之间。丝网油墨具有遮盖力强、在承印物表面附着性好、颜色鲜艳、光泽度好的特点，但耐光性、耐摩擦性较差。在印刷过程中，可根据需要选择适当的溶剂来调整油墨的黏度和流动性。氧化聚合干燥型丝网油墨使用时可加入适量干燥剂来提高油墨的干燥性。

在丝网印刷油墨中，氧化聚合干燥型油墨连结料由树脂、干性植物油和一定量的溶剂组成；挥发干燥型油墨连结料由树脂和挥发性溶剂组成。在组成配比中，颜料含量为20% ~40%，树脂为15% ~25%，溶剂及油类为25% ~40%，填料和辅助剂为2% ~5%。

开印前，应使油墨具有良好的印刷适性，必要时做适当的调配。

（2）调色。配墨前，先应计算每色印数的耗墨量，使调配的墨量适当。同时应尽量减少混合的色相，色相愈多，灰度愈大。另外还应注意干燥前后的色彩变化。

（3）油墨印刷适性的调整。通常出厂的网印油墨，其黏度稍大，使用时应根据印刷图像的特点、丝网目数、印速、车间温度、承印物的表面张力及吸墨性能，用适当的溶剂、稀释剂、表面活性剂及减黏剂等，对油墨的黏度、表面张力、流动性及干燥速度等进行综合调整。

二、丝网印刷设备调试

1. 印刷台的安装

纸、硬质塑料等承印物，一般使用抽真空的印刷台。平面印刷台是用四个腿支撑的最简便的印刷台。其台上装有玻璃板或聚丙烯板，也有在台中放入照明器具的。

2. 印版的安装与定位

在实际的网印操作中，由于印件幅面的多种多样，需要在固定的网印机或者不变幅面的台板上，使用不同幅面的网框，印刷不同幅面的画面，所以对印版的安装和定位调节工作是必不可少的。其调节的步骤如下：

（1）网框初定位。根据网框的大小、框的厚度、宽度先将其放在台板的合适位置，固定网版，就基本上完成了网框初定位。

（2）网距的确定。网距是指网版印刷面与承印物表面的距离。若网距调整不当，无论下边的操作多么好，都不能得到理想的印刷品。印刷时，版面和承印物表面只在刮板作用时才接触，刮板通过后即自行离开。如果间隙过小，就会造成图文部分因印料连续渗漏而使其在承印物上扩大、模糊或线条变形，甚至产生粘版、糊版故障；如果间隙过大，印版会因伸缩过度而松弛，使印刷品的图像尺寸比印版的图像尺寸大，严重时还会损坏印版，如果印版是缺乏弹力的不锈钢丝网时，因其弹力很小，版面与承印物面接触不上，则完全不能印刷。

实践总结：精度要求较高的印刷品在印刷时要求间隙值在1 ~3mm之间。对普通印刷品其间隙值可为2 ~6mm。曲面印刷时间隙值要小一些，而平面印刷时间隙值可大一些。

（3）定位。定位是指印件最初进入设备之时，确保其准确位置。这对于需要进行多色套印的印件，尤为重要。定位是保证印刷和套印准确的关键环节之一。常用的方法有：

靠角定位法，孔、销定位法，规线定位法，边规定位法（图 8-16），打孔定位法（图 8-17），工装定位法。

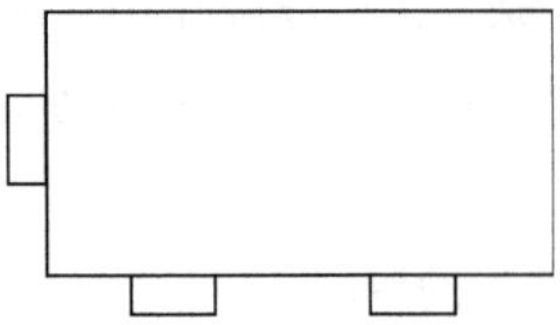

图 8-16　边规定位法

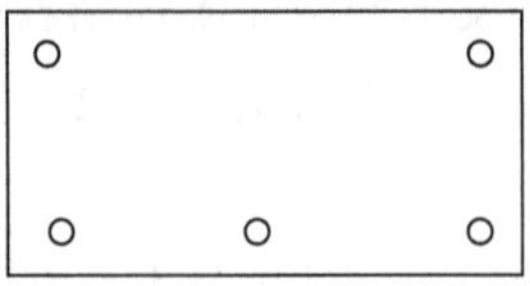

图 8-17　打孔定位法

3. 刮板的安装与调整

在手工丝网印刷中采用一块刮板，而在机械丝网印刷中必须有两块刮板，即由刮印板与回墨刮板交替往返运动完成。当印刷时刮印板挤压油墨实施印刷，回程时刮印板抬起，脱离网版。采用机器进行丝网印刷时，要在夹具上安装刮板，安装时刮板的中点，要与印版的中线对准。然后要求确定刮印角，调节刮板长度、压力、角度等。

丝网印刷使用的刮板的长度，主要是根据所印图文尺寸大小和网框尺寸大小确定的，同时还要考虑刮板材料的硬度、油墨黏度等因素。确定刮板长度的基本原则是刮板要长于图文画面宽度尺寸，如果刮板长度小于画面宽度则刮印时就不能保证整个画面都有油墨。刮板过长，不利于印刷，而且是浪费。一般刮板长度比图文画面尺寸两端各长 2～10cm 左右。

刮板在丝网印刷中要保持一定的压力，使得丝网印版与承印物表面呈线性接触，完成油墨的转移。压力过小，丝网印版不能接触承印物表面，印刷无法进行；压力过大，会使刮板产生较大弯曲，刮板与承印物成为面接触，使得图文模糊不清。并加剧刮板和丝网印版的磨损，导致丝网印版松弛。压力还和刮印速度及刮板前端与印版的接触角（压印角、刮印角）有密切关系。

刮印角的确定是丝网印刷中复杂的实际问题。它与刮板压力及刮板硬度都有密切关系，而且由于承印物表面形状也是多种多样的。在实际印刷时，要根据承印物的形状、特性来选择确定刮印角。一般来说平面印刷时刮印角取 20°～70°为宜，曲面印刷时刮印角在 30°～65°之间为宜。

三、样张的试印刷以及正式印刷

1. 印刷色序

在进行多色印刷时，可先深后浅，先小后大，进行纺织品印花时，以对花方便为主，先印涂料色，后印涂料白。若和活性染料同时印刷，则应先印活性染料色，后印涂料色。有发泡等特种印花时，一定将其放到最后再印。

在进行较高要求的彩色加网印刷时，常以黄、青、品红、黑为序，由于工艺的需要，也有按青、品红、黄、黑依次施印的。近年来国外也有先印黑，再印黄、品红、青的。

应根据不同的原稿特点，选择色序。例如网印风景类图像时，一般先印青色版，对照梯尺、色标检查阶调再现情况较为明显，然后印黄色版，这两色可呈现绿色，人眼对绿色识别力强，对照梯尺、色标检查印刷质量方便。第三色印品红版，最后印黑版。再如进行人像网印时，习惯先印品红版再印黄色版，就可大体观察出人的肤色，再印青版，最后印黑版。在透明材料上网印时，色序多依黑、黄、青、品红顺序进行。

2. 试印刷

试印刷也称校正印刷或校样印刷。每次开印前都应做一下试印刷，在试印样上检查图像的再现性及色调情况。若再现性差，则应对网台距、刮印角、印压及油墨的黏度等略做调整。对于多色套印，在第一色版印样检查合格后，应在印刷台上画出装版的位置记号，记下网台距尺寸。正式开印后再抽出最符合标准的样张作为“校版样”，并在校版样上精确绘出挡规的标线，作为挡规万一移动时的参考。校版样在每换一次色版、装版和校版时都要使用，故应妥善保存。如果正式印品上不允许留有“十”字规距和色块等，应在试印后就抽留校版样，随后把网版上的这些内容用胶带封除。

第一色印完后，应立即洗版，不得留有残墨，以免残墨干固堵死网孔，或再印时损失细部，或使丝网不能回收。对挥发干燥型油墨，印刷中万一出现油墨干结而局部堵网，应用洁净棉纱粘溶剂，从网版的刮墨面擦洗，直至通透。

3. 网印油墨的传递

（1）油墨在版上的移动和回转。油墨在刮板的运动区间呈圆棒回转式移动，其回转速度与刮板的运动速度和油墨的黏度有关。

刮板运动时油墨向承印物上的转移量与刮板角度设置有关，一般是设刮板角度最大为90°，最小为45°。若向小于90°的方向变化，油墨的转移量增加。若用刮板尖端切割版上的墨层，则油墨转移量变少。刮板角度一定时，刮板速度对过墨量有影响。油墨通过网版开口部需要一定的时间，用较慢的速度进行印刷，易产生洇墨；速度较快易产生斑点。可采用这两者之间的刮板运动速度进行印刷；或与刮板速度相适应，调节油墨的黏度，找出印刷的最佳条件。

（2）油墨的转移。网版上的油墨在刮板压力的作用下通过网版通孔部分转移到承印物上，在此过程中影响油墨转移的主要因素是油墨的黏弹性、油墨和丝网界面的张力、承印物对油墨的接受性。

（3）印迹油墨的铺展。当油墨与丝网分离后，断裂的墨丝因具有黏弹性，能迅速缩回，避免了飞墨故障。这时，如果油墨停止流变，则印迹会有明显的网迹，其程度取决于丝网的接触面积。为了消除网迹现象，要求油墨转移到承印物上后仍具有一定的流动性，使墨面很快流平；同时还要防止印迹过分扩大，从而获得表面光滑的印迹墨膜。

油墨的这种流变性能，应与网版、承印面及图案的类型相适应。如网点印刷时，油墨的流动性不宜太大，以保证网点的建立；对厚膜印品（如厚膜印刷电路板等），油墨的触变性宜大；吸收性强的承印面，油墨可软，印光面油墨宜硬；圆网印刷时，因其金属网版的接触面积大于平网，必须降低油墨的黏度，才能使离散的墨点均化成连续的墨膜。

4. 套印和曲面印刷

要套印下一色版时，装版应按上一色版的位置记号来装置；网台距、网版平整度都应同前色版。上、下包版的套合定位，是将上一色的校版样对准挡规，并固定。把网版按上一色的装版记号放入网框夹具中，观察丝网印版的图形与校版样的图形套合情况，慢慢移动网框使二者套准，这时初步拧紧夹具，刮印角、印压保持与上一色版相同。然后试印，并检查校版样上试印套准情况，正常情况下，套合误差在 1 ~ 2mm 之间，经 2 ~ 3 张试印，误差基本稳定后，再确定调整方法，或微调印台，或微调网版夹具，切忌盲目拧动，以至搞乱挡规，使整批承印物套印不准，更不能任意改动挡规。

曲面印刷和平面印刷一样，需要调整承印物面与网版接触面的间隔，保证承印物的转动需要；在印刷中，刮板固定不动，网框水平做均匀等速移动，承印物旋转，并在同步位置与网版接触进行印刷；印刷后，承印物和旋转辊一起向下运动，取出承印物把下一个承印物放在旋转辊上，然后承印物向上运动与网版接触进行下一次印刷。

5. 丝网印刷的干燥

承印物的干燥是指流体状的丝网油墨，印刷在承印物上之后，转变成固态的过程。

当油墨转移到承印物上能迅速地进行固化，固化后的墨膜慢慢干燥，并不是说越迅速越好。如果干燥过于迅速，或过度进行干燥，也会产生各种故障。

第五节　丝网印刷过程中常见的故障及解决方法

丝网印刷故障产生的原因是多方面的，涉及网印印版、网印刮版、网印油墨、网印设备、网印材料以及操作技术等诸多因素。本节将对带有普遍性的网印故障及对策加以介绍，供读者参考。

网印故障的产生有单一方面的原因，但更多的则是错综复杂的诸原因的交叉影响的结果。这是操作者在判定故障原因，采取相应对策时要特别注意的。

一、糊版

糊版亦称堵版，是指丝网印版图文通孔部分在印刷中不能将油墨转移到承印物上的现象。这种现象的出现会影响印刷质量，严重时甚至会无法进行正常印刷。

丝网印刷过程中产生的糊版现象的原因是错综复杂的，糊版原因可从以下各方面进行分析。

①承印物的原因。丝网印刷承印物是多种多样的，承印物的质地特性也是产生糊版

现象的一个因素。例如：纸张类、木板类、织物类等承印物表面平滑度低，表面强度较差，在印刷过程中比较容易产生掉粉、掉毛现象，因而造成糊版。

②车间温度、湿度及油墨性质的原因。丝网印刷车间要求保持一定的温度和相对湿度。如果温度高，相对湿度低，油墨中的挥发溶剂就会很快地挥发掉，油墨的黏度变高，从而堵住网孔。另一点应该注意的是，如果停机时间过长，也会产生糊版现象，时间越长糊版越严重。其次是，如果环境温度低，油墨流动性差也容易产生糊版。

③丝网印版的原因。制好的丝网印版在使用前用水冲洗干净并干燥后方能使用。如果制好版后放置过久不及时印刷，在保存过程中或多或少就会黏附尘土，印刷时如果不清洗，就会造成糊版。

④印刷压力的原因。印刷过程中压印力过大，会使刮板弯曲，刮板与丝网印版和承印物不是呈线接触，而呈面接触，这样每次刮印都不能将油墨刮干净，而留下残余油墨，经过一定时间便会结膜造成糊版。

⑤丝网印版与承印物间隙不当的原因。丝网印版与承印物之间的间隙不能过小，间隙过小在刮印后丝网印版不能脱离承印物，丝网印版抬起时，印版底部黏附一定油墨，这样也容易造成糊版。

⑥油墨的原因。在丝网印刷油墨中的颜料及其他固体料的颗粒较大时，就容易出现堵住网孔的现象。另外，所选用丝网目数及通孔面积与油墨的颗粒度相比小了些，使较粗颗粒的油墨不易通过网孔而发生封网现象也是其原因之一。对因油墨的颗粒较大而引起的糊版，可以从制造油墨时着手解决，主要方法是严格控制油墨的细度。

油墨在印刷过程中干燥过快，容易造成糊版故障。特别是在使用挥发干燥型油墨时这类现象更为突出，所以在印刷时必须选择恰当的溶剂控制干燥速度。在选用油墨时要考虑气候的影响，一般在冬季使用快干性油墨，夏季则应在油墨中添加迟干剂，如果使用迟干剂还发生糊版现象，就必须换用其他类型油墨。

使用氧化干燥型油墨，糊版现象出现得不是很多，但在夏季如果过量使用干燥剂，也会发生糊版现象，一般夏季要控制使用干燥剂。

在印刷过程中，油墨黏度增高造成糊版，其主要原因是：版上油墨溶剂蒸发，致使油墨黏度增高，而发生封网现象。如果印刷图文面积比较大，丝网印版上的油墨消耗多，糊版现象就少。如果图文面积小，丝网印版上的油墨消耗少，就容易造成糊版，其对策是经常换用新油墨。油墨的流动性差，会使油墨在没有通过丝网时便产生糊版，这种情况可通过降低油墨黏度提高油墨的流动性来解决。

发生糊版故障后，可针对版上油墨的性质，采用适当的溶剂擦洗。擦洗的要领是从印刷面开始，由中间向外围轻轻擦拭。擦拭后检查印版，如有缺损应及时修补，修补后可重新开始印刷。应当注意的是，版膜每擦洗一次，就变薄一些，如擦拭中造成版膜重大缺损，则只好换新版印刷。

二、油墨在承印物上固着不牢

对承印材料进行印刷时，很重要的是在印刷前应对承印材料进行严格的脱脂及前处理的检查。当承印物表面附着油脂类、黏结剂、尘埃物等物质时，就会造成油墨与承印物黏结不良。塑料制品在印刷前表面处理不充分也会造成油墨固着不牢的故障。

作为承印材料的聚乙烯膜，在印刷时为了提高与油墨的黏着性能，必须进行表面火焰处理，如是金属材料则必须进行脱脂、除尘处理后才能印刷，印刷后应按照油墨要求的温度进行烘干处理，如果烘干处理不当也会产生墨膜剥脱故障。另外，在纺织品印刷中为了使纺织品防水，一般都要进行硅加工处理，这样印刷时就不容易发生油墨黏着不良的现象。

玻璃和陶瓷之类的物品，在印刷后都要进行高温烧结，所以只要温度处理合适，黏结性就会好。试验墨膜固着牢度好与坏的简单方法：当被印刷物是纸张时，可把印刷面反复弯曲看折痕处的油墨是否剥离,如果油墨剥离,那么它的黏结强度就弱。另外,将印刷品暴露于雨露之中,看油墨是否容易剥落,这也是检验墨膜固着牢度好坏的一个方法。

油墨本身黏结力不够引起墨膜固着不牢，最好更换其他种类油墨进行印刷。稀释溶剂选用不当也会出现墨膜固着不牢的现象，在选用稀释溶剂时要考虑油墨的性质，以避免出现油墨与承印物黏结不牢的现象。

三、叠印不良

重叠墨膜叫做叠印。多色印刷时，在前一印的墨膜上，后一印的油墨不能清晰地印上，这种现象因油墨的种类不同，有的容易产生，有的不易产生。例如：氧化聚合型的油墨其干燥剂添加量过多，促进干燥，墨膜的氧化及硬化过度时，会使两色的油墨相互排斥。另外，挥发型油墨若过量添加消泡剂，消泡剂在墨膜表面形成薄膜，妨碍叠印。其补救方法是使用叠印性能好的油墨，降低油墨的黏度，在油墨中添加助剂，降低油墨的干燥速度等。

四、背面粘脏

背面粘脏是指在印成品堆积时，下面一张印刷品上的油墨粘到上面一张印刷品的背面的现象。如果这种现象得不到控制，将导致粘页并影响双面印刷品的另一面的印刷。背面粘脏的主要原因是油墨干燥不良。

解决背面粘脏的办法是调整油墨黏度、使用快干油墨、油墨中添加催干剂，或在半成品表面喷粉，或加衬纸。

五、图像变形

印刷时，由刮板加到印版上的印压，能够使印版与承印物之间呈线接触就可以了，不要超过。印压过大，印版与承印物里面接触，会使丝网伸缩，造成印刷图像变形。丝网印刷是各种印刷方式中印压最小的一种印刷，如果我们忘记了这一点是印不出好的印刷品来的。

如果不加大压力不能印刷时，应缩小版面与承印物面之间的间隙，这样刮板的压力即可减小。

六、静电故障

静电电流一般很小，电位差却非常大，并可出现吸引、排斥、导电、放电等现象。这些现象会导致产品劣化，性能减退，引发火焰，人体触电等不良后果。

①给丝网印刷带来的不良影响。印刷时的丝网，因刮板橡胶的加压刮动使橡胶部分和丝网带电。丝网自身带电，会影响正常着墨，产生堵版故障；在承印物输出的瞬间会被丝网吸住。

a. 合成树脂系的油墨容易带电。

b. 承印物即使像纸一样富于吸水性，但空气干燥时，也会产生静电。塑料类的承印物绝缘性好，不受温度影响，也易产生静电。

c. 印刷面积大，带电也越大，易产生不良效果。

d. 由于火花放电会引发火焰，所以使用易燃溶剂时要十分小心。

e. 因静电而引起的人体触电，是由于接触了带电物，或积蓄的静电在接地时产生火花放电而造成的。电击产生的电流虽然很小，不会发生危险，但经常发生电击，会给操作人员的心理带来不良影响。

②防止静电的方法。防止静电产生的方法有：调节环境温度，增加空气湿度，适当温度一般为20℃左右，相对湿度60%左右；将少量防静电剂放入擦洗承印材料用的酒精中；减少摩擦压力及速度；尽可能减少承印物的摩擦、压力、冲击；安装一般的接地装置；利用火焰、红外线、紫外线的离子化作用；利用高压电流的电晕放电的离子化作用。

复习思考题八

1. 丝网的性能要求有哪些?
2. 丝网的技术参数有哪些? 对印刷有什么影响?
3. 如何选择丝网?
4. 网框的性能要求有哪些? 常用的网框有哪几种? 各有什么特点?
5. 丝网制版主要有哪些方法?
6. 简述丝网制版原理及工艺过程。
7. 丝网刮板有什么作用? 对其性能有什么要求?
8. 丝网印刷的网距如何确定?
9. 简述糊版产生的原因及解决方法。

第九章　数字印刷

【内容提要】本章主要介绍数字印刷的发展历史；数字印刷的概念；数字印刷系统的工艺原理；数字印刷机；数字印刷应用的解决方案。

【基本要求】

1. 了解数字印刷的发展历程及特点；理解数字印刷与传统印刷的区别与联系。

2. 掌握静电照相成像方式、喷墨成像方式数字印刷的成像原理与特点，了解这两种印刷方式的应用。

3. 了解电凝聚成像、磁记录成像、电子成像、热敏成像等方法的数字印刷原理与特点。

4. 了解目前常用数字印刷机的特点与应用。

传统印刷流程离不开出胶片、晒印版的烦琐工序，而且这些工序相互独立，难以控制，在计算机技术和信息技术高速发展的背景下，印刷方式必将发生变革。

现代工程科学、信息技术、物理和化学等学科的发展共同促进着印刷技术的发展与变革。数字印刷以及数字印刷机的出现和发展带来的不仅是设备的更新，它从根本上影响了印刷生产模式以及整个印刷工业，是印刷工业发展变革的方向。数字印刷技术在不断进步，数字印刷的潜力还在被继续发掘，它是一个充满生命力的印刷方式。

第一节　数字印刷的演变与发展

数字印刷（Digital Printing）的概念可以追溯到1976年，这一设想的实现是在1993年，以色列Indigo公司推出了世界上第一台彩色数字印刷机，它把计算机网络、图像处理、激光成像、电子油墨等先进技术融合在一起创造了一个不需要胶片、印版的全新印刷方式。

一、CTP 技术

CTP 技术是印刷行业的一场深刻的革命，它的本质是将数字页面直接转化成印版、样张甚至印刷品，不再需要任何中间环节或中间物理媒体（如胶片）。准确地讲，CTP 技术包括四个方面的内容，可以分为两大类。

第一类技术是在印版上直接成像的 CTPlate 和 CTPress 技术，它们的特点是将计算机中的数字页面（Digital Page）直接转换成为印版，然后再通过传统的压力过程将印版上的图文信息转移到承印物上形成最终产品（印刷品），在这个过程中印版仍然是连接数字页面和印刷品的中间媒介。

第二类技术是在承印物上直接成像的 CTProof 和 CTPaper/Print 技术，它们的特点是将计算机系统中的数字页面直接转换成样张或印刷品，不再需要胶片、印版等任何中间媒介。

图 9－1 所示为 CTP 包含的四方面内容。

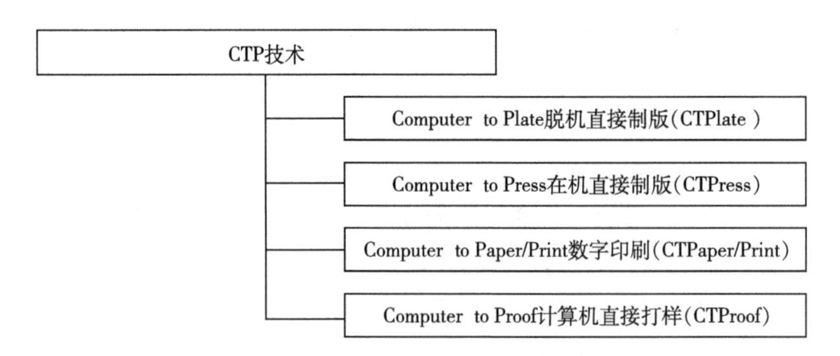

图 9－1　CTP 技术包含的四方面内容

1. 脱机直接制版（CTPlate）

这里的“脱机”是指计算机直接制版机。计算机直接制版技术淘汰了整个传统印刷生产过程中胶片制作的工序，从而降低了费用，缩短了印刷生产时间。1995～1997 年之间，全球有许多大型印刷公司首先采用了这种 CTP 系统，实现直接制版工艺，但是由于直接制版机以及制版材料十分昂贵，限制了这项技术在各中小型企业的推广和使用。1997～2000 年期间，直接制版机的价位大幅度下降，并且直接制版版材开始成熟和发展，大量中小型印刷厂开始接受并使用 CTP 技术。图 9－2 所示为爱克发公司的热敏型直接制版机。

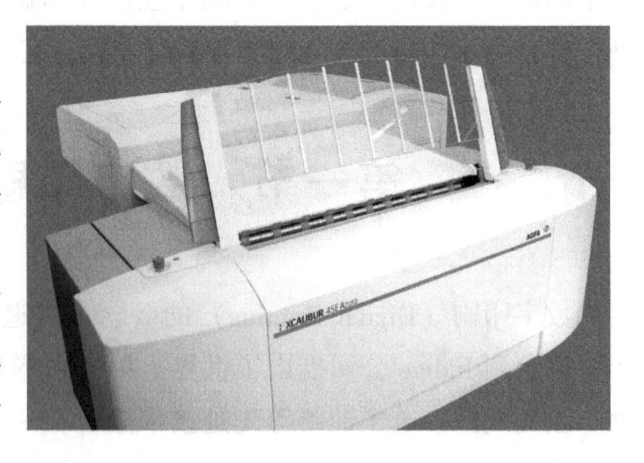

图 9－2　爱克发 CTP 机

CTP 的基本原理是数字化控制的成像系统在印版上通过扫描逐个像素而生成印刷图文部分，也就是将数字页面直接转换成印版，然后将印版安装在印刷机上进行印刷，它适合于任何传统印刷方式。图 9 - 3 所示为 CTP 的基本工作原理。

2．在机直接制版（CTPress）

CTPress 是指直接印刷技术（DI 印刷技术），它是一种印刷机和制版机一体化的直接制版印刷系统，首先将数字页面成像在印刷机的印版滚筒上，然后直接在印刷机里进行印刷。在机直接制版和脱机制版在制版原理上类似，它的优点在于制版和印刷集成化。Heidelberg 最早推出在机直接制版技术，采用 Presstek 公司的红外激光热敏成像和热烧蚀无水胶印印版的在机直接成像技术，推出了 GTO - DI 和 QuickMaster - DI 两款 DI 印刷机，图 9 - 4 所示为 Heidelberg QuickMaster - DI 印刷机。

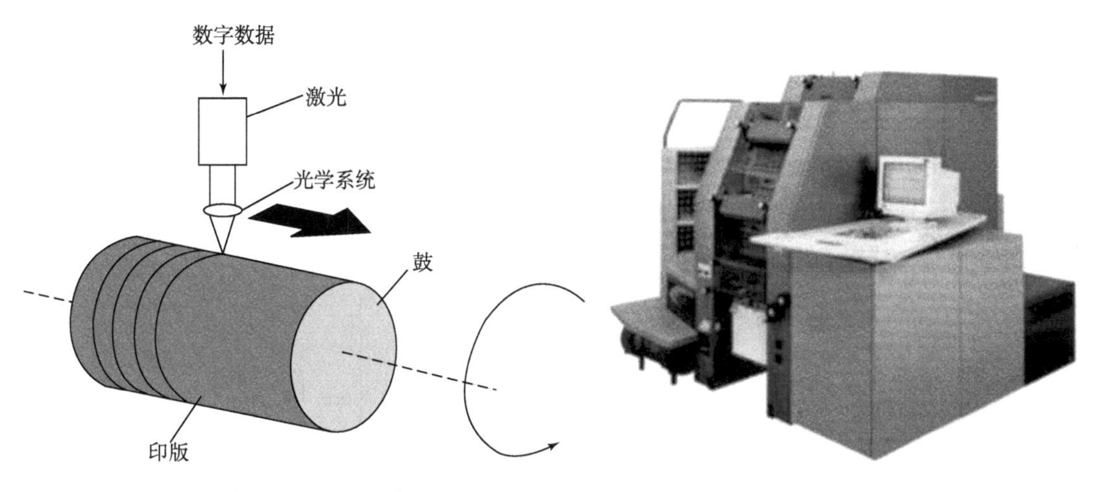

图 9 - 3　CTP 的基本工作原理（外鼓式）示意图　　图 9 - 4　QuickMaster - DI 印刷机

脱机制版过程是基于传统印刷技术的，从本质上讲它简化了传统印刷工艺中出胶片的工序，但是得到的印版仍然需要人工安装在印刷机上，不仅耗时，而且不能很好地避免多色印刷的套印误差。而直接印刷方式是对传统印刷方式的一次革新，极大地简化了印刷工艺过程，使用 DI 印刷机印刷时不用胶片，在线生产印版并自动上版，自动套准，不受操作人员的影响，生产效率很高。

3．计算机直接打样（CTProof）

打样是将原稿可视化，用于观察版式、文字、图像和色彩的正确性和质量，是印刷生产质量控制过程的一个重要环节。将数据直接在印刷机上打样称为机械打样或者印刷机打样，也就是传统的打样方式，所使用的机械可以是批量正式印刷的印刷机或者是专门的打样机（常见的打样机都采用圆压平的印刷方式）。传统打样方式同印刷过程类似，需要经过输出胶片、晒版最终打样印刷。传统打样方式采用与正式印刷同样的油墨、纸张，甚至同样的机器，所以色彩效果和最终的印刷效果基本一致，这是它最大的优点，但是它无法避免模拟印刷的烦琐工艺，打样周期长，成本高，在实际生产中只有对质量要求较高的印刷品才进行印刷前的打样。

数字彩色打样机(Digital Proofer)的出现使数字打样成为可能,计算机直接打样(DDCP—Direct Digital Color Proofing)是数字页面直接进入数字打样机,经过 RIP 后输出为样张,省略了胶片和印版的制作,缩短了传统打样流程,现在经过对数字打样专用纸张、油墨以及色彩管理的改进,数字打样技术开始得到广泛使用。图 9－5 所示为 HP 彩色喷墨打样机。

图 9－5　HP 彩色喷墨打样机

4. 数字印刷（CTPaper/Print）

CTPaper/Print 是本章所阐述的数字印刷技术。数字印刷是数字页面直接成为印刷品（Paper）或直接到印刷机（数字印刷机）的印刷方式。

数字印刷的功能主要由数字印刷机全部完成，首先把计算机处理好的数字页面直接送入数字印刷机，在数字印刷机内部通过高速的 RIP 对页面加网处理，并得到数字信号，接着，数字信号控制成像系统在载体（一般为滚筒）上成像，最后将图像转移到承印物上得到印刷品，基本流程如图 9－6 所示。

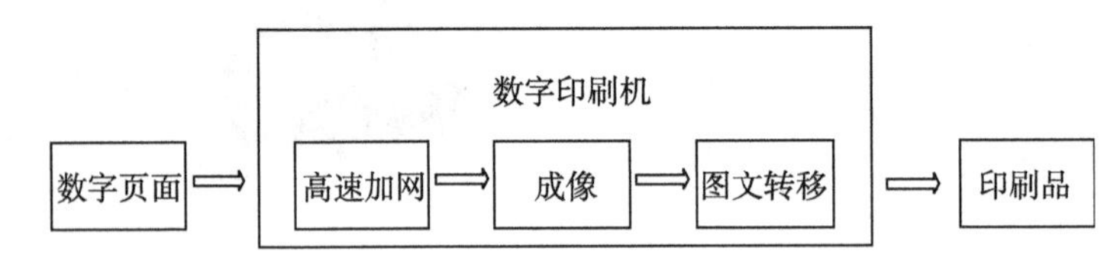

图 9－6　数字印刷基本流程图

数字印刷将传统的印前、印刷、印后操作集成为一个整体，不再需要胶片和印版，省略了拼版、修版、装版定位、调墨、润湿等工艺过程，不存在胶印复杂的水墨平衡问题，大大简化了印刷工艺，真正实现了印刷的快速化、智能化，是印刷技术发展的一次划时代的革命。数字印刷还具有可变信息印刷（Variable Information Printing）和按需印刷（On－demand Printing）的能力，已经成为正在逐渐兴起的按需、个性化印刷市场的主要生产技术手段。如图 9－7 为 Nipson 数字印刷机。

图 9－7　Nipson 数字印刷机

数字印刷技术与脱机制版、在机制版的最大区别是不再使用传统意义上的印版，属于无版印刷方法（Plateless Printing），表9－1列出了三者之间的区别与联系。

表9－1 数字印刷和脱机制版、在机制版的关系

类型	胶片	印版	人工装版	印刷压力
脱机制版	无	有	需要	需要
在机制版	无	有	不需要	需要
数字印刷	无	无	不需要	不需要

数字印刷与数字直接打样的原理类似，无版无压，都是数字页面直接成为印刷品或样张。两者的区别在于数字印刷是基于整个印刷流程的高度集成，在使用数字印刷方式进行批量印刷前同样要经过打样（只能采用数字打样），数字印刷机同样具有打样的功能；数字直接打样则是针对印刷流程中打样环节的，数字打样技术可以应用到传统印刷流程的打样中，也可以针对脱机制版、在机制版后的打样流程，以及数字印刷流程。

二、数字印刷

正是由于CTP新技术的发展，对于印前过程得到的数字页面可以选择多种印刷方式来得到印刷品。如图9－8所示为现代印刷方式。首先，传统印刷方式仍然存在，经过了长时间的技术发展已经相当成熟，计算机中的页面经过激光照排机输出得到胶片，然后晒版得到印版并装到印刷机上印刷；脱机制版技术的应用带来了第二种方式，页面经过直接制版机得到印版，人工上版在传统印刷机上进行印刷；第三种方式是将页面送入DI印刷机，完成在机制版并自动上版和印刷，当然也可以把脱机直接制版机输出的印版人工装在DI印刷机上进行印刷；第四种方式将页面送入数字印刷机直接印刷得到印刷品。可以看出第二种、第三种都是对传统印刷方式流程的改进，只有数字印刷从根本上改变了印刷作业的方式，所以我们把现代印刷技术划分为传统印刷和数字印刷两种，可见其带给整个印刷工业深远的影响。如图9－9所示。

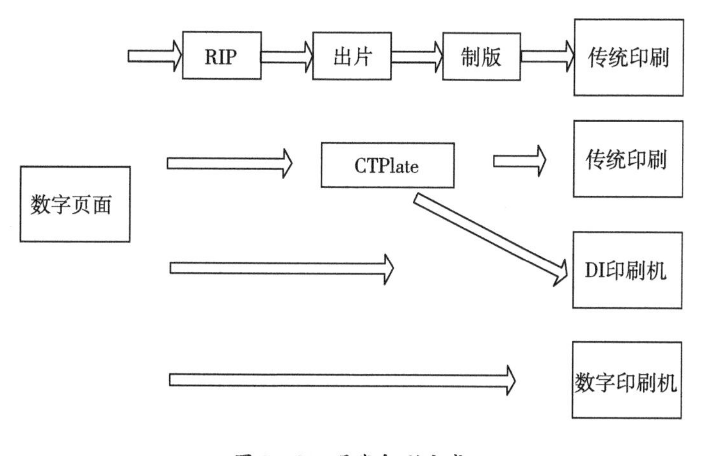

图9－8 现代印刷方式

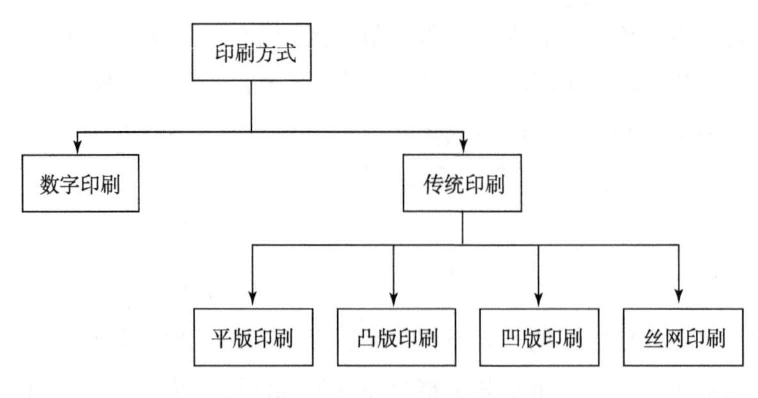

图 9－9　现代印刷方式的分类

1．数字印刷的概念

数字印刷是数字页面直接形成黑白或多色印刷品的无版复制技术，它可以在每一份印刷品上产生不同的图像。对于数字印刷的定义并没有一个绝对的规定，但其中“无版”和“信息可变”是它的最大特征。

2．数字印刷和传统印刷的区别

是否有印版、是否有压力，是否能够印刷可变数据是两者的本质区别。数字印刷实现了真正的无版、无压，可变数据印刷。

传统印刷和数字印刷有各自不同的成像技术和转印工艺。数字印刷是基于物理状态差异建立起来的复制工艺，因而它与传统印刷工艺基础的差别主要体现在其物理本质，例如，电位差、压电效应、磁化强度、热特性和电荷沉积差异等。

严格讲传统印刷是间接使用原稿，必须通过分色片输出再晒版或经过计算机直接制版工艺产生印版，实现图文转印。数字印刷由于无须印版，因而可直接利用从原稿转换得到的数字页面进行印刷，有效避免了页面信息在传递过程中的失真。

数字印刷与传统印刷在设备上的差异最大，数字印刷机是印前技术、成像技术以及印后加工技术的印刷系统，而大多数传统印刷机的功能都很单一。

3．数字印刷和传统印刷的联系

在数字印刷的概念出现最初，印刷领域针对传统印刷和数字印刷的关系进行了激烈的争论，也有部分人认为数字印刷会取代传统印刷，也有部分人认为数字印刷成本高，最终无法适应市场而会被淘汰。随着数字印刷的发展和应用的普及，我们已经可以达成共识：两种印刷方式各有优势，两者的组合会产生更大的市场竞争力。

从成本方面考虑，数字印刷更适合于小批量的短版印刷市场，因为印一张和印数千张的每张成本费不变，在印刷数量大的情况下，不能优于传统印刷每张的成本。传统印刷由于加收制版费、起印费，总的成本较高。如果印数少，每张成本就高，印数越大，每张成本就越低，因此在进行大批量印刷时传统印刷占绝对优势。一般地，当印数少于5000 份（或 7500 份）时考虑采用数字印刷完成，而多于 5000 份（或 7500 份）时选择传统印刷方式更经济，质量更高。图 9－10 所示为数字印刷和传统印刷的联系。

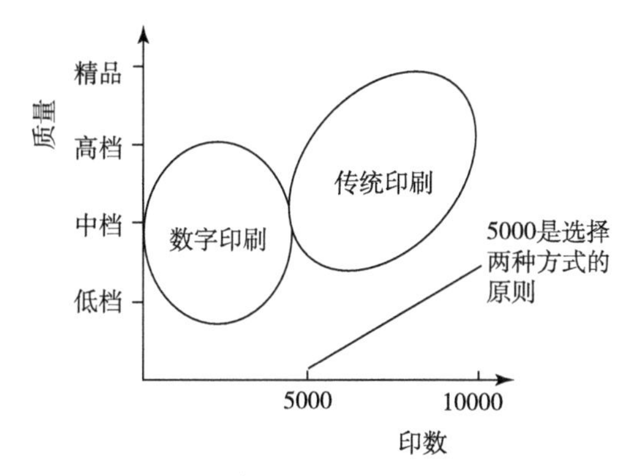

图 9-10　数字印刷和传统印刷的联系

4. 数字印刷的主要特点

数字印刷省略了胶片及印版，所以在印刷过程中信息传输、传递都是以数字方式进行，不再出现模拟信息。

数字印刷品的信息是 100% 的可变信息。先后输出的印刷品的信息内容、版式、尺寸大小等可以相同，也可以部分相同或完全不同。要想实现 100% 可变信息印刷，无版是必要条件。

数字印刷将印前、印刷和印后整合为一个完整的数字系统。其印刷过程是利用数字印刷系统将数字信息直接转换成印刷品的过程。

数字印刷具有按需印刷的生产能力，可以根据用户的具体要求进行印刷品的制作、生产。

由于数字技术、网络技术的介入，数字印刷可以随时、随地实现印刷品的输出，打破了模拟印刷方式生产印刷品在时间和空间上的限制。

三、数字印刷的应用和发展

1. 数字印刷技术的应用

数字印刷较之传统印刷最大的特点在于它实现了可变图文信息的复制。在全球数字化发展的大背景下，随着短版印刷、个性化印刷、可变数据印刷、即时印刷等各种非传统类型印刷需求的日益增长，数字印刷的应用空间越来越广，主要表现在以下几个领域：

①包装印刷市场。随着包装印刷市场需求的增长，客户要求更严格的交货期限、更好和更一致的色彩质量、更短的印刷周期、更多的个性化服务以及更广泛的承印材料。包装印刷用户越来越希望其出版物个性化来满足客户的特殊要求。

在包装印刷领域，数字印刷主要有以下几种应用：产品的推广测试包装、小批量的新标准盒新包装、小折叠纸盒与纸桶等产品的装潢和用户定制有特殊要求的包装、个性化的标签等。

②个性化印刷品市场。随着社会商业活动的日益增多，人们生活水平及消费水平的

提高，个性化印刷成为人们的一种需要。个性化印刷是指每张印刷品都可以针对其特定的对象而设计并实现。数字印刷可以一张起印，每一张印刷图像均可不同，转换图像过程中不需要停机，而且配置了强大数据库资源。

③按需印刷市场。按需印刷是印刷业的发展方向，小于500份的精美彩色印刷品市场越来越大，这是传统印刷技术无法实现的，例如招标投标资料、年报资料、促销广告、企业简介、宾馆菜单，画册等。在图书印刷市场中，图书的印数越来越少，图书销售的热点流转越来越快，图书印制的周期越来越短，还有一些绝版书及样书的印刷，这些变化促使出版行业采用数字印刷实现POD（按需印刷）成为可能。

④网络出版、网上印刷。网络出版是一种新的出版方式，电子商务印刷市场随着Internet的发展，在国外已成为最新的一种印刷方式。任何合法的电子文件，如文学作品、论文、画册等，均可下载由数字印刷机印刷并装订成册。

⑤防伪印刷市场。在防伪印刷中，有许多需要采用二维条形码之类的可变数据方式来实现，还有一些随机的彩色数字加上色块及网点图案的变化，这些都需要采用数字印刷来完成。

⑥特殊领域。保险、金融、证券、商业、电信、邮政、国内个性化票据印刷市场等，都十分适合于数字印刷设备的应用。除此之外，还有更大的未知市场等待开拓。可以说，数字印刷的未来发展空间是相当广阔的。由此可见，数字印刷的市场定位主要在于“按需、短版、个性化”，市场潜力巨大。

2. 数字印刷技术发展

近年来，数字印刷发展迅速，数字印刷设备的功能更加强大，原材料成本和制作成本下降，印刷产品质量不断提高，市场占有率明显增大。目前，国外一些发达国家的数字印刷市场已经相当成熟；在国内，数字印刷市场还没有完全规范化，产品质量也未形成规范的行业标准，但是在全世界数字印刷技术发展的良好形势下，国内数字印刷也会取得蓬勃的发展。

第二节　数字印刷工艺流程及原理

一、数字印刷工艺流程概述

数字印刷工艺流程可以归纳为：在数字印前系统中对图文数字信息处理后得到数字页面，将数字页面送入数字印刷系统（数字印刷机），经设备内部的RIP栅格化处理后对印刷滚筒进行扫描，印刷滚筒感光后形成可以吸附油墨或墨粉的图文，然后转印到纸张等承印物上。数字印刷工艺流程只需数字页面制作和印刷两个工序。不需要胶片和印版，操作简便，从设计制作到印刷以及印后加工一体化。可以看出数字印刷机在数字印刷中扮演着绝对重要的角色，它整合了印前技术，RIP技术，成像系统，网络技术，某些还包括印后加工技术，是数字印刷方式的关键技术。

二、数字印刷的印前处理

数字印刷是一个全数字化的生产过程，它接收数字页面将其直接输出为印刷品，所需的数字页面是经过图像的获取、处理、分色、图文信息的排版、页面整版拼版得到的，基本流程如图9－11所示。

对数字印刷而言，初始信息（原稿）为模拟图像和文字，最终产品也是模拟图像和文字（印刷品），而中间的过程处理全部数字化，所以数字印刷首先要将模拟的原稿图像进行数字化。目前主要采用的方法是对原稿进行扫描。

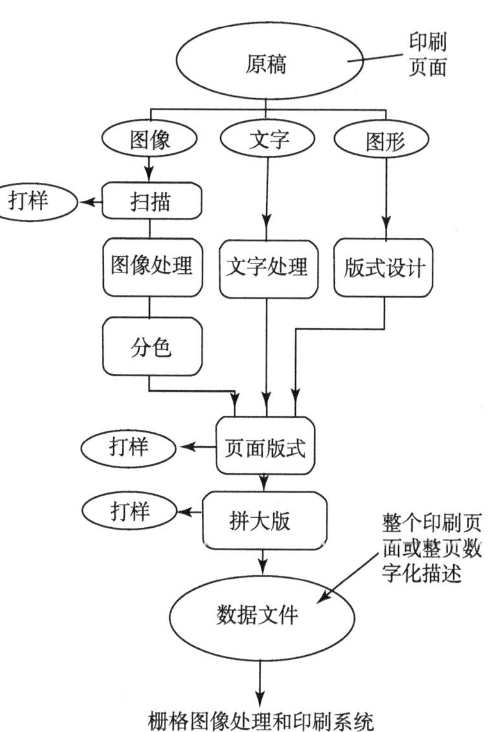

图9－11　数字页面获得的过程

1. 扫描

一般情况下，扫描是获得数字页面的第一步工作。扫描仪能将模拟图像信息转变为数字信息，其主要功能是将模拟彩色图片输入到计算机中。扫描仪在扫描图像时，首先通过扫描采样获得模拟图像的每一个像素点的光信号，然后对每一个像素点的光信号依次进行分色、光电转换、模数变换（A/D转换）等处理，最后获得图像的数字信号。

扫描仪的技术参数如下：

（1）分辨率

高质量的图像输入在很大程度上取决于扫描仪的分辨率。扫描仪分辨率是指在扫描过程中扫描仪对图像细节的分辨能力，它又分为物理分辨率、扫描分辨率和灰度分辨率。

①物理分辨率。物理分辨率又称光学分辨率，它是指扫描仪的光学系统在图像单位面积内可以采样的实际信息量，以dpi（每英寸点数）或ppi（每英寸像素数）表示。光学分辨率随扫描仪的类型不同而不同。使用线阵CCD扫描方式的扫描仪，其物理分辨率由水平分辨率和垂直分辨率组合而成，即：水平方向取决于光敏单元（CDD单元）的集成度，即单位长度内CCD元件的个数，垂直方向由扫描步进电机的步长确定。采用CCD阵列扫描方式的扫描仪，它在任何方向可以捕获的像素总数是固定的。

滚筒扫描仪物理分辨率由旋转速度、光源的亮度、步进电机的功能、镜头孔径的尺寸等参数决定。它由沿滚筒轴向的主扫描方向分辨率和沿滚筒横向的副扫描方向分辨率两部分组成。

②扫描分辨率。物理分辨率仅由扫描仪的硬件决定。某些扫描仪与扫描软件配合可以把较低的物理分辨率换算成较高的分辨率。这样，在扫描软件中实际给出了多个很高的分辨率，它是采用软件的内插功能，在相邻像素间增加了一些像素，从而提高了图像输出分辨率，我们把这些软件中可供用户选择的多个分辨率称为扫描分辨率。扫描分辨率越高，所能采集的图像信息量越大，但是它不能提高扫描的细节。扫描分辨率的大小决定了扫描图像所达到的最大放大倍数和印刷时的最大网线数。扫描分辨率、图像放大倍数和印刷加网线数三者的关系为：

$$扫描分辨率 = 放大倍数 \times 加网线数 \times 质量因子$$

③灰度分辨率。灰度分辨率是扫描仪分辨灰色级的能力。扫描时不仅要存储扫描点的位置，而且要存储扫描点的亮度。图像上每一个像素都具有任何可能的亮度等级，扫描仪能分辨多少个亮度等级取决于扫描仪进行模数转换和二进制存储时所使用的比特数（bit）。

（2）最大密度范围

最大密度范围又称最大密度动态范围，它是指扫描仪所能识别出原稿层次变化的密度范围。它决定了扫描仪对原稿图像的密度识别范围以及对原稿层次的还原能力。最大密度范围小，原稿暗调部分的细节层次就会丢失。只有密度范围大的扫描仪才能把暗调部分的细节反映出来。

通常反射原稿密度范围小于2.0，透射原稿的最大密度可达到3.5，因此扫描透射原稿对扫描仪的要求要高得多。

2. 数字图像的表示

（1）通道

计算机使用通道来表示图像的颜色信息。例如RGB模式就有R、G、B的颜色信息。通道的个数由色彩模式决定，如CMYK色彩模式有C、M、Y、K四色通道。

（2）色深度

色深度又叫位深度，用来表示图像的颜色信息的多少。更多的色深度代表了更多的颜色信息。如每个像素的色深度为1位，则只有两个颜色的可能，非黑即白。每个像素为8位，则有$2^8=256$种可能出现的颜色。如果图像色彩模式为RGB，每通道为8位，则每个像素共有$3\times8=24$位色深度，具有2^{24}即1670多万种颜色的可能。如果色彩模式为CMYK，每通道为8位，则每个像素有$4\times8=32$位色深度。

（3）图像分辨率

分辨率是衡量图像细节表现能力的一个重要技术参数，但分辨率的种类比较多，例如在扫描仪中就涉及多种分辨率，这里指的图像分辨率是数字页面图像的分辨率，也就是指图像在计算机中单位长度内包含像素的个数，通常用ppi表示。由于数字页面的图像通过数字印刷机处理后输出为印刷品，在这个过程中会有图像信息的丢失，所以图像要采用300ppi的高分辨率。

3. 数字印刷的文件格式

计算机处理的数字图像主要有矢量图形和位图图像两大类。

（1）矢量图形（Vector Dased Graphics）

矢量图形也称为几何图形或矢量图，简称图形（Graphics），又称向量图形。它是一种用数学函数来描述图形位置、大小、形状、色彩的文件格式。矢量图形主要的优点是压缩、放大、旋转和扭曲均不会破坏画面图像的品质，即不受设备分辨率影响，能够提供高清晰的画面，这意味着可以按高分辨率显示和印刷。Adobe Illustrator、CorelDraw、CAD等软件可以制作矢量图形。

（2）位图图像（Bitmap Image）

位图图像又称为点阵图像，简称图像（Image）。图像由像素（Pixel）点组成，使用位图产生的图像通常都比较细致，层次和色彩也比较丰富、真实，但是位图所需要的磁盘空间比矢量图形大。位图可以用Photoshop等软件生成。图9－12所示为位图和矢量图形放大后的效果对比。

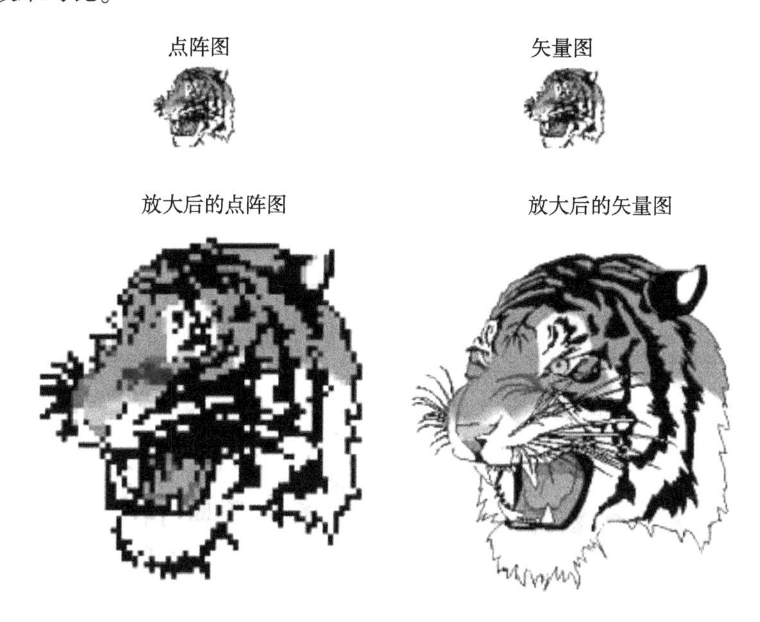

图9－12　点阵图和矢量图的比较

下面介绍目前常用的几种图像文件格式。在数字印刷中，TIFF、EPS、JPEG是三种最常用的图像数据格式，其中EPS和TIFF格式是印前制作人员最常用的两种基本格式。

（1）TIFF格式

TIFF全称是Tagged Image File Format（标记图像文件格式），是用来存储黑白图像、灰度图像和彩色图像的格式。TIFF图像可具有任意大小的尺寸和分辨率，能被保存为压缩和非压缩两种形式，支持高分辨率颜色。

TIFF 格式还具有以下特点：

①支持跨平台的格式。TIFF 格式独立于操作系统和文件系统，能够在不同应用软件以及不同平台之间进行文件交换。

②支持多种图像模式。TIFF 支持任意大小图像，从二值图像到 24 位的真彩色图像（包括 CMYK 图像和 Lab 图像），支持灰度图像。但是，TIFF 格式不支持多通道图像，这是它与 EPS 格式的重要区别之一。

③支持 Alpha 通道。TIFF 格式是除 Photoshop 专用格式外，唯一能保存 Alpha 通道信息的格式。

④支持 LZW 压缩（无损压缩）。存储 TIFF 文件时，有两种选择，一种是非压缩方式，一种是 LZW 压缩方式。LZW 压缩方式对图像信息没有损失，能够产生一定的压缩比，可将文件大小进行不同程度的压缩，其压缩比要根据图像中像素的颜色而定，如画面中相同颜色的像素较多，则压缩率很高，如果画面像素颜色变化不大，则压缩率不大。

（2）JPEG 格式

JPEG 是 Joint Photographic Experts Group（联合图像专家组）的缩写。这个组织由国际电话电报咨询委员会（CCITT）和国际标准化组织（ISO）的专家组成，研究静止图像的压缩技术，于 1993 年发布了第一个静止图像压缩的国际标准。JPEG 是目前为止最好的压缩技术，也是数字印刷使用的主要格式。JPEG 可以存储颜色变化的信息，特别是亮度的变化，可压缩灰度图像、RGB，CMYK 彩色图像。

（3）EPS 格式

EPS 格式是封装的 PostScript（Encapsulated PostScript）格式。PostScript 语言是 Adobe 公司设计的一种打印机页面描述语言。EPS 文件就是包括文件头信息的 PostScript 文件，利用文件头信息可使其他应用程序将此文件嵌入文档之内。EPS 文件格式可用于像素图像、文本以及矢量图形的编码。如果 EPS 只用于像素图像（例如选择 Adobe Photoshop 程序作为输出），挂网信息以及色调复制转移曲线可以保留在文件中，而 TIFF 则不允许在图像文件中包括这类信息。

EPS 格式还具有以下特点：

①支持多色调的图像模式。

②包含加网信息。EPS 格式可以在文件中包含加网信息（加网线数、加网角度和网点形状）。

③保存分色设置信息。印刷图像处理在输出最终结果前需要将图像转换为 CMYK 模式，而转换后需用 EPS 格式来保存图像模式从 RGB 转换到 CMYK 所涉及的诸多因素，如油墨和纸张组合、分色类型（底色去除或灰成分替代）、网点扩大关系、底色增溢等参数的设置。

④保存专色。如果在图像中定义了专色，则也需要用 EPS 格式保存。

4．数字印刷的加网与 RIP

（1）加网技术

加网技术是数字印刷中的关键技术之一，加网质量直接影响印刷品的质量和输出速度。现代数字印刷中主要采用调幅加网、调频加网、调频/调幅混合加网三种方式。

①调幅加网。调幅加网（Amplitude Modulation Screening，简称 AMS）技术是在传统的照相接触加网技术的基础上发展而来的，后来被广泛应用到电子分色机加网技术中。在调幅加网中，每个网格单元内只有网点，并分布在网格的中心位置，网点的大小不同，就形成不同的灰度级。在采用调幅加网技术时，需要确定以下参数。

a．加网线数。印刷图像加网线数是指印刷品在水平或垂直方向上每英寸的网线数，即挂网线数，单位是 lpi。例如 150lpi 是指每英寸有 150 条网线。加网线数越大，网点就越精细，层次表现力就越丰富。

b．加网角度。加网角度是相对于图像水平边缘或垂直边缘的网点排列方向。

c．网点形状。网点形状是指网目调图像中 50% 大小网点的外形。常见的网点形状有圆形网点，方形网点，菱形网点，链形网点等。不同形状的网点对图像阶调的表现效果不一样。圆形网点比较适合于中间调层次和高调层次丰富的图像再现，方形网点适合于中高调层次丰富的图像层次再现，链形网点适合于以中间调为主的、细微层次丰富的人物风景画面。图 9－13 所示为不同网点形状的示意图。

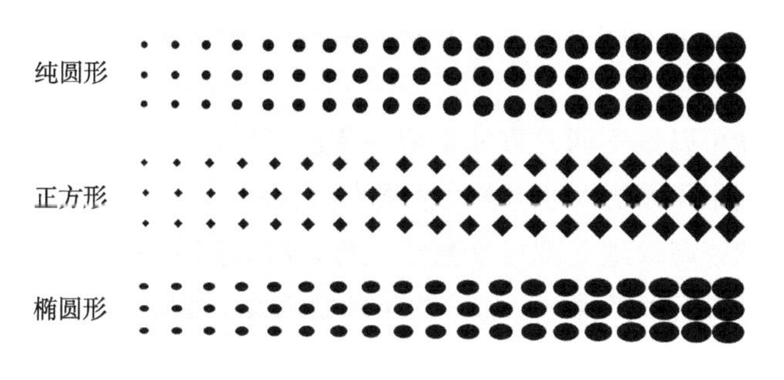

图 9－13　不同网点形状

目前印刷工艺主要使用调幅加网，它的优点是网点的间距和角度都是固定的，加网算法简单，能够很好地表现中间调的变化。但是调幅加网也有无法避免的缺点：由于每个色版的加网都有固定的角度，如果色版没有套准或网线角度与原稿中的景物纹理发生冲突，就很容易产生龟纹；在渐变区域容易产生跳跃；高光部分网点很小，容易丢失等。

②调频加网。调频加网（Frequency Modulation Screening 简称 FMS）是指用大小相同的网点在空间分布的频率表现图像层次的加网技术。调频加网在每个网格单元内随机分布着大小固定的网点，由网点的分布密度即单位面积内网点的多少控制灰度。因此调频加网与调幅加网的区别在于：调幅加网是保持网点的空间频率不变，而用网点的振幅强弱表现图像深浅；调频加网则是保持网点的振幅固定不变，而用网点的空间频率变化表现图像深浅。调频加网的网点通过随机方式产生，即通过随机加网函数产生的随机数来

决定随机网点网格中每个微细网点的位置而产生的。

相比调幅加网，调频加网有以下优点：由于网点是随机分布，消除了固定网角带来的龟纹和玫瑰斑；小网点在中间调能够再现更多的细节，而在亮调部分调频网点比调幅网点大，所以网点不容易丢失。虽然调频加网相对于调幅加网有很多优点，但是仍然存在一些缺陷：首先，高调层次和平网容易产生粗糙、颗粒感，这是因为调频加网是随机的，噪声无法过滤；网点扩大更大，因为网点扩大是发生在网点的周边，在相同密度下，调频网点的扩大也大得多；要求 RIP 有更强大的计算能力和速度，晒版要求高等。

③调频/调幅混合加网。调频/调幅混合加网是一种新型的加网技术。为了保持调频加网和调幅加网在阶调复制上的优势，克服各自的缺点，对不同阶调采用不同的加网方法。具体有以下两种方法：第一，对 10% 以下的亮调和 90% 以上的暗调采用调频加网，而对其他阶调采用调幅加网。第二，以调频加网为基础，将调幅加网的特性加入其中，使调频网点的面积率也发生变化。

目前已经推出的混合加网方法有：爱克发公司的“精华网”（Sublima），柯达公司的“视方佳”（Staccato），网屏公司的“视必达”（Spekta）等。

（2）RIP

栅格图像处理器 RIP（Raster Image Precessor）是数字印前系统的重要组成部分，它的功能是解释印前处理生成的图文版面信息（经 PostScript 语言描述），使用栅格化模块将设备无关的连续调图像分割成网点，并转换成可以识别的位图，即带有网点的网目调图像。

栅格图像处理器可以按不同的方式集成到印前系统的工作流程方案中，也可以植入数字印刷系统中。数字印刷机内部包含功能强大的 RIP，它不但能完成一般数字图像栅格化任务，而且能够快速高效地处理可变数据文件。所以数字印刷的速度和质量很大程度上取决于其栅格图像处理器的速度。很多数字印刷机为了提高处理速度使用多个 RIP。

三、数字印刷系统的工艺原理

成像原理是数字印刷系统的核心技术之一。数字印刷中广泛应用的成像技术有静电成像、喷墨成像、电凝聚成像、磁记录成像、电子成像、热敏成像等方法，目前，以静电成像方式和喷墨成像方式更为普遍。图 9－14 所示为数字印刷技术成像方式的分类。

1. 静电照相成像方式

静电成像技术最初用于静电复印，核心部件是一种绝缘性光导体材料，它的特点是在黑暗处绝缘，不传导静电，而见光后成为导体，可以传导静电。利用这种光导特性，就能够在光导材料上进行暗充电、曝光、显影、转印、定影等操作，实现静电成像。而且，光导材料上的残余图像经清除后，可重复使用，进行下一次成像。图 9－15 所示为静电成像的基本流程。

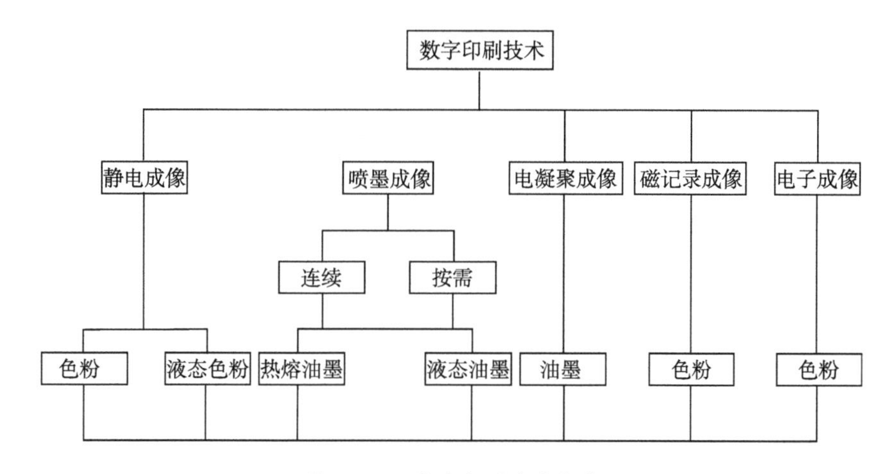

图 9－14　数字印刷系统分类

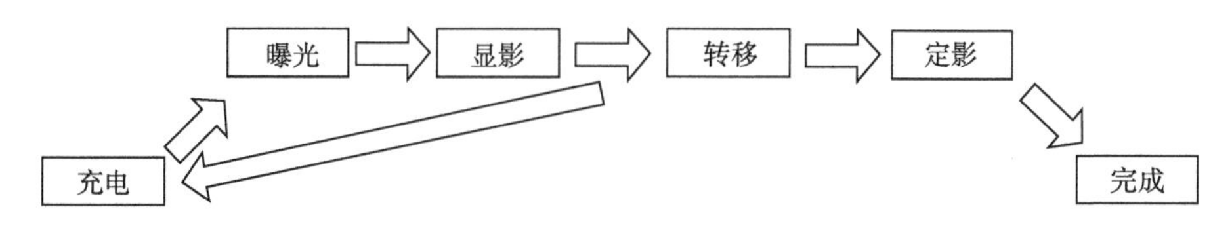

图 9－15　静电成像的流程图

静电成像原理是通过激光扫描的方法在光导体表面上形成可吸附或可排斥带电色粉的静电荷，再利用带电色粉（与静电潜影带电相反）与静电潜影之间的库仑作用力实现潜影的可视化（显影），最后将色粉影像转移到承印物上来完成印刷。图 9－16 所示为静电成像的原理。

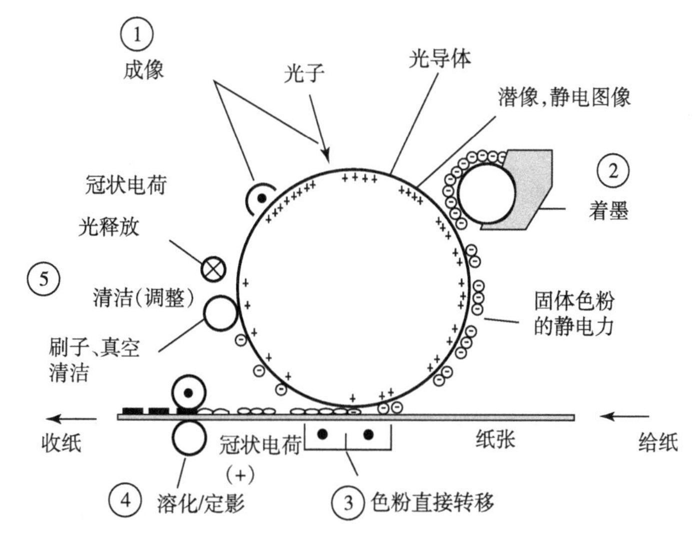

图 9－16　静电成像的原理示意图

（1）成像原理

①成像。成像主要分为两个部分，光导体充电和曝光。首先使用电晕放电的方式对光导体表面充电，将离子喷射到光导体表面产生一个均匀的带电表面。随后激光或发光二极管照射光导体表面，当有足够能量的光子被光导体所吸收时，电子就从价带激发到导带，并留下空穴。电子中和了表面的正电荷，残留的正电荷因为电场所驱动下空穴的迁移而流动，经光导体表层下行。于是表面就形成了潜影，但是对于人来说并不可见。这一过程使均匀带电表面的图像部分放电，结果是曝光和放电的区域与所需要的印刷图像一致。

②显影。显影阶段通过电子潜像（电场）的不同，以非接触方式将细小的色粉微粒（约 8μm）转移到光导鼓上。显影后，光导鼓上的电荷潜像由于使用了色粉而变得可见。要将曝光后形成的潜影转变成可见影像，在目前来说主要采用干粉（粉状色粉）显影和湿粉（液体色粉）显影两种方法。

干粉显影是带电的色粉转移到已经形成的静电潜影区，在带静电的色粉静电场力的作用下，带电色粉会自动聚集到潜影上，然后清除剩余的色粉。采用干式色粉显影的主要有 Xeikon、Xerox、Agfa、Canon 和 IBM 等公司的产品。

湿式显影中，色粉悬浮于绝缘液体中，既能获得电荷又能作为显影的调色剂，由于粒子是在液体中的，所以这是利用了电泳原理实现显影的。采用湿式显影技术的主要是 Indigo（HP Indigo 电子油墨），其成像系统的分辨率较高，印刷质量更高。

③色粉转移。为了将充电的色粉微粒从光导鼓表面转移到纸张，需要通过一个电源（电晕）来产生静电力，将微粒转移到纸张上。

④定影、清洁。影像转移到纸上后仅仅保留了相当弱的静电力，很容易被除去，因此影像需要固定。针对不同的显影方法，定影方法也是不同的。对干粉通常采用加热方法，而湿粉则多用蒸发的方法。随后清除剩余的色粉，印刷不同页面时需要重新曝光，开始新的成像过程。

（2）静电成像的特点

①对承印物及色粉（普通颜料）均无特殊要求，黑白及彩色印刷均可实现。

②阶调数可以实现多值（但色深很小）。

③综合质量可达到中档胶印水平。

④印刷速度可达到每分钟数十张至数百张。

⑤静电照相成像体系的价格在很大程度上取决于色粉的价格，与其他成像系统相比价格偏高。

静电成像型的数字设备是应用最广、形式最灵活的方式。静电成像式的数字印刷设备的生产厂商有：HP Indigo、柯达、富士施乐、奥西、佳能、赛康等。

静电照相成像方式数字印刷机的成像载体是光导材料。光导材料的发展经历了由无机材料（Se、ZnO、CdS、Se 合金、非晶 Si 等）到有机材料的若干阶段，目前以使用有机光导材料（OPC）为主。印刷速度取决于有机光导材料的灵敏度（半衰曝光量），印刷品分辨率主要取决于呈色材料的精细程度，不同显影方式由于呈色材料所能表现的分辨率的差异，对数字印刷品的质量有较大影响。

2. 喷墨成像方式

（1）喷墨成像应用的领域

喷墨成像技术最初应用于喷墨打印以及数字打样技术，后来被用于数字印刷中。目前，喷墨印刷主要应用在以下四个领域：

①数码照片的输出。

②数字喷墨打样。

③数字喷墨印刷。

④数字喷绘。

（2）喷墨成像原理

喷墨成像的基本原理是将低黏度的油墨以一定的速度从细小的喷嘴喷射到承印物上实现图文再现。喷墨成像系统在印刷幅面及油墨多样化方面远远超过色粉技术。依据其工作原理主要分为两大类：一是按需喷墨，一是连续式喷墨。

①连续喷墨。它所喷出的墨流是连续不间断的，在压力的作用下通过细小的喷嘴分散成细小的墨滴。当每一个墨滴离开喷嘴的时候被加上静电荷，通过改变电场的有无来实现在承印物上的印刷（如果某点需要被喷墨，不给墨滴施加电场力它就会直接到达承印物表面；如果该点不需要墨滴的话，就给它施加一个电场的偏转力并通过一个墨滴的回收系统将其收回，并通过墨水循环系统回到喷嘴）。这种成像方式的优点是可以形成高速墨滴，适用于高速度的数字印刷。其缺点是要配备墨滴回收、墨水循环等附加装置，机构相对复杂。图 9 - 17 所示为连续喷墨成像原理。

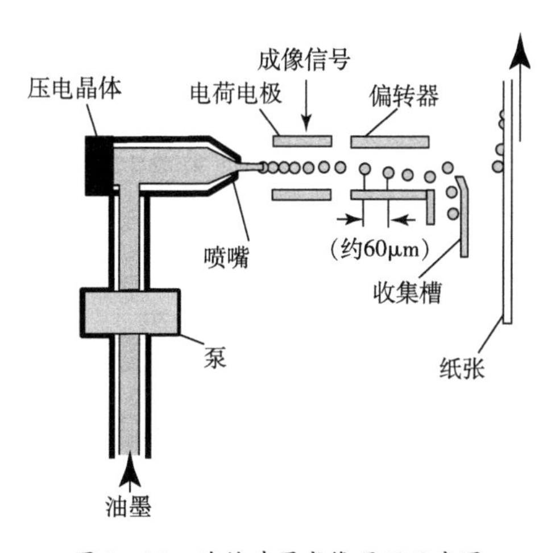

图 9 - 17 连续喷墨成像原理示意图

②按需喷墨。也就是指在需要喷墨的地方产生相应的喷射墨滴，并直接喷射到纸上。它是将计算机里的图文信息转化成脉冲的电信号，然后由这些电信号来控制喷墨头的闭

合，即实现承印物上的图文区或是空白区。相比连续喷墨，它不需要其他附加装置，机构简单，但是速度较慢。目前常见的按需喷墨技术有压电喷墨、变相喷墨、气泡喷墨等。图 9 - 18 所示为压电陶瓷和气泡成像技术。

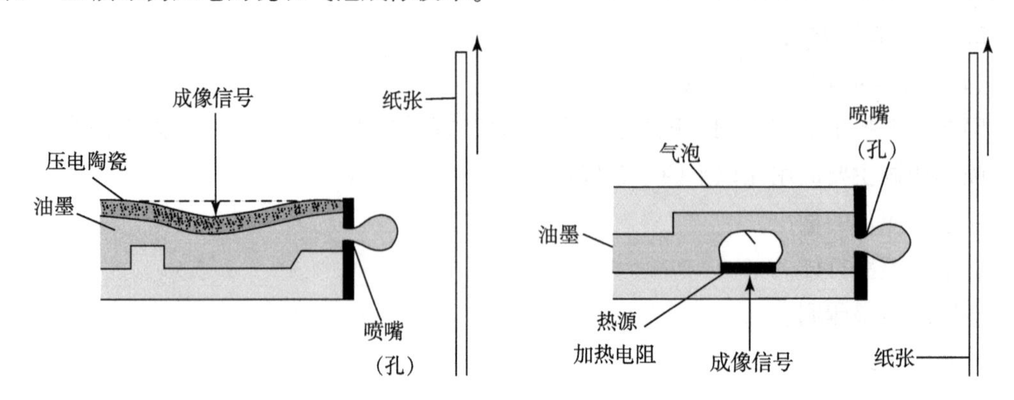

图 9 - 18　压电陶瓷（左）和气泡成像（右）示意图

墨滴的大小是提高影像质量的关键，因为它直接影响了喷墨成像的“颗粒度”，使用尺寸小的墨滴效果更细致，色彩过渡更柔和，层次更丰富，质感更强；反之，如果墨滴尺寸过大，会造成先打印上去的墨水未能及时吸收而使几种墨水相互混合，最终因重叠部分太大而造成饱和度极低。由于喷墨成像技术要求油墨中的溶剂、水能够快速渗透进入承印物，以保证足够的干燥速度，要求油墨中的呈色剂能够尽可能固着在承印物的表面，以保证足够高的印刷密度和分辨率。因此，所使用的油墨必须与承印物匹配来保证良好的印刷质量。

目前，很多成功的直接数字彩色打样系统都采用喷墨成像方式。采用喷墨技术的数字印刷机有柯达 Versamark、Aprion、Delphax、佳能、奥西等公司的产品。

3. 电凝聚成像方式

（1）电凝聚成像原理及过程

这种成像技术通过给导电油墨溶液施加非常短暂的电流脉冲，油墨因金属离子的诱导而发生凝聚，黏附在正极上（即图文区域），而未发生凝聚的油墨可以通过刮板的机械作用而除去，再将剩下的图文区转移到白纸上。

电凝聚成像数字印刷基本原理如图 9 - 19 所示。

①在带有剥离油的成像滚筒上均匀地涂布一层油墨。

②施加带有图文信息的直流脉冲，受直流脉冲作用，部分油墨（图文区域）发生电化学反应（金属离子凝聚）而凝固，未受直流脉冲作用的油墨保持液体状态。

③在刮板的作用下，未凝固的液态油墨（非图文区域）被刮除，凝固的油墨残留在滚筒表面。

④在压力作用下，凝固油墨转移到承印材料上形成印刷信息。直流脉冲宽度的不同，可以改变油墨的凝固厚度，从而实现图像阶调层次的变化。

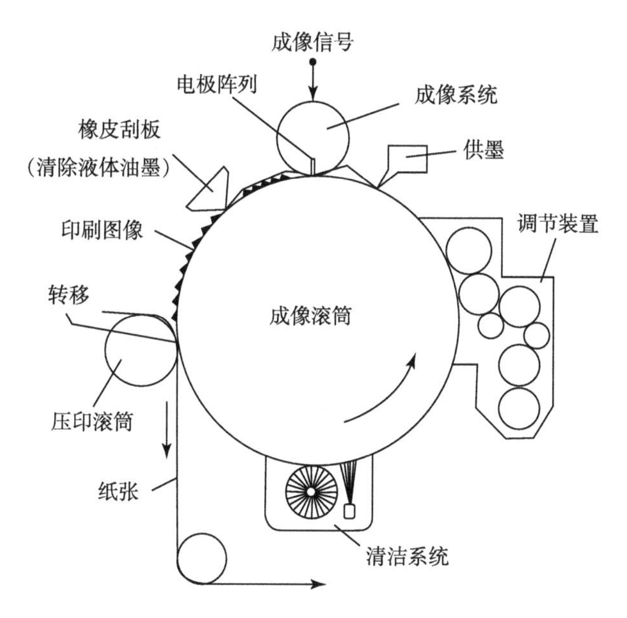

图9－19　电凝聚成像的基本原理

（2）电凝聚成像的特点

①可以在普通纸上成像，与传统的胶印相似，综合质量可达到中档胶印水平。

②阶调数可以实现多值而且范围很宽。

③速度可达到每分钟数百张，价格介于喷墨成像与静电照相系统之间。

4．磁记录成像方式

（1）成像原理及过程

如图9　20所示，在成像滚筒表面均匀涂布　层磁性记录材料，在带有图文信息的脉冲磁场作用下，磁性材料涂层中的磁子发生定向排列，形成磁性潜影，然后再利用磁性色粉与磁性潜影之间的磁场力的相互作用进行显影，实现潜影的可视化，最后将磁性色粉转移到承印物上并通过定影完成印刷过程。这种数字印刷方式印刷的印刷品的色彩受到磁性色粉（颜料）颜色的限制，磁性色粉采用的磁性材料主要是Fe_2O_3，该磁性色粉通常表现为深褐色，不易制作成其他颜色。因此，磁记录方式数字印刷一般只适合于单色印刷品的生产，难以实现彩色印刷。

（2）磁记录的典型特点

①以普通承印物为成像介质。

②阶调数可实现多值（但范围较窄）。

③综合质量只相当于低档胶印的水平，适合于黑白文字和线条印刷。

④速度为每分钟数百张，价格低廉。

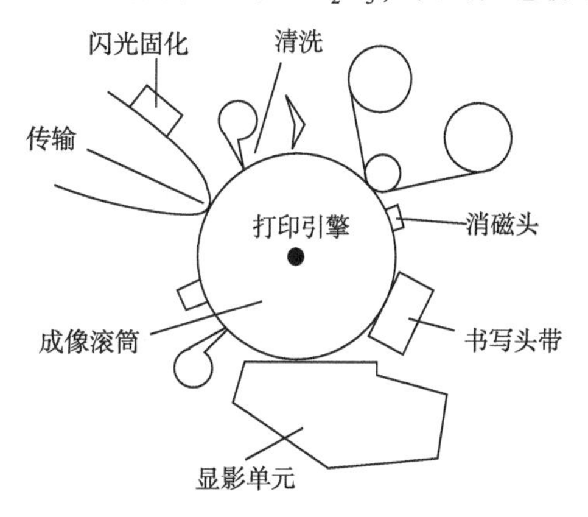

图9－20　磁记录成像原理图

5. 电子成像方式

与静电摄影不同，电子成像是采用电场将图像信息转移到承印基材上的技术，也是一种通过电极直接在特殊涂层纸上转移电荷图像，并通过在纸张和色粉之间产生的静电力来着墨的独立无压印刷技术。

成像过程：成像电极在轻微压力下与纸张相接触，根据图像信号产生电荷潜像，成像后承印材料（纸）与液体色粉接触，在一个闭合回路中保持恒定的彩色密度，然后纸张表面与液体色粉共同作用，只有纸张表面的电荷区域吸附色粉，色粉图像在后续处理中通过熔化装置固定在纸张上，如图 9－21 所示。

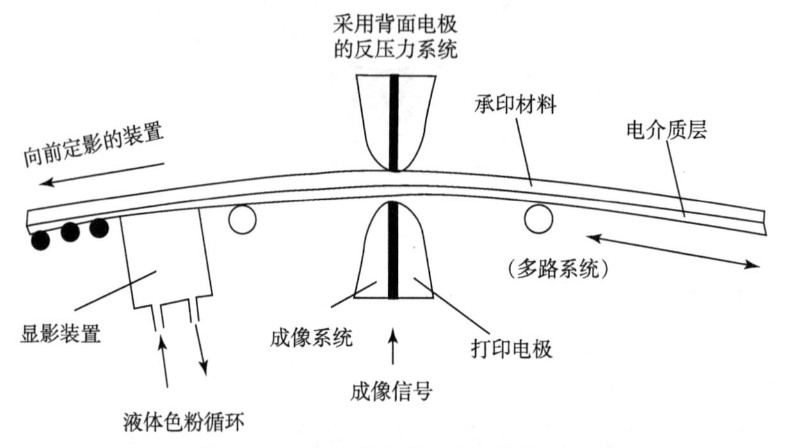

图 9－21　电子成像的成像与着墨过程

这项技术的关键是使用具有电介质涂层的纸张和液体色粉。对特殊承印材料的要求限制了这种技术的使用，另一方面，使用液体色粉对系统设计也是一个特殊挑战。由于应用的限制，电子成像都用于大幅面的单色印刷和多色印刷中。

第三节　数字印刷机

如前所述，数字印刷机是数字印刷方式得以实现的关键环节，而数字印刷机的核心技术主要包括高性能数字化前端、成像技术、RIP 技术。数字印刷方式的深入应用需要更强大的印刷控制装置，要求更快的处理速度、更高质量的色彩、更大的内存、可变数据的个性化和更多其他功能。

目前国内使用的数字印刷机主要品牌有：海德堡、富士施乐、HP Indigo、柯达 NexPress、Xeikon、Nipson、佳能、奥西、方正印捷等。

一、HP Indigo 系列数字印刷机

以色列 Indigo 公司是全球数字化彩色印刷系统的重要提供商，产品包括 Indigo 数字彩

色印刷机、电子油墨等。1993 年，Indigo 公司以液体油墨和静电成像原理为基础开发的 E－Print 1000 是世界上第一台彩色数字印刷机，实现了数字印刷的概念。2002 年惠普公司收购了 Indigo 公司，拥有了彩色数字印刷的核心技术，先后开发出一系列数字印刷机。目前，在全球彩色数字印刷机市场拥有高达 50% 的市场份额。

1. HP Indigo 数字彩色印刷机的工作原理

HP Indigo 数字印刷机保持了传统胶印机的精华，主机有印版滚筒、橡皮布滚筒和压印滚筒，有橡皮布转印、压印过程，引进了电子液体油墨，利用物理静电的排斥和吸引过程，使用一组印刷单元就能完成四色印刷。

HP Indigo 数字彩色印刷机的核心技术之一是它仅用成像滚筒来完成多色印刷。同一张纸在机器上第一色印为黑，紧接着便可印刷青、品红、黄，整个过程是连续的。

电子油墨（Electroink）是 HP Indigo 的专利技术。印刷时通过加热橡皮布，以 100 ℃左右的高温使液体状态的电子油墨蒸发形成一层黏性的聚合薄膜，冷却后传送到承印物上。电子油墨能够在成像滚筒、橡皮布和承印物间 100 % 传递，没有残墨停留在橡皮布上，这样橡皮布每转一周，其上面的图文就可以是不同的。电子油墨的颗粒尺寸比色粉小得多（仅 1 ~ 2μm），形成的网点更加清晰、饱满，图像有很高的边缘锐化度，墨层比较薄，色彩接近于多色胶印印刷的效果。同时，HP Indigo 数字印刷机除 CMYK 标准四色配置之外，还提供第五、第六甚至第七色的选项配置，增加了橙、紫等基本色，提高了色彩的再现能力，可实现 95% 的 Pantone 色域范围再现。

HP Indigo 数字彩色印刷机工作原理如图 9－22 所示，首先对页面数据进行 RIP 处理，然后利用激光成像系统在成像滚筒上形成静电潜像，接着利用显影装置与成像滚筒之间的电位差将喷头喷出的带负电荷的电子油墨吸附到成像滚筒的静电潜像上，而非成像区的油墨被回收，之后成像滚筒表面吸附的电子油墨通过橡皮布滚筒空档润版液这种中间载体转移到承印材料上。

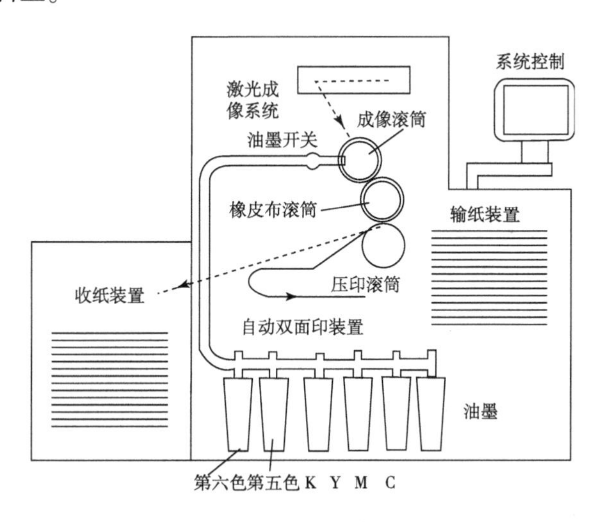

图 9－22　HP Indigo 数字彩色印刷机工作原理

2. HP Indigo 系列数字印刷机

HP Indigo 数字印刷机可分为商业印刷机和工业印刷机两个产品家族。

商业印刷机产品包括：HP Indigo Press 1050、HP Indigo Press 3050、HP Indigo Press 5000、HP Indigo Press w3200。

工业印刷机产品包括：HP Indigo Press ws2000、HP Indigo Press ws4000、HP Indigo Press s2000。

HP Indigo Press 5000 型印刷机是一种高效的全自动数字印刷机，它采用高性能的 RIP，可进行可变数据印刷。独特的自适应网目调技术，在印刷时分析文本，增加点以填充边缘的间隙，能够输出质感清晰的文本和图像，增强了印刷件的质量而不影响颜色稳定性。采用新型的 HP Indigo 数字磨砂墨水可制作出不同光泽效果。图 9－23 所示为 HP Indigo Press 5000 数字印刷机。

图 9－23　HP Indigo Press 5000

HP Indigo Press 5000 型印刷机主要技术数据如表 9－2 所列。

表 9－2　HP Indigo Press 5000 型印刷机主要技术数据

项目	数据
成像技术	电子成像技术
图像分辨率	812dpi × 812 dpi 分辨率，812dpi × 1624dpi
加网线数	144lpi，160lpi，175lpi，180lpi，230lpi
最大印刷尺寸	308mm × 450mm
纸重	涂布 70 ~ 350g/m² 非涂布 65 ~ 300g/m²
软件平台	Microsoft Windows XP Professional
支持图像格式	PostScript Level 3，PDF 1.4，PDF/X－1a：2001，PDF/X－3：2002，TIFF，JPEG，EPS，PPML，JLYT
印刷速度	A4 纸双面 4 色印刷，4000 张/小时 A4 纸双面单/双色印刷，8000 张/小时
承印范围	适应多种承印物，如铜版纸、胶版纸、不干胶纸、透明胶片、塑料薄膜等
印刷速度	A4 纸双面 4 色印刷，4000 张/小时 A4 纸双面单/双色印刷，8000 张/小时

HP Indigo Press 5000 是一种高效的全自动数字印刷机，主要的特性如下：

①便于维护的硬件结构和机械系统，包括如墨盒在内可有效保证印刷机的连续不停机的生产。

②新型纸张传输技术，将卡纸几率降到最低，耗材的使用寿命更长，从而大大减少了停机时间。三个进纸盒可以同时提供不同的承印材料，进一步减少了更换承印物所耗费的时间，也满足了很多客户对于同一印刷任务中使用不同纸张材料的需求。

③直接与互联网连接的数字前端 HP Production Manager 印刷作业管理系统，提供最先进最完美的作业管理工具。

④第五色、第六色和第七色的专色供墨单元进一步扩展了四原色的色彩能力，通过 HP IndiChrome 在机和脱机的五、六甚至七色的专色配墨系统，扩展了四色印刷的色彩空间。

⑤先进的 HP Adaptive Half - toning 网目调加网技术能够智能添加网点信息，补充图像边缘的间隙，从而保证实现锐利的图文效果。

⑥广泛的承印物种类和重量范围，无论是薄到 65g/m^2 的胶版纸还是厚到 350g/m^2 的铜版纸都可以灵活处理。

二、柯达 NexPress 数字印刷机

由海德堡和柯达合作生产的 NexPress 2100（NP - 2100）是一款生产型彩色印刷机，坚固可靠而且质量稳定。NP - 2100 的核心是 NexStation（TM），这是一个多功能的数字前端，提供完整的工作流程解决方案，内设诊断系统，提供印刷机管理功能。印刷机的所有操作都是通过 NexStation 控制的，能够帮助操作人员提高生产效率。NP - 2100 基于 PDF 和 Adobe PostScript 文件格式以及 PPML/VDX 可变数据开放式标准，可以有效管理可变数据及静态作业。图 9 - 24 所示为柯达 NexPress 2100 数字印刷机。

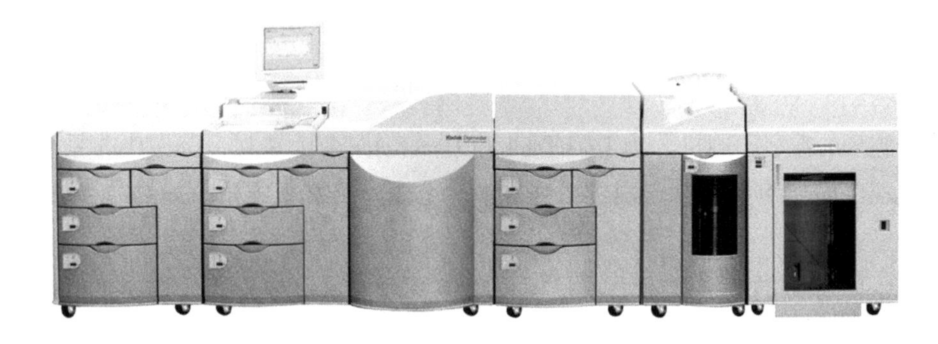

图 9 - 24　柯达 NexPress 2100 数字印刷机

此外，数字印刷机的特点还有：

①NP - 2100 配备有 7 个控制环节的打印品质控制系统。NexQ 品质控制系统包括：

NexQ 纸张基体处理器、NexQ 介质自动定位系统、NexQ 成像单元、NexQ 翻面单元、NexQ 环境控制和 NexQ 闭环过程控制。NexQ 技术能够确保稳定的打印品质，使得页与页之间，活件与活件之间印刷品质保持一致。

②NP－2100 采用与胶印机类似的转印胶辊，可以在大范围的纸张上印刷出高品质的产品，同时由于纸张表面与成像打印鼓无接触，延长了成像单元的寿命。

③NP－2100 不仅打印灵活，输出可装订的混合介质作业，还为商业印刷、数字印刷和其他彩色输出商提供与胶印系统类似的装订解决方案。错位堆积器可以很容易地将每份作业送到折页机、胶封机、骑马订机、平订机或切纸机上进行加工。

表 9－3 为柯达 NexPress2100 数字印刷机具体参数。

表 9－3　NexPress2100 数字印刷机具体参数

项目	参数
印刷速度	A3（350mm×470mm）幅面的黑白印刷 2100 页/小时 A4 幅面的黑白印刷 4200 页/小时
图像分辨率	600dpi×600dpi，8 bit（8 位色彩深度），连续色调
纸张尺寸	最大承印纸张幅面 350mm×470mm 最小 210mm×279mm
最大成像尺寸	340mm×460mm
印刷图像质量	600dpi 多位
印刷技术	干式静电成像 NexBlanket 橡皮布成像转移 利用 NexQ SEP 自动翻页
内部数据格式	Adobe PDF（R）格式
承印材料	纸张、聚酯薄膜、透明胶片
承印纸张重量	80～300g/m^2

三、富士施乐 DocuColor 系列

富士施乐的数字印刷机分为 DocuTech 和 DocuColor 两个系列，DocuTech 系列是黑白系列，DocuColor 系列是彩色印刷机系列。本章主要介绍富士施乐 DocuColor 系列数字印刷机。

DocuColor 系列的关键技术之一是模拟胶印原理的数字橡皮布（Digital Blanket）技术。印刷时将四个机组中的每一色图像转移到数字橡皮布上，然后将整个四色图像通过一次压印转移到印刷承印物上，也就是“四色成像，一次转印”。数字橡皮布技术可以使图像转移获得更大的压力，而且可以使用更宽范围克重和类型的承印物。

富士施乐彩色数字印刷机还有以下先进技术：LOFT（低硅油定影技术）、Digital Blanket（数字橡皮布）、TRACS（墨粉复制自动调整系统）和I－TRACS（智能化墨粉复制自动调整系统）等。

富士施乐彩色数字印刷机的典型机型有：DocuColor 2060、DocuColor 6060及最新的DocuColor 8000和DocuColor iGen3（爱将）。

富士施乐DocuColor6060是继DocuColor2060后在高端彩色市场的全新产品，拥有每分钟60页的彩色输出速度，有着卓越的海量作业生产能力。图9－25所示为富士施乐DocuColor6060型数字印刷机。在处理能力、网络管理、色彩管理、队列优化、作业管理、可变数据处理及图像质量等方面都有很大提高，例如DocuColor 6060在纸张厚度处理能力方面，具备了直接打印铜版纸的功能，可处理厚度达300克重的承印物，对于厚纸、大八开等大尺寸承印物大幅度提速。

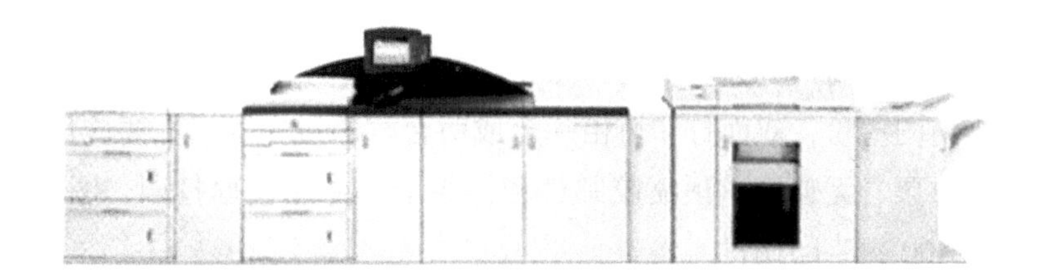

图9－25 富士施乐DocuColor6060型数字印刷机

表9－4为富士施乐DocuColor6060数字印刷机的具体参数。

表9－4 富士施乐DocuColor6060数字印刷机的具体参数

项目	参数
印刷速度	64～74g/m² A4幅面纸张：45页/分 75～135g/m² A4幅面纸张：60页/分 136～220g/m² A4幅面纸张：45页/分 221～300g/m² A4幅面纸张：30页/分 透明胶片：22.5页/分
图像分辨率	600dpi×600dpi×8 bit（8位色彩深度），连续色调
挂网方式	600线网屏，300线网屏，200旋转线网屏，150/200集合点线网屏
ColorBridge技术	LOFT（低硅油定影技术） Digital Blanket（数码橡皮布） TRACS（墨粉复制自动调整系统）
彩色打印服务器（RIP）	EFI公司，Fiery EXP6000 克里奥公司，Spire CXP6000 施乐公司，DocuSP 6000XC
纸张规格	最大320mm×450mm
成像技术	静电成像

四、Nipson VaryPress 系列高速数字印刷机

Nipson 印刷系统公司是比利时 Xeikon 公司的一家附属法国公司，Nipson 公司拥有“磁影像打印”专利技术，在高速印刷界内提供了独一无二的从卷筒纸到卷筒纸、从卷筒纸到后处理设备，组成了印刷过程连线操作。

Nipson 印刷系统公司数字印刷机分为三大系列产品：Nipson 910CF 及 918CF 系列、Nipson 7000 系列和 Nipson VaryPress 系列。Nipson 7000 系列产品无论是单面打印还是双面打印，每分钟可分别打印 30 米、45 米、60 米。而 Nipson VaryPress 系列则是目前市场上印刷速度最快的数字印刷机，每分钟可分别印刷 50 米、70 米、105 米、125 米、150 米。

Nipson 系列产品的主要优势是：使用卷筒纸进出或卷筒 - 折叠纸进出打印，与胶印机组合联打，打印质量高，分辨率达 6000dpi，输纸宽度为 20.5 英寸和打印宽度为 18.5 英寸，低温闪烁熔固墨粉，双面打印可由一台或两台打印机完成。主要应用于商务表格、编号、条形码、彩票、无碳纸、预喷胶邮件和标签上的专用数据打印。图 9 - 26 所示为 Nipson VaryPress 400 数字印刷机。

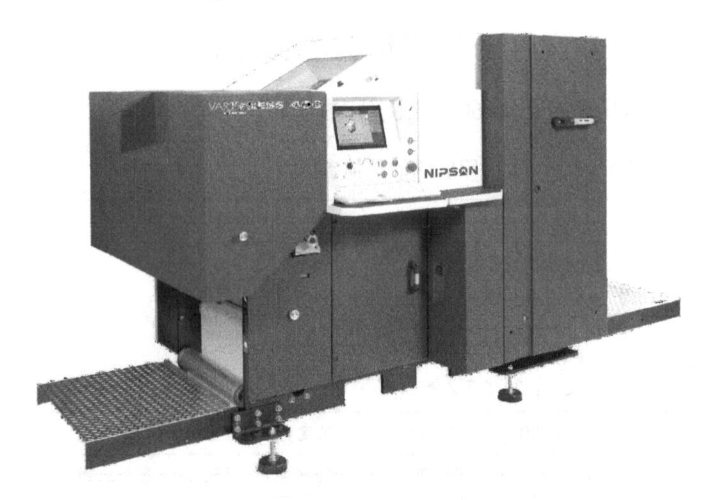

图 9 - 26　Nipson VaryPress 400 数字印刷机

Nipson VaryPress 400 数字印刷机的特点：

①可根据需要在每分钟 20 米到 125 米的打印速度之间灵活选择。

②支票，账单等防伪印刷功能。

③独特磁成像技术。

④与传统印刷机联机生产，适合高负荷连续印刷。

⑤超低温固化技术，适合热敏材料或薄膜印刷。

Nipson VaryPress 400 数字印刷机的具体参数如表 9 - 5 所示。

表 9－5　Nipson VaryPress 400 数字印刷机技术参数

项目	参数
印刷技术	单质干燥墨粉，磁性成像，清洁环保的印刷操作
固化方式	低温闪光固化
分辨率	600dpi×600dpi（从 480 dpi 到 600 dpi，多种不同的可选择分辨率）
用户操作界面	触摸屏
承印物	无孔，张力拉紧的滚筒纸，纸张、合成介质、标签材料等 最大宽度：520mm；承印物重量：40～240g/m^2
成像参数	最大成像宽度：470mm；成像长度：50.8～908 mm
连接性	TCP/IP 网络 Nipson OpenPage 服务器和印刷工作站
设备尺寸	单面印刷：1780 mm×2100 mm×1400mm 双面印刷：根据具体配置确定

五、数字印刷机的发展

综上所述，数字印刷机主要的发展表现在：

（1）更快的速度、更大的幅面、适应更广泛的承印材料。

（2）高质量的成像系统，提供色彩丰富、稳定的图文再现。

（3）强大的自动控制系统和印后加工能力。

（4）和网络、数据库、可变数据软件紧密结合。

第四节　数字印刷的应用及其解决方案

随着社会商业活动的日益增多，人们生活水平及消费水平的提高，信息的按需化、个性化服务成为人们的一种需要和发展趋势。作为提供图文信息产品服务的行业，印刷、出版以及包装等行业也是当今信息产业非常重要的一个组成部分，随着电子出版、电子媒体功能的日益增强，对印刷媒体施加了很大的压力，但是印刷依然是一个主流媒体，并还在持续发展。不断变化的客户需求导致按需印刷的增长，印刷品的印数越来越少，人们不仅希望能随时随地地按需要印刷，而且希望交货期越短越好，价格更便宜。按需印刷、按需出版、个性化印刷就是顺应这种形式的典型产物。

一、按需印刷

1．按需印刷的概念

按需印刷（Print on Demand，简称 POD），按照字面意思来讲就是一种按照人们的需求（不同的内容、不同的印量等），利用网络技术、数字印刷技术实现的印刷方式。按需印刷适应个性化、短版化、高效率的现代市场需求，特别适用于一些定向较窄，专业性强，可变性强，批量较小的印刷。

按需印刷的基本流程是使用数字印刷机印刷从网络接收的数字文件，或本地的数字文件，并完成折页、配页、装订。按需印刷的实现，在技术上需要灵活的装备和极短的作业准备时间，而数字印刷不使用印版，能够实现短版印刷，每个印刷过程都没有印刷准备阶段，能够十分经济地按照人们的印量需求印刷产品。

2. 按需印刷的市场

根据目前数字印刷技术的发展状况、网络应用现状及发展趋势，按需印刷主要存在于以下几个方面。

（1）个性化印刷

按需印刷可以为客户订制完全个性化的印刷品，例如商业广告信函、邀请函、贺卡、邮购表单、银行信用卡、个人画册等。

（2）按需出版

按需出版是网络出版的一种具体方式。经营者可通过互联网向读者提供可进行按需印刷处理的已经电子化网络书目，读者经过浏览、搜索，找到自己所需的图书后，向网络公司订购该图书的按需印刷版。网络公司再根据顾客需要，将已经电子化的书稿即时印刷、装订，发货。按需出版的用途主要有：

①针对网络电子图书、电子期刊等纯电子版图书的纸质图书。

②绝版、脱销等已经很难买到的图书。

③按照特定要求对图书进行修改、汇编后的出版。

（3）博客出版

博客（Blog）是一种新型的个人互联网出版工具，它是互联网中网站应用的一种新方式，为每一个人提供了一个信息发布、知识交流的传播平台，博客的诞生使传统出版文化形态呈现出高度自由、开放的局面。互联网的广泛应用极大地影响了传统的出版方式，传统印刷的长周期、大印量不能适应互联网信息的快速传播。

虽然博客发展速度非常迅速，但是这种出版形式不会替代传统的出版形式。图 9 – 27 所示为传统出版模式，图 9 – 28 所示为博客的出版模式。这种出版模式是共生互动的关系：一方面，博客可以把传统出版物的内容作为自己的内容，很多作者已经开始把博客作为文章发表的首选方式，而不是向传统的出版社投稿，例如网络小说；另外一方面，传统的出版社已经开始在博客上寻找出版资源。未来的博客与传统媒体可能是以这样的形式共存：首先，越来越多的故事、新闻、文章由博客首次提出；其次，博客中最好的内容被其他博客链接并进行过滤；再次，传统媒体记者将其写成文章发表或编写为书发表；最后，博客对传统的纸质内容进行更新、验证和重新过滤。

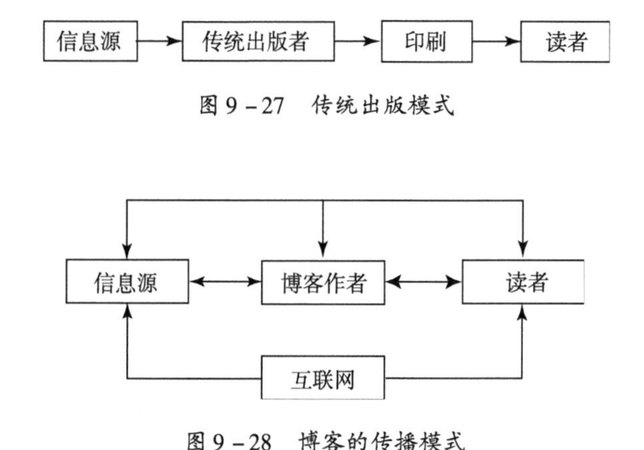

图 9－27　传统出版模式

图 9－28　博客的传播模式

由此可见，博客出版的个性化、及时性、内容的极大丰富为按需印刷提供了更大的市场空间。丰富多彩的博客内容将以印刷的方式出现，而纸质印刷内容又会刺激博客内容的更新与筛选，最终推动按需印刷的发展。图 9－29 所示为博客出版与按需印刷的相互关系。

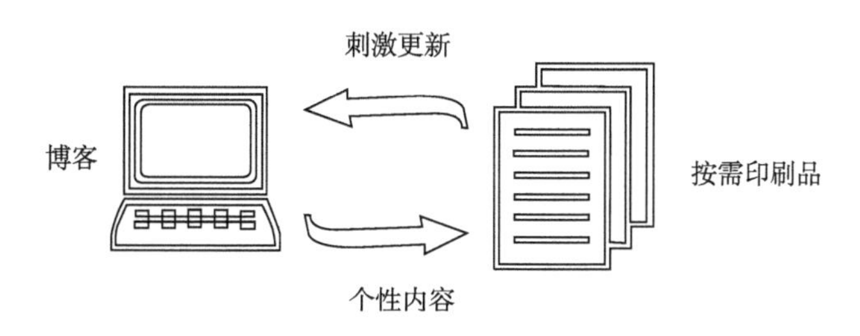

图 9－29　博客出版与按需印刷的相互关系

二、可变数据印刷

1．可变数据印刷的概念

可变数据印刷（也称个性化印刷），英文名称 Variable Data Printing，简称 VDP，是指连续印刷全部或部分不同的图文页面。这个名称也是相对于传统印刷而言的。我们知道四种传统印刷方式总是要使用印版的（可以采用传统晒版或者用直接制版机得到印版），印版一旦制作完毕，上面的内容（数据）是不能改变的，只能进行相同页面复制。而数字印刷方式不使用印版、RIP 可以高速解析不同的页面，这为可变数据印刷提供了技术上的可能。

现在比较常见的可变数据印刷产品就是常见的“刮开式有奖发票”，额定发票部分（相同信息部分）是用传统印刷印制，而刮奖区（不同信息部分）是用数字印刷完成。可变数据印刷主要有三种应用，一是可变单据印刷，如消费者每个月都会得到的各种电话账单、银行对账单、水煤单据等；第二种是可变信封标签打印；第三种是个性化宣传品，如个性化宣传资料、个性化门票、个性化海报、企业名片及各类证卡等。

按需印刷的主要设备供应商有富士施乐、奥西、IBM、易普森、柯达万印等。

2. 可变数据印刷的工艺流程

可变数据印刷所使用的数字印刷机和一般的数字印刷机没有不同，之所以能实现可变数据印刷离不开专业的可变数据软件和强大的资源数据库，同时为了保证较高的印刷速度还需配备性能很高的RIP甚至多个RIP。

目前可变数据具体实现时往往是使用数字印刷机和传统印刷机或DI印刷机共同完成，可以把这种方式称之为“混合印刷方式”或者“传统印刷+数字印刷的连线印刷方式”。尽管可变印刷产品完全可以只用数字印刷机完成，但是使用传统印刷大批量印刷不变信息会很大程度上降低产品成本，提高可变数据印刷产品的市场接受程度。具体流程如图9-30所示。

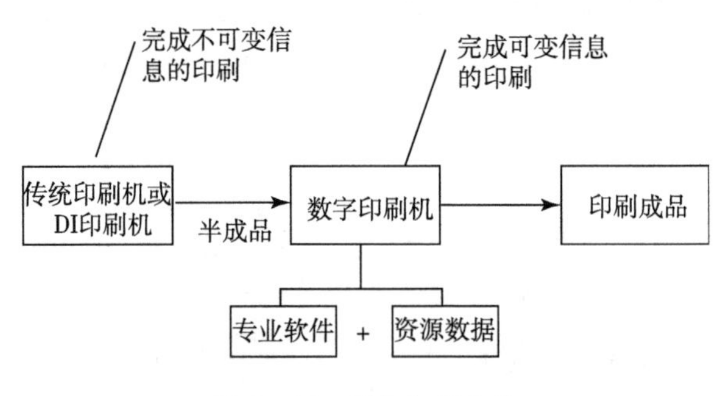

图9-30 混合印刷方式

图9-31所示为Nipson可变印刷系统，由胶印机、UV干燥装置，VaryPress数字双机双面打印设备的生产线，软件为Varydrive/Opendrive，可以进行票据的打印、直邮印刷等。

图9-31 Nipson可变印刷系统

专业可变数据处理软件也是可变印刷的重要组成部分，现在常用的软件主要有国外开发的PrintNet T Triple、Dialogue 、PrintSoft 等。这类软件功能强大，能处理文本、数据库、XML 等各种格式数据，能实现对数据进行整理、挖掘、无效数据剔除、不同数据合并，生成真正意义的个性化页面。

3．可变数据印刷的应用

个性化直邮（Direct Mailing）是国外发展比较成熟的一个市场，被称为除电视、广播、互联网、报刊杂志之外的第五媒体，是公司进行市场营销、促销，与客户进行沟通的一个重要渠道，是个性化、可变数据印刷体现最为充分的市场。其中直邮是可变数据印刷一个发展比较成熟的应用形式。在美国、日本等发达国家，每个家庭每月信箱里都会收到厚厚一叠信件，有公共事业费固定的账单，通信公司、银行、保险公司、基金公司的对账单，税务部门的税单，还有大量直销公司、零售商、卖场、书店、旅游公司直邮商函广告。图 9－32 所示为采用可变印刷的直邮单据。

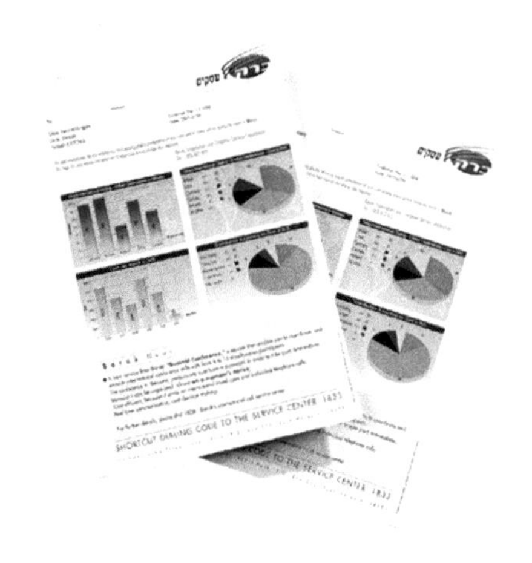

图 9－32　直邮单据

国内市场还处于初步阶段，主要是电信、银行、保险、基金、证券等一些大公司开始为客户提供账单服务。随着数字印刷应用在国内的不断深入，个性化、可变数据印刷将会更加普及。

复习思考题九

1．什么是数字印刷？数字印刷有哪些主要特征？

2．DI 印刷与传统胶印之间的区别是什么？

3．数字印刷有哪些成像方法？

4．简述静电成像的原理和应用范围。

5．简述连续喷墨和按需喷墨系统的基本原理和应用范围。

6．HP Indigo 数字印刷机电子油墨的基本特性是什么？

7．HP Indigo 与富士施乐数字彩色印刷机有何特点？

参 考 文 献

[1] 冯瑞乾. 印刷原理及工艺. 北京：印刷工业出版社，1999.
[2] 许文才. 包装印刷与印后加工. 北京：中国轻工业出版社，2006.
[3] 李永强. 实用胶印技术指南. 北京：印刷工业出版社，2005.
[4] 美国柔性版技术协会基金会. 柔性版印刷原理与实践. 北京：化学工业出版社，2007.
[5] 姚海根. 数字印刷技术. 上海：上海科学技术出版社，2001.
[6] 卑江艳. 凹版印刷. 北京：化学工业出版社，2004.
[7] 武军. 丝网印刷原理与工艺. 北京：中国轻工业出版社，2003.
[8] Helmut Kipphan , *Handbook of Print Media*, Germany：Spring - verlag , 2001.
[9] 冯瑞乾. 印刷概论. 北京：印刷工业出版社，1999.
[10] 沈海祥. 用数字网络技术开辟印刷业的“蓝海”讲话. 2007.